U0144775

應用電子學
Electronics

葉文冠、林成利 著

五南圖書出版公司 印行

作者序1

　　台灣電子產業因為半導體技術的突飛猛進、高品質的人力資源與產官學研的良性合作等因素，已具備完整的產業供應鏈與群聚效應，發展其獨特的優越性，為台灣經濟史上創造不少奇蹟，也讓台灣在世界舞台上擔任舉足輕重的角色。正因如此，也讓國內呈現許多電機電子技術相關資訊與參考書籍。然而，觀察坊間電機電子相關書籍資訊難易不一，並非完全以半導體元件觀念切入相關電子電路設計來撰寫，由於目前絕大多電子電路皆已經用半導體製程完成，因此針對欲進入電路設計的人士而言，基本半導體元件原理也必須了解。另一方面，針對其他行業背景但對電子電路設計有興趣的人員以及相關在校學生，並無合適的同時具備基礎半導體元件觀念與相關電路設計之參考書籍可參考，因此激發本人撰寫一本結合半導體元件原理與電路設計之參考書的願景。

　　本書以工程師的觀點來完成本書的架構，提供讀者由基礎半導體元件觀念進入電子電路設計所需之基本知識。內含六個章節，以電子電路設計上之所需之半導體元件做為論述之重點，包含半導體元件原理、大小訊號模型、電子電路設計法則與分析，並詳述各相關半導體元件在電路上所扮演的角色，以及如何完成所需之訊號模型與相關電路設計驗證，最後說明如何完成基本放大器電路分析，每一章節都有提供範例來加深讀者對課程的印象與認知，如此可符合目前電子電路工程師在學習上的需求，並提供未來期望進入電子電路相關產業的人士有一個基本理論知識的教科書與實務練習的工具書。

本書編排章節與一般市面電子電路相關書籍不同，共約四百餘頁，適合讀者包括電機電子等相關高科技產業的新進人員，以及對 IC 電子產業有興趣的學生和社會人士使用。本書的產生，有些是我在產業界累積的知識，有些是我教學與學生討論激盪所產生的結論，有些則是我閱讀國內外書籍的心得，我希望這些觀點，能夠帶給讀者一些幫助。本書儘量以半導體元件應用在電子電路上來說明，讓學員能夠充分了解目前 IC 電子電路之設計，提昇讀者閱讀的興趣也可提供電機電子工程師做為參考手冊。

本書的完成並不容易，尤其內容需涵蓋半導體元件原理與電路設計分析與驗證，在此感謝林成利老師的協助與校正，本書才得以順利完稿。電子產業是發展快速的產業，本書疏漏之處在所難免，謹在此期盼諸位先進，不吝指教，廣為建言。最後要感謝高雄大學提供我一個可發揮的環境，此校園乃我從一創校就一起成長之土地，一草一木皆令我感動，以及我的同事、朋友、學生們的協助與鼓勵。

謹以此書獻給我親愛的太太先樂與女兒佳欣，感謝他們無私的容忍與支持。

葉文冠

於國立高雄大學

作者序2

　　台灣電子半導體產業發展至今已將近四十多年，隨著半導體電子產品往輕、薄、短、小、多功能及智慧化的需求下，以及現今物聯網（internet of things, IoT）的發展下，相信電子產品會持續蓬勃發展並帶給人們更便利的科技生活。電子學為這些電子產品的重要核心知識。多年前由葉文冠教授提出撰寫一本適合國內電子產業工程師的一本實用電子學工具書，以適合新進人員與工程師人員在工作上的需求，以及教師在大學部授課與學生自學之實用工具書，經由多年的醞釀，現在終於完成。由於葉教授在電子學的多年教學經驗，以及本人在課堂上的問題解析，再加上葉教授與本人均曾服務於國內半導體公司，了解工程師之需求，並將多年之教學與工作經驗，將電子學原理與應用知識說明於此書中，希望能加速讀者的快速深入理解與學習。

　　本書以產業界電子產品的電子電路系統工程、晶片設計及半導體工程等工程師觀點來切入介紹基礎與應用電子學知識，以實用性的觀念解說pn 二極體、半導體元件基礎原理、BJT 放大器、MOSFET 放大器等的直流操作原理、小訊號放大器等線路模型與增益計算方法。每一章節均提出重要範例練習，並在每章節後面提供經典重要習題與完整解答說明，讀者經由範例及習題練習，相信可以快速理解電子學之重要原理精髓。有此電子學基礎知識後，相信讀者在未來往更高階之 IC 設計與半導體工程的應用或研究上發展，必定能得心應手，更上一層樓。

　　本書希望能提供給欲學習電子學的讀者及工程師們一本實用參考工具

書，並進而提升國內電子產品的發展與相關人才培育。由於時間倉促，本書撰寫與說明疏漏之處，在所難免，希望讀者與先進能不吝來函指教，待再版時予以修正，謝謝。最後、感謝葉教授的邀請以及家人在撰稿與校稿時的支持。

林成利
於逢甲大學

目錄

第一章 電子電路定理與基本電路概念

1.1　電子電路定義

　　所謂**電子電路**（electronic circuit）指由**主動元件**（active device）加上**被動元件**（passive device）。所謂主動元件指的是可以產生**功率**（power）之元件，即一旦給予**電壓**（voltage）或**電流**（currrent）即可產生對應之電流或電壓，如二極體、雙極性電晶體及金氧半場效電晶體（圖 1.1 所示）。而所謂被動元件則是指不能產生功率，只能接受功率消耗之元件，如電阻、電容以及電感等（圖 1.2 所示）。

　　而當主動元件與被動元件整合在一起，再外加一電源即可形成**電路**（circuit），而許許多多的主被動元件之組合，就是所謂之**積體電路**（integrated circuit, IC）。

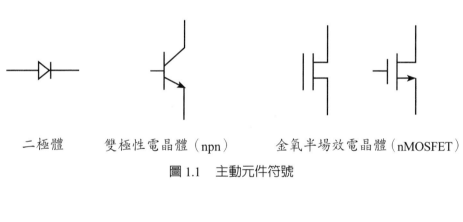

二極體　　　雙極性電晶體（npn）　　　金氧半場效電晶體（nMOSFET）

圖 1.1　主動元件符號

電阻　　　　　　電容　　　　　　　電感

圖 1.2　被動元件符號

1.2 交流訊號

在電路上傳遞能量的方式常以**電壓**（voltage）以及**電流**（current）兩種**訊號**（signal）為主，而電壓與電流的訊號大都以交流（alternating）方式呈現，即是以 sine-wave 訊號來表示，以電壓而言，圖 1.3 即是表示振幅 V_0，頻率 f，相位角頻率 $\omega = 2\pi f \, rad/s$ 之電壓波形，而電壓公式可以

$$v_0(t) = V_0 \sin \omega t$$

另外也有以固定週期 T 之方波（square wave）來表示許多不同頻率的 sine-wave 之和，即如圖 1.4 所示為一對稱電壓方波，而表示方式可以

$$v(t) = \frac{4V}{\pi} \left(\sin \omega_0 t + \frac{1}{3} \sin 3 \omega_0 t + \frac{1}{5} \sin 5\omega_0 t \cdots \right)$$

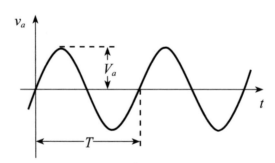

圖 1.3　sine 波型之電壓訊號

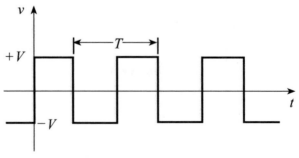

圖 1.4　對稱之電壓方波

1.3　類比與數位訊號

　　類比訊號（analog signal）則指的是隨時間任意變化的訊號，如圖 1.5 所示，而數位訊號（digital signal）則指在某一固定的時間保持一固定值，而且常以高（high）與低（low）兩狀態週期性變動，圖 1.6 所示為數位訊號，此兩種訊號之轉換則需一**類比對數位之轉換器**（analog to digital cowverter, ADC）來轉換。如圖 1.7 所示，反之即為**數位對類比之轉換器**（digital to analog converter, DAC）。

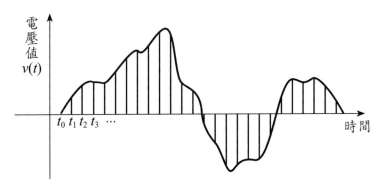

圖 1.5　隨時間變化之類比訊號

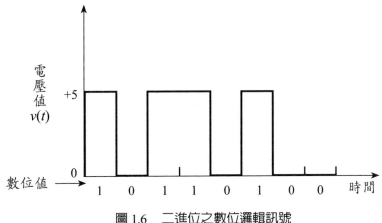

圖 1.6　二進位之數位邏輯訊號

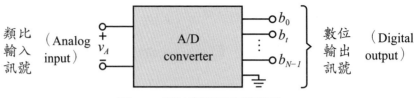

圖 1.7　類比對數位之轉換器

1.4　放大器模型

在電子電路的功能上，常需要設計各種**放大器**（amplifier）來放大訊號，最常的是電壓放大器，如圖 1.8 所示，即可以電壓增益（voltage gain）來表示放大值，如 voltage gain $(A_v) = \dfrac{v_0}{v_i}$，v_0：輸出電壓，v_i：輸入電壓，同理電流增益 $(A_I) = \dfrac{i_0}{i_i}$，i_o 輸出電流，i_i：輸入電流。

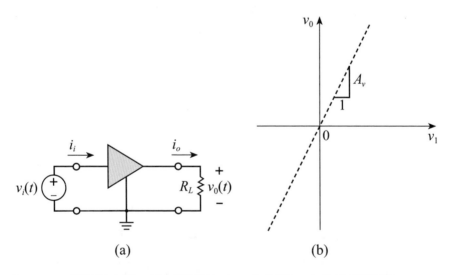

(a)　　　　　　　　　(b)

圖 1.8　(a) 電壓放大器，輸入電壓源 $v_i(t)$，在負載 R_L 上之輸出電壓為 $v_o(t)$

(b) 所產生之轉換特性圖，其電壓增益值，即為轉換特性圖的斜率，其值為 A_v

　　爲了方便方析，我們可以用模型（model）來描述各類放大器，圖 1.9 所示爲電壓放大器之電路模型，以及訊號輸入與負載加入後之模型。根據不同輸入與輸出訊號（v 或 i），有不同的放大器模型，表 1.1 所示則包含電壓（voltage）、電流（current）、轉換電導（transconductance），以及轉換電阻（transresistance）放大器之電路模型。

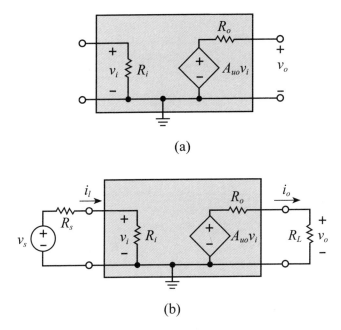

(a)

(b)

圖1.9　(a)電壓放大器之線路模型，(b)加上電壓源 v_s 以及負載阻抗 R_L 之線路模型。

表 1.1　放大器種類及輸入與輸出訊號型態

1. 電壓放大器	輸入電壓型態，輸出電壓形態。
2. 轉導放大器	輸入電壓型態，輸出電流形態。
3. 電流放大器	輸入電流型態，輸出電流形態。
4. 轉阻放大器	輸入電流型態，輸出電壓形態。

依序分析如下：

1.4.1 電壓放大器

範例 1.1

如圖電路，求 (a) $A_v = v_o/v_i$ (b) $A_t = v_o/v_s$ (c) $A_i = i_o/i_i$

(d) $A_p = \dfrac{P_o}{P_i} = \dfrac{i_o v_o}{i_i v_i}$ 。

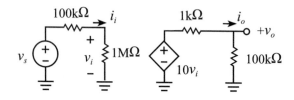

解

(a) 使用 $A_v = \dfrac{v_o}{v_i} = A_{vo} \times \dfrac{R_L}{R_o + R_L}$

$A_v = 10 \times \dfrac{100}{1 + 100} = 9.9$

(b) 使用 $A_t = \dfrac{v_o}{v_s} = \dfrac{R_i}{R_s + R_i} \times A_{vo} \times \dfrac{R_L}{R_o + R_L}$

$A_t = \dfrac{1000}{100 + 1000} \times 10 \times \dfrac{100}{1 + 100} = 9$

(c) 使用 $A_i = \dfrac{i_o}{i_i} = \dfrac{\dfrac{v_o}{R_L}}{\dfrac{v_i}{R_i}} = \dfrac{v_o R_i}{v_i R_L} = A_v \dfrac{R_i}{R_L}$

$A_i = 9.9 \times \dfrac{1000\text{k}\Omega}{100\text{k}\Omega} = 99$

(d) 使用 $A_p = A_i A_v$

$A_p = 99 \times 9.9 = 980.1$

1.4.2　轉導放大器

轉導放大器（transconductance amplifier）的模型，如圖 1.10 所示。

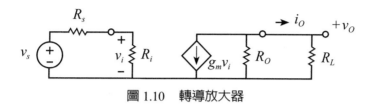

圖 1.10　轉導放大器

其中短路轉導 g_m（short-circuit transconductance）為

$$g_m = \frac{i_o}{v_i}\bigg|_{v_o=0}$$

理想的轉導放大器，具有輸入阻抗與輸出阻抗無窮大的特性，即

$$R_i = \infty , R_o = \infty$$

分析轉導放大器的方法，使用分壓定理即可。

$$v_i = v_s \times \frac{R_i}{R_s + R_i}$$

$$v_o = -g_m v_i \times (R_o \| R_L)$$

$$\frac{v_o}{v_s} = -\frac{R_i}{R_s + R_i} \times g_m \times (R_o \| R_L)$$

範例 1.2 ✎————————————————————

如圖電路，$g_m = 15\text{mA}/\text{V}$，求 (a) $A_t = v_o / v_s$　(b) 若 $g_m v_\pi = \beta i_b$，$\beta = ?$

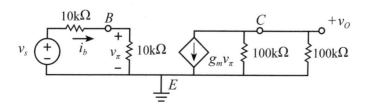

解

(a) 使用 $\dfrac{v_o}{v_s} = -\dfrac{R_i}{R_s + R_i} \times g_m \times (R_o \parallel R_L)$

$\dfrac{v_o}{v_s} = -\dfrac{10}{10 + 10} \times 15 \times (100 \parallel 100) = -375$

(b) $v_\pi = i_b \times R_i$，因此，$\beta = g_m R_i$

$\beta = (15\text{mA} / \text{V}) \times 10\,\text{k}\Omega = 150$

1.4.3 電流放大器

電流放大器（current amplifier）的模型，如圖 1.11 所示。

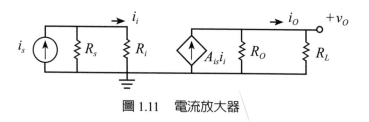

圖 1.11 電流放大器

其中**短路電流增益**（short-circuit current gain）為

$$A_{is} \equiv \left.\dfrac{i_o}{i_i}\right|_{v_o = 0}$$

理想的電流放大器，具有輸入阻抗等於零與輸出阻抗無窮大的特性，即

$$R_i = 0 ，R_o = \infty$$

分析電流放大器的方法，使用分流定理即可。

$$i_i = i_s \times \dfrac{R_s}{R_s + R_i}$$

$$i_o = A_{is}\, i_i \times \dfrac{R_o}{R_o + R_L} = A_{is}\, i_s \times \dfrac{R_s}{R_s + R_i} \times \dfrac{R_o}{R_o + R_L}$$

$$\dfrac{i_o}{i_s} = \dfrac{R_s}{R_s + R_i} \times A_{is} \times \dfrac{R_o}{R_o + R_L}$$

範例 1.3

如圖電路，$A_{is} = 180$，求 i_o / i_s。

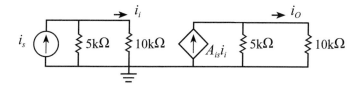

解

使用 $\dfrac{i_o}{i_s} = \dfrac{R_s}{R_s + R_i} \times A_{is} \times \dfrac{R_o}{R_o + R_L}$

$\dfrac{i_o}{i_s} = \dfrac{5}{5 + 10} \times 180 \times \dfrac{5}{5 + 10} = 20$

1.4.4　轉阻放大器

轉阻放大器（transresistance amplifier）的模型，如圖 1.12 所示。

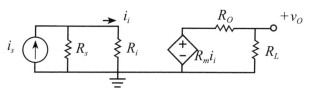

圖 1.12　轉阻放大器

其中開路轉阻 R_m（open-circuit transresistance）為

$$R_m \equiv \left. \frac{v_o}{i_i} \right|_{i_o = 0}$$

理想的轉阻放大器，具有輸入阻抗等於零與輸出阻抗等於零的特性，即

$$R_i = 0 \text{，} R_o = 0$$

分析轉阻放大器的方法，使用分流與分壓定理即可。

$$i_i = i_s \times \frac{R_s}{R_s + R_i}$$

$$v_o = R_m i_i \times \frac{R_L}{R_o + R_L} = R_m i_s \times \frac{R_s}{R_s + R_i} \times \frac{R_L}{R_o + R_L}$$

$$\frac{v_o}{i_s} = \frac{R_s}{R_s + R_i} \times R_m \times \frac{R_L}{R_o + R_L}$$

範例 1.4 ✎ ────────────────────────────

如圖電路，$R_m = 15\text{k}\Omega$，求 v_o / i_s。

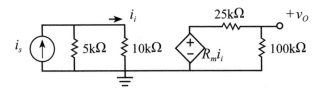

解

使用 $\dfrac{v_o}{i_s} = \dfrac{R_s}{R_s + R_i} \times R_m \times \dfrac{R_L}{R_o + R_L}$

$$\frac{v_o}{i_s} = \frac{5}{5+10} \times 15\text{k} \times \frac{100}{25+100} = 4\text{k}$$

──

以上所討論分析的四種放大器型態、線路模型、增益值與理想特性的輸入與輸出電阻，詳細整理於表 1.2 所示。

1.5 基本電路概念

如以放大器電路來看，我們常以二端之訊號變化來求放大率，所以二端間之線路間各元件的特性必須要能分析才可以求得二端間之變化率，目前電路常以**克希荷夫定理**（Kirchoff's law）來描述在電路中各元件上的電壓與電流值。

表 1.2　四種放大器線路模型

型態	線路模型	增益值	理想特性的輸入與輸出電阻
電壓放大器 （voltage amplifier）		開路電壓增益 （open-circuit voltage gain） $$A_{vo} = \left. \frac{v_o}{v_t} \right|_{i_o=0} \quad \text{(V/V)}$$	$R_i = \infty$ $R_o = 0$
電流放大器 （current amplifier）		短路電流增益 （short-circuit current gain） $$A_{is} = \left. \frac{i_o}{i_i} \right|_{v_o=0} \quad \text{(A/A)}$$	$R_i = 0$ $R_o = \infty$
轉導放大器 （transconductance amplifier）		短路轉導 （short-circuit transconductance） $$G_m = \left. \frac{i_o}{v_i} \right|_{v_o=0} \quad \text{(A/V)}$$	$R_i = \infty$ $R_o = \infty$
轉阻放大器 （transresistance amplifier）		開路轉阻 （open-circuit transresistance） $$R_m = \left. \frac{v_o}{i_i} \right|_{i_o=0} \quad \text{(V/A)}$$	$R_i = 0$ $R_o = 0$

1.5.1 克希荷夫電壓定理

圖 1.13(a) 所示即任一封閉的**路徑**（close path）上，各元件之電壓升和電壓降必相等，亦即封閉路徑迴路的電位差總和等於零。此定律稱為**克希荷夫之電壓定律**（Kirchhoff's voltage law, KVL）。

1.5.2 克希荷夫電流定理

圖 1.13(b) 所示，電路中任一**節點**（node）上進出的電流總和為零，此定律稱為**克希荷夫之電流定律**（Kirchhoff's current law, KCL）。

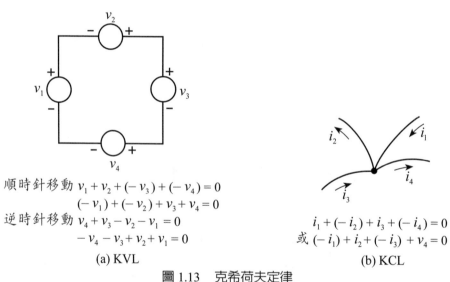

順時針移動 $v_1 + v_2 + (-v_3) + (-v_4) = 0$
$(-v_1) + (-v_2) + v_3 + v_4 = 0$
逆時針移動 $v_4 + v_3 - v_2 - v_1 = 0$
$-v_4 - v_3 + v_2 + v_1 = 0$
(a) KVL

$i_1 + (-i_2) + i_3 + (-i_4) = 0$
或 $(-i_1) + i_2 + (-i_3) + v_4 = 0$
(b) KCL

圖 1.13 克希荷夫定律

1.5.3 戴維寧定理

任何具有兩端點的線性有源網路，可由其兩端的開路電壓 V_{th} 及由此兩端點看進去的阻抗 R_{th} 的串聯電路來取代，詳細分析如下：

以**戴維寧定理**（Thevenin's theorem）分析下圖電路，求流經 R_L 的電流 I。

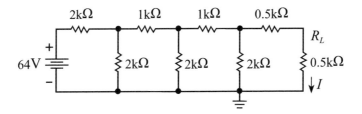

步驟 1 將負載電阻 R_L 去除，設定為 a、b 端。

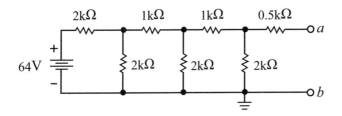

步驟 2 將電路化簡為電路，其中 $V_{th} = V_{ab}$

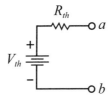

求 V_{th} 需先求以下網路電阻。

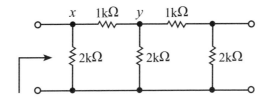

$$R_x = 2\mathrm{k}\Omega \mathbin{/\!/} (1\mathrm{k}\Omega + 2\mathrm{k}\Omega \mathbin{/\!/} 3\mathrm{k}\Omega) = \frac{22}{21}\,\mathrm{k}\Omega$$

$$V_x = 64 \times \frac{\dfrac{22}{21}}{2 + \dfrac{22}{21}} = 64 \times \frac{22}{64} = 22\text{V}$$

$$V_y = V_x \cdot \frac{\dfrac{6}{5}}{1 + \dfrac{6}{5}} = 22 \times \frac{6}{11} = 12\text{V}$$

$$V_{ab} = 12 \times \frac{2}{1+2} = 8\text{V}$$

$$V_{th} = 8\text{V}$$

R_{th} 為從 a、b 參考端看入的等效電阻。電路中有電壓源，電壓源短路處理，電路中有電流源，電流源斷路處理。

因為電路中有電壓源，所以，將電壓源短路，如下圖所示。

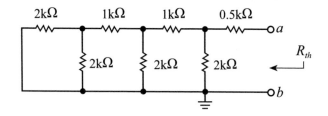

$$R_{th} = (((2\text{K} \mathbin{/\!/} 2\text{K}) + 1\text{K}) \mathbin{/\!/} 2\text{K} + 1\text{K}) \mathbin{/\!/} 2\text{K} + 0.5\text{K} = 1.5\text{k}\Omega$$

1.5.4　諾頓定理

任何具有兩端的線性有源網路，可由其兩端的短路電流 I_{SC} 及由此兩端看進去的阻抗 R_{th} 的並聯電路來取代。**諾頓定理**（Norton's theorem），如圖 1.14 所示，詳細之分析如下：

直接使用歐姆定理，將戴維寧電路轉換為諾頓電路。

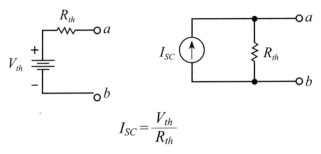

$$I_{SC} = \frac{V_{th}}{R_{th}}$$

圖 1.14　諾頓定理原理說明

其中諾頓電流又稱為短路電流，諾頓電阻則與戴維寧電阻相同。

範例 1.5 ✎

如下圖電路，若 $R_L = 0$、1kΩ，使用戴維寧定理，求流經 R_L 的電流 I。

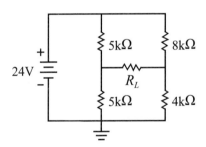

解

(a) 將負載電阻 R_L 去掉，設定為 a、b 參考端，求 V_{th}。

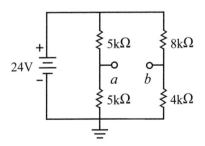

由圖可知，$V_{ab} = V_n - V_b$，利用戴維寧定理，

$$V_{th} = V_{ab} = V_a - V_b = 24\text{V} \times \frac{5\text{k}}{5\text{k} + 5\text{k}} - 24\text{V} \times \frac{4\text{k}}{8\text{k} + 4\text{k}}$$

$$V_{th} = 12\text{V} - 8\text{V} = 4\text{V}$$

(b) 從 a、b 參考端看入，求戴維寧電阻 R_{th}；首先，將 v_s 短路，因為 R_1 與 R_2，R_3 與 R_4 有分流效果，可知 $R_1 \parallel R_2$，$R_3 \parallel R_4$。

$$R_{th} = (R_1 \parallel R_2) + (R_3 \parallel R_4) = (5\text{k} \parallel 5\text{k}) + (8\text{k} \parallel 4\text{k}) = 2.5\text{k} + 2.67\text{k}$$

$$R_{th} = 5.17\text{k}\Omega$$

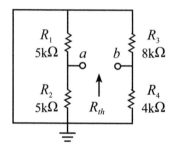

將 a、b 兩端點往兩邊拉，可得如下圖所示的電路，

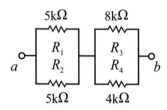

(c) 將負載電阻 R_L 擺回原來的位置，化簡後的戴維寧電路為

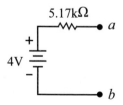

求電流 I：當 $R_L = 0$

$$I = \frac{4V}{5.17k + R_L} = \frac{4V}{5.17k} = 0.77mA$$

當 $R_L = 1k\Omega$

$$I = \frac{4V}{5.17k + R_L} = \frac{4V}{6.17k} = 0.65mA$$

範例 1.6

如下圖電路，若 $R_L = 0$、$1k\Omega$，使用諾頓定理，求流經 R_L 的電流 I。

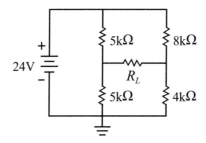

解

續範例 1.5，可知戴維寧電壓為 $V_{th} = 12 - 8 = 4V$，戴維寧電阻 R_{th} 為 R_{th} = 5.17kΩ，意即戴維寧電路為

使用歐姆定理，求諾頓電流

$$I_{SC} = \frac{4V}{5.17k\Omega} = 0.774mA$$

因此諾頓電路為

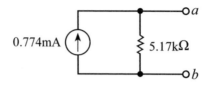

將負載電阻放回

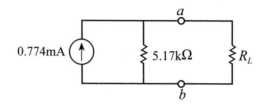

求 I：使用分流定理，分流大小與電阻值成反比

$$I_L = 0.774 \, \text{mA} \times \frac{5.17}{5.17 + R_L}$$

當 $R_1 = 0$：$I_L = 0.774 \, \text{mA} \times \frac{5.17}{5.17 + 0} = 0.774\text{mA}$

當 $R_1 = 1\text{k}\Omega$：$I_L = 0.774 \, \text{mA} \times \frac{5.17}{5.17 + 1} = 0.65\text{mA}$

以上計算過程並非正規做法，純粹示範將戴維寧的電壓源電路，直接套用歐姆定理，轉換成諾頓的電流源電路，此方法又稱**電源轉換法**。

習題

1. 請說明何謂主動元件？何謂被動元件？

2. 請說明電路之定義？何謂積體電路？

3. 請描述週期 1ms 之頻率 f 以及角頻率 ω？

4. 請描述 f 為 100Hz，大小為 V_o 之交流電壓？

5. 如圖電路，求 (a) $A_v = v_o / v_{il}$　(b) $A_t = v_o / v_s$　(c) $A_i = i_o / i_i$　(d) A_p。

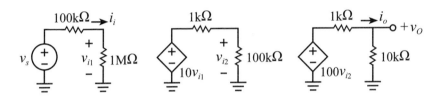

6. 如下圖電路，使用戴維寧定理，求流經負載電阻電流 I。

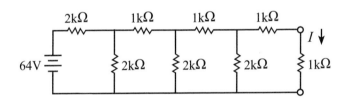

7. 如下圖電路，使用戴維寧定理，求流經負載電阻電流 I。

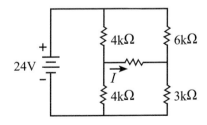

8. 如下圖電路，使用戴維寧定理，求流經負載電阻電流 I。

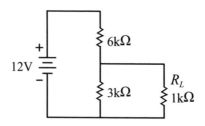

9. 如下圖電路，使用電源轉換法，求流經負載電阻電流 I。

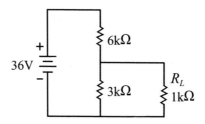

10.如下圖電路，使用電源轉換法，求流經負載電阻電流 I。

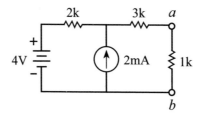

第二章 半導體材料與元件

2.1　原子結構與能帶

2.1.1　原子結構

原子結構（atomic structure）描述原子由原子核與環繞原子核的電子所構成，原子核內含有帶正電荷的質子與不帶電的中子，原子核外圍環繞的電子，依電子能量由小到大，分成許多**殼層**（shell），每一層所填入電子，按照 $2n^2$ 方式排列，

$$即 N_e = 2n^2，n = 1, 2, 3\cdots$$

如 $n = 3$ 即 $2 \times 3^2 = 18$，即第三層共可填入 18 個電子，以矽（Si）原子來說明，因矽原子原子序為 14 即 $1s^2 2s^2 2p^6 3s^2 3p^2$ 表示原子核有 14 個質子，原子核外有 14 個電子，所以分別分布在第一層（$n = 1$），$N_e = 2 \times 1^2 = 2$；第二層（$n = 2$），$N_e = 2 \times 2^2 = 8$；以及第三層（$n = 3$）$N_e = 2 \times 3^2 = 18$ 的軌道上，但因第三層只被占了 4 個電子，可見單一矽原子最外層有 4 個電子，如圖 2.1 所示。矽半導體為**鑽石結構**（diamond structure），每個矽原子鄰近有 4 個矽原子，各提供 1 個電子給中心的矽原子，使其外圍 $3p^2$ 軌道填滿電子變為 $3p^6$，而成**共價鍵**（covalent bond）。

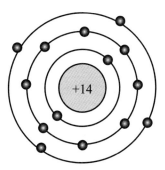

圖 2.1　矽原子結構

以下為矽原子結構的仔細描述：

範例 2.1 ✎────────────────────────

畫出 Si^{14} 的原子結構圖。

解

原子核有 14 個帶正電的質子，相對有 14 個電子，其第一層電子軌道可排入，

$$N_e = 2 \times 1^2 = 2$$

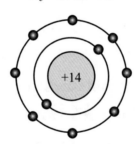

同理

第二層電子軌道可排入，

$$N_e = 2 \times 2^2 = 8$$

第三層電子軌道可排入，

$$N_e = 2 \times 3^2 = 18$$

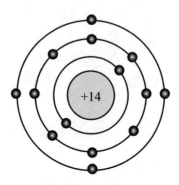

但是，Si^{14} 只有 14 個帶負電的電子，因此，第三層電子軌道（又稱**價電子軌道**）只能填入 4 個電子，故為 4 價原子。

若電子供給者與接受者同時存在時，由濃度高的雜質決定半導體為何種形態。計算費米能階前須先作內部電荷中和，也就是說，總負電荷（電子和接受者負離子 N_A^-）與總正電荷（電洞和供給者正離子 N_D^+）的數目要相等。

$$n + N_A = p + N_D$$

同地矽半導體內電子濃度與電洞濃度的乘積為一常數定值。

解式 $np = n_i^2$ 與上式可得 n 型半導體中平衡的電子與電洞濃度：

$$n_n = \frac{1}{2}\left[N_D - N_A + \sqrt{(N_D - N_A)^2 + 4n_i^2}\right]$$

$$p_n = \frac{n_i^2}{n_n}$$

下標 n 代表 n 型半導體。因為電子是主要載體，稱為**多數載體**（majority carrier）在 n 型半導體中的電洞，稱為**少數載體**（minority carrier）。同樣，我們可求得 p 型半導體的電洞（多數載體）與電子（少數載體）濃度。

$$p_P = \frac{1}{2}\left[N_A - N_D + \sqrt{(N_A - N_D)^2 + 4n_i^2}\right]$$

$$n_p = \frac{n_i^2}{p_p}$$

下標 p 代表 p 型半導體。

2.1.2 能帶

單獨原子之電子的能量是不連續的，以波耳模型的氫電子能階為：

$$E_n = \frac{-13.6}{n^2} \text{ eV}$$

n為主量子數在基態（$n=1$）時，$E_n = -13.6\text{eV}$，在第一激發態（$n=2$）時，$E_n = -3.4\text{eV}$。

當兩單獨原子距離相當遠時，每個各別之原子中相同的主量子數，其能階相同，但當兩原子逐漸靠近時，由於原子核的吸引使原來相等能階的電子分為兩個不同但接近的能階，一旦當 N 個原子束縛在一起時，則原來 N 個相同能階之電子則變成近似連續的**能帶**（band）。如圖 2.2 所示，以矽而言由於原子間的距離達平衡時為 5.43Å，此時原本連續之能帶又一分為二，二能帶間存在一電子無法存在之區域，稱之為**能帶間隙**（energy gap, E_g），而能帶間隙以下之能帶稱之為**共價帶**（valence band），代表全占滿電子之區域，以上區域則稱之**導電帶**（conduction band），表示在此區域有**空位**（hole）可以讓電子占據，所以電子可以自由移動，就像**自由電子**（free electron）一樣可以導電。

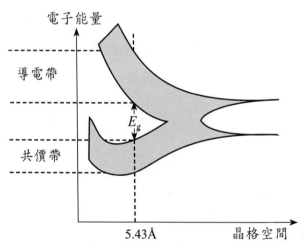

圖 2.2　兩分離矽原子被拉近形成鑽石晶格結構的能帶變化圖

　　所以我們可以能帶間隙之大小來分辨絕緣體、半導體與導體如圖 2.3 所示。絕緣體之能帶間隙很大（>8eV），所以電子不易由共價帶跳至導電帶形成自由電子而導電，反之導體因為沒有能帶間隙，所以電子很容易移至導電帶形成自由電子而導電，而半導體介於二者之間，以矽而言，矽的能帶間隙約 1.12eV，因此可以用些許電壓來控制電子能否由共價帶跳至導電帶。

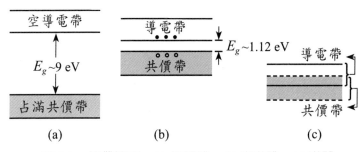

圖 2.3　能帶簡圖：(a) 絕緣體；(b) 半導體；(c) 導體

　　至於電子占據在某一能量為 E 之機率，可以 Fermi-Dirac 分布方程式來表示，即

$$F(E) = \frac{1}{1 + e^{(E-E_F)/KT}}$$

K：波茲曼常數（1.38×10^{-23}J/K = 8.62×10^{-5}eV/K），T：絕對溫度，E_F：費米能階，即電子占據機率為 $\frac{1}{2}$ 之能量。

以完全未摻雜任何雜質之半導體而言，即稱為**本質半導體**，其費米能階位於能帶間隙之中間，如圖 2.4 所示。一旦加入第三族雜質（As、P）即形成 n 型半導體，其費米能階則會移到靠近導電帶，如圖 2.5 所示，反之若加入第五族雜質（B、In）則形成 p 型半導體，其費米能階則會移至靠近共價帶，如圖 2.6 所示。

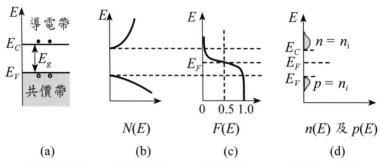

圖 2.4 本質半導體。(a) 能帶簡圖；(b) 狀態密度；(c) 費米分布函數；(d) 載體濃度

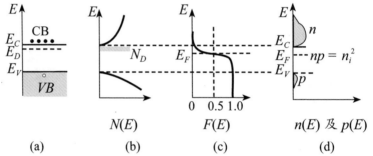

圖 2.5 *n* 型半導體。(a) 能帶簡圖；(b) 狀態密度；(c) 費米分布函數；(d) 載體濃度 $np = n_i^2$

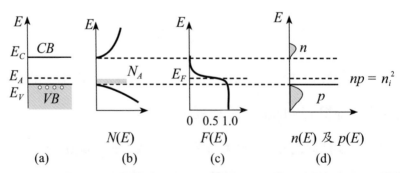

圖 2.6 *p* 型半導體。(a) 能帶簡圖；(b) 狀態密度；(c) 費米分布函數；(d) 載體濃度 $np = n_i^2$

其中 n_i 為矽半導體的本質載子濃度，隨著溫度增加則 n_i 增加，同時電子濃度等於電洞濃度。在 300K（室溫 27℃）下，$n_i = n_o = p_o = 1.5 \times 10^{10} \text{cm}^{-3}$，下標 o 表示熱平衡下。

矽的 n_i 與溫度（T）關係式如下

$$n_i(T) = 7.3 \times 10^{15} \, (T)^{3/2} \, e^{\frac{-E_g}{2kT}}$$

由圖 2.5(b) n 型半導體導電帶的電子軌道之狀態密度 $N(E)$ 與圖 2.5(c) 費米分布函數，可求得 n 型半導體導電帶內電子濃度為

$$n = n_i e^{\left(\frac{E_F - E_i}{KT}\right)} \, , \, p = \frac{n_i^2}{n}$$

同理由圖 2.6(b) p 型半導體共價帶的電子軌道之狀態密度 $N(E)$ 與圖 2.6(c) 費米分布函數，可求得 p 型半導體內共價帶電洞濃度為

$$p = n_i e^{\frac{E_i - E_F}{KT}} \, , \, n = \frac{n_i^2}{p}$$

由以上二公式可求出費米能階在矽半導體內能帶圖的位置。如 n 型半導體

$$n = n_i e^{\frac{E_F - E_i}{KT}} \, , \, \frac{n}{n_i} = e^{\frac{E_F - E_i}{KT}}$$

$$\ln \frac{n}{n_i} = \frac{E_F - E_i}{KT} \quad \therefore E_F - E_i = KT \ln \left(\frac{n}{n_i} \right)$$

同理 p 型半導體

$$p = n_i e^{\frac{E_i - E_F}{KT}} \, , \, \frac{p}{n_i} = e^{\frac{E_i - E_F}{KT}}$$

$$\ln \left(\frac{p}{n_i} \right) = \frac{E_i - E_F}{KT} \quad \therefore E_i - E_F = KT \ln \left(\frac{p}{n_i} \right)$$

範例 2.2 ✎————————————————————————

一矽棒植入 10^{16}As 原子 /cm³ 的雜質。求室溫（300K）下，載體濃度與費米能階。

解

在 300K，我們假設雜質完全游離。可得

$$n \simeq N_D = 10^{16} \text{ cm}^{-3}$$

由式

$$p \simeq \frac{n_i^2}{N_D} = \frac{(1.45 \times 10^{10})^2}{10^{16}} = 2.1 \times 10^4 \text{cm}^{-3}$$

費米能階以本質費米能階起算，由式得：

$$E_F - E_i = kT\ln\left[\frac{n}{n_i}\right] \simeq kT\ln\left[\frac{N_D}{n_i}\right]$$

$$= 0.0259 \ln\left[\frac{10^{16}}{1.45 \times 10^{10}}\right] = 0.354\text{eV}$$

因 $E_C - E_i = \dfrac{E_g}{2} = \dfrac{1.12\text{eV}}{2} = 0.56\text{eV}$

$\therefore E_C - E_F = 0.56 - (E_F - E_i) = 0.56 - 0.354 = 0.206\text{eV}$

所得結果由下圖表之。

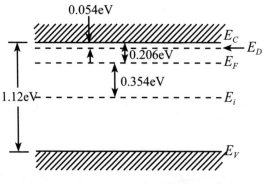

能帶圖的費米能階 E_F 及本質費米能階 E_i

2.2　矽半導體材料

2.2.1　本質半導體

　　以矽而言，雖然最外層只有 4 個價電子，因矽原子可以與其他 4 個矽原子共用分享電子形成**共價鍵**（covalent bond），如圖 2.7 所示，且十分穩定地結合在一起。但也可能因受到外界如光、熱、電等刺激讓共價鍵斷鍵而造成電子離開形成自由電子（free electron），而電子留下的位子稱之為**電洞**（hole），如圖 2.8 所示，所以**本質半導體**（intrinsic semiconductor）電子與電洞數皆相當即 $n = p = n_i$，且 $n \cdot p = n_i^2$。

2.2.2　外質半導體

　　由於半導體最大的特點，即是可以**摻雜**（doping），所以一旦加入不同的原子，即會改變它的特性，此被摻入雜質的半導體，我們稱之為**外質半導體**（extrinsic semiconductor），以矽原子而言，一旦加入第五族雜質，如 P（原子序 15）原子，則因最外圍會有一電子沒位置，所以會被迫離

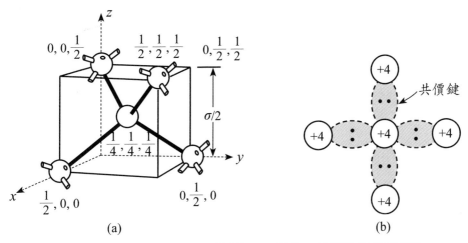

圖 2.7　矽半導體之 (a) 四面體鍵結；(b) 簡化二維價鍵代表四面體

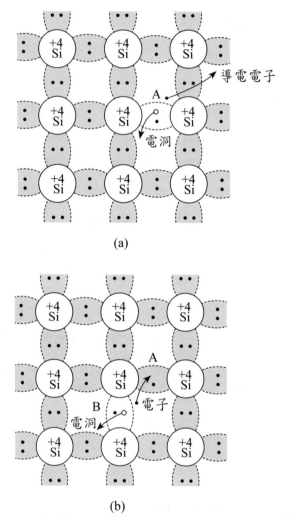

(a)

(b)

圖 2.8 本質矽的基本價鍵圖。(a) 位置 A 的價鍵被打斷，形成導電電子及電洞；
(b) 位置 B 鍵被打斷

開，形成自由電子（如圖 2.9(a) 所示），而此失去電子半導體，稱為**施體**
（donor），意指可施與給別人一電子，因會產生額外電子，如圖 2.5 所
示，也稱此半導體為 n 型半導體（n-type semiconductor）。由於電子數 $n_n = N_D$，所以電洞數 $P_n = \dfrac{n_i^2}{N_D}$。

如果摻入為三族原子，如 B（原子序為 5），則因最外圍只有三個電子（五個電洞），則需要由外界取得一電子，如圖 2.9(b) 所示，此三族原子則稱之為**受體**（acceptor），意指可接受一電子。為了方便計算，我們常用產生一電洞給別人，如圖 2.6 所示，也稱此半導體為 p 型半導體（p-type semiconductor），由於電洞數 $P_p = N_A$，所以電子數 $n_p = \dfrac{n_i^2}{N_A}$。

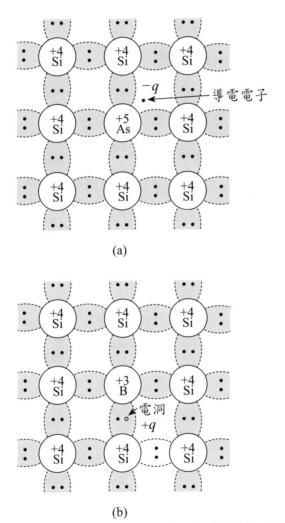

(a)

(b)

圖 2.9　(a) 含供給者（砷）之 n 型 Si 及 (b) 含接受者（硼）之 p 型 Si 價電子簡圖

以下我們更仔細分析：

1.本質半導體外加相同濃度之 N_D 與 N_A

由於 $N_D = N_A \Longrightarrow n = p$，此半導體雖已外加雜質，但仍呈現本質半導體特性

$$n = p = n_i \quad n_i = BT^{3/2}e^{-Eg/2KT}$$
$$n \cdot p = n_i^2$$

其中 B 爲係數

2.外加：$N_D \gg N_A \Longrightarrow n$ 型半導體

$$\begin{cases} n \cdot p = n_i^2 \cdots\cdots ① \\ n + N_A = p + N_D \cdots\cdots ② \end{cases} \text{解聯立}$$

$$\Longrightarrow n\text{-type}: \begin{cases} n \approx N_D，p = \dfrac{n_i^2}{N_D} = N_A \\ n \gg p，或 N_D \gg N_i \end{cases} \Longrightarrow \begin{cases} n = 多數載子 \\ p = 少數載子 \end{cases}$$

3.外加：$N_D \ll N_A \Longrightarrow p$ 型半導體

$$\begin{cases} n \cdot p = n_i^2 \cdots\cdots ① \\ n + N_A = p + N_D \cdots\cdots ② \end{cases} \text{解聯立}$$

$$\Longrightarrow p\text{-type}: \begin{cases} p \approx N_A，n = \dfrac{n_i^2}{N_A} = N_D \\ p \gg n，或 N_A \gg N_i \end{cases} \Longrightarrow \begin{cases} P = 多數載子 \\ n = 少數載子 \end{cases}$$

4.本質半導體之導電係數 σ 或電阻係數 ρ

(1)

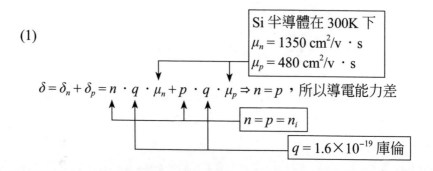

Si 半導體在 300K 下
$\mu_n = 1350 \text{ cm}^2/\text{v} \cdot \text{s}$
$\mu_p = 480 \text{ cm}^2/\text{v} \cdot \text{s}$

$\delta = \delta_n + \delta_p = n \cdot q \cdot \mu_n + p \cdot q \cdot \mu_p \Rightarrow n = p$，所以導電能力差

$n = p = n_i$

$q = 1.6 \times 10^{-19}$ 庫倫

$(2) \rho = \dfrac{1}{\delta} = \dfrac{1}{\delta_n + \delta_p} = \dfrac{1}{n \cdot q \cdot \mu_n + p \cdot q \cdot \mu_p}$　(Ω-cm)

5.雜質半導體之導電係數 σ 或電阻係數 ρ

$(1) \delta = \delta_n + \delta_p = n \cdot q \cdot \mu_n + p \cdot q \cdot \mu_p \cdot \mu \Rightarrow \begin{cases} n \gg p \\ n \ll p \end{cases}$，所以導電能力提高

> 任一個變大，即導電能力大大提高，人為作用

$(2) \rho = \dfrac{1}{\delta} = \dfrac{1}{\delta_n + \delta_p} = \dfrac{1}{n \cdot q \cdot \mu_n + p \cdot q \cdot \mu_p}$　(Ω-cm)，大大降低

(3) 三價與五價元素：

　　三價（受體）：硼（B）、銦（In）、鎵（Ga）、鋁（Al）。

　　五價（施體）：磷（P）、砷（As）、銻（Sb）。

(4) 摻雜濃度愈高，電阻愈低，導電能力愈高，但耐壓愈低。

	本質	:	雜質
一般二極體	10^8	:	1
Zener Diode	10^5	:	1
Tunnel Diode	10^6	:	1

$\Longrightarrow$

本質	:	雜質
10^8	:	1
10^8	:	10^3
10^8	:	10^5

6.多數載子（majority carrier）與少數載子（minority carriers）

	多數載子	少數載子	施加	形成	能階 *
n 型	電子	電洞	五價元素	施體	Si = 0.05 eV
p 型	電洞	電子	三價元素	受體	Ge = 0.01 eV

＊施體能階 E_d 與導電帶 E_c 能階的差值，或受體能階 E_A 與價電帶能階 E_A 的差值。

當於本質半導體中加入雜質後，會使得其電阻係數大為降低，亦即導電係數大為提高，提高使用價值。

1. 獨自整塊 n 型或 p 型時 ➡ 不帶電，呈電中性。

2. n 型摻雜原子失去電子後變成帶正電：$N_D \rightarrow N_D^+ + e^-$

   p 型摻雜原子接收電子後變成帶負電：$N_A \rightarrow N_A^- + p^+$

3. 本質半導體：$n = p = n_i$，電子濃度 = 電洞濃度

4. n 型：① $n \gg p$，電子濃度 $\gg$ 電洞濃度，② $n \cdot p = n_i^2$

5. p 型：② $n \ll p$，電子濃度 $\ll$ 電洞濃度，② $n \cdot p = n_i^2$

範例 2.3 ✐

計算矽半導體在 300K 溫度下的本質載子濃度 n_i 為多少？

解

$$n_i = 7.3 \times 10^{15}(300)^{3/2} e^{-1.12/(2 \times 8.62 \times 10^{-5} \times 300)}$$

$$= 1.5 \times 10^{10} \text{carriers/cm}^3$$

範例 2.4 ✐

n 型矽半導體的摻雜原子濃度（N_D）為 10^{17}cm^{-3}，計算在 300K 溫度下電子與電洞的濃度為多少？

解

$$n_n \simeq N_D = 10^{17}/\text{cm}^3$$

$$P_n \simeq \frac{n_i^2}{N_D}$$

$T = 300\text{K}, n_i = 1.5 \times 10^{10}/\text{cm}^3$

$$P_n = \frac{(1.5 \times 10^{10})^2}{10^{17}} = 2.25 \times 10^3/\text{cm}^3$$

$n_n \gg n_i$，因為 n 型半導體，電子濃度 n_n 還大於電洞濃度 p_n。

範例 2.5

(a) 計算本質的半導體的電阻率（resistivity），其中本質濃度，$n_i = 1.5 \times 10^{10} \text{cm}^{-3}$，$\mu_n = 1350 \text{cm}^2/\text{v} \cdot \text{s}$ 及 $\mu_p = 480 \text{cm}^2/\text{v} \cdot \text{s}$；

(b) 計算 p 型矽半導體的電阻率，其中摻雜濃度 $N_A = 10^{16} \text{cm}^{-3}$，此摻雜矽的 $\mu_n = 1110 \text{cm}^2/\text{v} \cdot \text{s}$ 及 $\mu_p = 400 \text{cm}^2/\text{v} \cdot \text{s}$。

解

(a) 本質半導體的電子與電洞濃度相等

$$p = n = n_i = 1.5 \times 10^{10} / \text{cm}^3$$

因此

$$\rho = \frac{1}{q(p\mu_p + n\mu_n)}$$

$$\rho = \frac{1}{1.6 \times 10^{-19}(1.5 \times 10^{10} \times 480 + 1.5 \times 10^{10} \times 1350)}$$

$$= 2.28 \times 10^5 \, \Omega \cdot \text{cm}$$

(b) p 型半導體

$$p_p \simeq N_A = 10^{16}/\text{cm}^3$$

$$n_p \simeq \frac{n_i^2}{N_A} = \frac{(1.5 \times 10^{10})^2}{10^{16}} = 2.25 \times 10^4/\text{cm}^3$$

因此

$$\rho = \frac{1}{q(p\mu_p + n\mu_n)}$$

$$= \frac{1}{1.6 \times 10^{-19}(10^{16} \times 400 + 2.25 \times 10^4 \times 1110)}$$

$$\simeq \frac{1}{1.6 \times 10^{-19} \times 10^{16} \times 400} = 1.56 \, \Omega \cdot \text{cm}$$

由以上 2 種半導體的電阻率的計算結果，可發現電阻率相差 10^5 倍。

範例 2.6 ✐

假設有一條狀矽半導體，內部的電洞濃度分布如以下函數 $p(x) = p_o e^{-\frac{x}{L_p}}$

(a) 計算在 $x = 0$ 的電洞電流密度，其中 $p_o = 10^{16} \text{cm}^{-3}$，$L_p = 1\mu\text{m}$；

(b) 若條狀矽橫截面積 $= 100\mu\text{m}^2$，計算電流 I_p。

解

(a) 擴散電流 = 電洞濃度的梯度

$$J_p = -qD_p \frac{dp(x)}{dx}$$

$$= -qD_p \frac{d}{dx}[p_0 e^{-x/L_p}]$$

因此

$$J_p(0) = q\frac{D_p}{L_p}p_0$$

$$= 1.6 \times 10^{-19} \times \frac{12}{1 \times 10^{-4}} \times 10^{16}$$

$$= 192 \text{ A/cm}^2$$

(b) 電流 = 電流密度 × 橫截面積

$$I_p = J_p \times A$$

$$= 192 \times 100 \times 10^{-8}$$

$$= 192\mu\text{A}$$

2.3　電荷傳輸

電荷在物質中之傳遞，可分**飄移電流**（drift current）與**擴散電流**（diffusion current）兩種方式來表示。

2.3.1 飄移電流

當外加一電場（E）在半導體物質時，電洞會被加速產生速度 v

$$v_h = \mu_p E$$

其中 μ_p 稱之爲**電洞移動率**（mobility），同時自由電子則受到相同電場往相反方向加速產生 $v_e = -\mu_n E$，其中 μ_n 稱之爲電子之移動率，圖 2.10 所示爲電子與電洞受到外加電壓所產生之載子移動的行爲。

2.3.2 擴散電流

當物質內部載子之濃度分布不均，載子會由高濃度區域往低濃度區域移動，造成電流，其表示電子流 $J_n = qD_n\dfrac{dn}{dx}$，電洞流 $J_P = -qD_p\dfrac{dp}{dx}$，如圖 2.11 所示，$D_n$、$D_p$ 分別爲電子與電洞之擴散係數，而負值是因爲濃度梯度 $\dfrac{dp}{dx} < 0$ 所示。

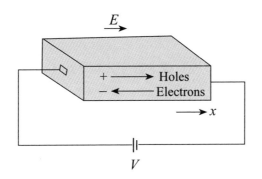

圖 2.10 電洞與電子受到外部電壓造成移動，形成飄移電流

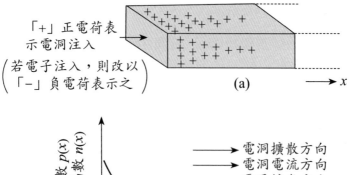

圖 2.11　(a) 矽基體因輸入電洞或電子造成載子濃度不均；(b) 矽基體內電洞或電子濃度不均產生載子擴散移動，形成擴散電流

2.3.3　愛因斯坦關係式

一塊半導體因內部電場與載子濃度分布不均，若無外接導線，則對外的淨電流為零，因此

$$nq\mu_n E + qD_n \frac{dn}{dx} = 0 \text{，其中 } n = n(x) = n_i e^{\frac{E_F - E_i(x)}{k_T}}$$

$$\frac{dn}{dx} = n_i e^{\frac{E_F - E_i(x)}{k_T}} \cdot \frac{-1}{kT} \frac{dE_i(x)}{dx} = n(x) \frac{-1}{kT} \frac{dE_i(x)}{dx}$$

由能帶圖得知，電場 $E(x) = \dfrac{1}{q} \dfrac{dE_i(x)}{dx}$

$$\therefore nq\mu_n E = -qD_n n(x) \cdot \frac{-1}{kT} \frac{dE_i(x)}{dx} = qD_n n(x) \frac{1}{kT} q \cdot E$$

$$\therefore \frac{D_n}{\mu_n} = \frac{kT}{q} \text{（對電子載子）}$$

同理 $\dfrac{D_p}{\mu_p} = \dfrac{kT}{q}$（對電洞載子）

以上兩式稱為**愛因斯坦關係式**（Einstein relation），它包含了二個重要係數（**擴散係數**與**移動率**），此二者描述了半導體中擴散與漂移的載體運動。同理 D_p 與 μ_p 亦存在愛因斯坦關係式。由圖 2.12 矽與砷化鎵半導體的移動率，可使用愛因斯坦關係式求出相對應的擴散係數。

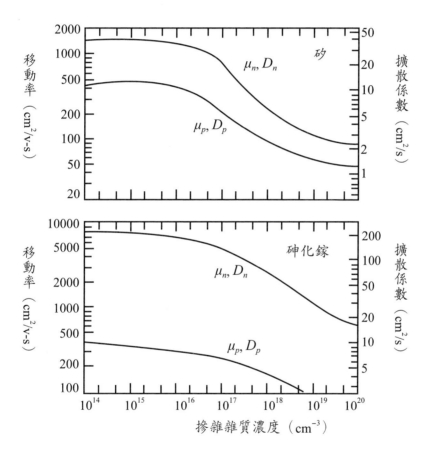

圖 2.12　300K 下，矽及砷化鎵半導體之移動率及擴散係數在不同雜質濃度下的關係圖

2.4　p-n 接面二極體

基於前面所提能帶以費米能階之定義，p-n 接面二極體之能帶圖可以

用圖 2.13(a) 所示，而符號常以圖 2.13(b) 所示，相關元件特性以及應用請詳見第四章。

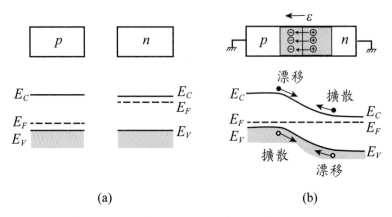

(a)   (b)

圖 2.13 (a) 未形成接面的 n 型與 p 型均勻雜質半導體；(b) 熱平衡下，p-n 接面空乏區電場及能帶圖

2.5 n-p-n 或 p-n-p 雙載子電晶體

同理，n-p-n 雙載子電晶體的能帶圖可以圖 2.14(a) 所示，而符號常以圖 2.14(b) 所示。而 p-n-p 雙載子電晶體的能帶圖則如圖 2.15(a) 所示，符號則常以圖 2.15(b) 表示。相關元件特性以及應用請詳見第五章。

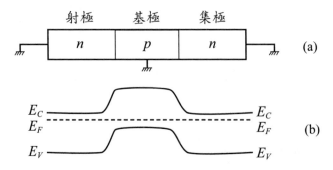

圖 2.14 (a) n-p-n 電晶體三極接地之平衡狀態；(b) 熱平衡能帶圖

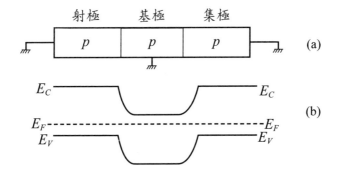

圖 2.15 (a) *p-n-p* 電晶體三極接地之平衡狀態；(b) 熱平衡能帶圖

2.6 MOSFET

nMOSFET 的能帶可以由圖 2.16(a) 所示，因爲此元件包含圖 2.16(b) MOS 電容（縱向）加 n-p-n 電晶體（橫向），所以能帶的變化受到二方向之影響，nMOSFET 符號常以圖 2.17(a) 相對地 pMOSFET，與 nMOSFET 爲互補元件，可以共接形成互補式 MOSFET，pMOSFE 的符號如圖 2.17(b) 所示，詳見第六章。

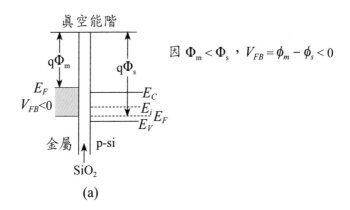

圖 2.16(a) nMOSFET 的 MOS 電容之能帶圖

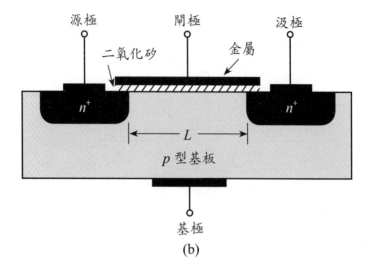

圖 2.16(b) MOSFET 結構圖

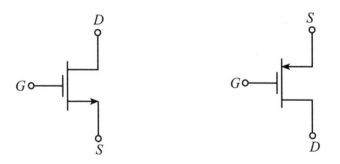

圖 2.17 (a) n 型 MOSFET 之電路符號；(b) p 型 MOSFET 之電路符號〔其中基極
與源極接在一起（短路）之符號〕

習題

1. 畫出 Ge^{32} 的原子結構圖。

2. 畫出絕緣體、半導體及導體的能帶圖。

3. (a) As^{33} 為幾價原子？　(b) 畫原子結構圖。

4. (a) Ga^{31} 為幾價原子？　(b) 畫原子結構圖。

5. 計算矽半導體在 $T = 50K$ 與 $T = 350K$ 溫度下的本質載子濃度

6. n 型矽棒長 $2\mu m$ 截面積 $0.25\mu m^2$，2 端外加 1V 電壓，若摻雜濃度 $N_D = 10^{16}cm^{-3}$ 及 $\mu_n = 1350cm^2/v\text{-}s$，(a) 計算電子漂移速度，(b) 計算電子穿越此 $2\mu m$ 長矽棒所需的時間，(c) 漂移電流密度，(d) 整體矽棒漂移電流。

7. n 型矽半導體，$N_D = 10^{17}cm^{-3}$，計算 $T = 350K$ 之電子與電洞濃度，其中 $T = 350K$ 之 $n_i = 4.15 \times 10^{11}cm^{-3}$

8. 矽半導體摻雜硼（Boron），計算在 300K 下硼原子的摻雜濃度，使得矽半導體的電子濃度為本質濃度 n_i 的 $\dfrac{1}{10^6}$ 倍。

9. 求本質矽（Si）之電阻係數，在 295K。

10. 求本質鍺之電阻係數，在 295K。

11. 某一鋁條，電阻率為 3.14×10^{-8}（$\Omega\text{-}m$），截面積 $2 \times 10^{-4}mm^2$，長 5mm，求兩端電阻值。

12. 重做習題 11，但鋁條換成 295K 之純矽條。

13. 由亞佛加厥數 $= 6.02 \times 10^{23}$ 原子／mole，矽原子量 $= 28.1g/mole$，矽密度 $2.33\ g/cm^3$，$n_i = 1.45 \times 10^{10}cm^{-3}$，$\mu_n = 1300cm^2/v\text{-}s$，$\mu_p = 500cm^2/V\text{-}s$，計算 (1) 矽原子濃度，(2) 本質矽的電阻率，(3) 摻雜施體原子（donor）在矽半導體，若每 10^8 矽原子摻雜 1 個施體原子，計算此摻雜矽半導體的電阻率為多少。

14. A：矽半導體摻雜硼（boron）$5 \times 10^{16}cm^{-3}$，B：矽半導體摻雜磷

（phosphophorus）$5 \times 10^{16} \text{cm}^{-3}$，C：矽半導體同時摻雜硼與磷各為 $5 \times 10^{16} \text{cm}^{-3}$，有關 A，B，C 矽半導體的導電率（conductivity）（$T = 300K\pi$）下列關係式何者正確？

(1) $A > B > C$ (2) $B > A > C$ (3) $C > A = B$ (4) $C > B > A$ (5) $A = B > C$

15. 有一 p 型矽半導體，電阻率為 $0.04\Omega\text{-cm}$，若電洞濃度（p）遠大於電子濃度（n）（$p \gg n$），若本質載子濃度 $n_i = 1.45 \times 10^{10} \text{cm}^{-3}$，電子移動率 $\mu_n = 1500\text{cm}^2/\text{v-s}$ 及電洞移動率 $\mu_p = 475\text{cm}^2/\text{v-s}$，計算此 p 型半導體的電子濃度。 【81 交大控制研究所】

第三章 運算放大器

3.1　運算放大器

　　運算放大器（operation amplifier, OPA）的簡易方塊圖，如圖 3.1 所示，其中第一級為**差動放大器**（differential amplifier）而 class B 放大器則在之後章節會說明，由圖可見 OPA 常需二輸入端，一個輸出端。

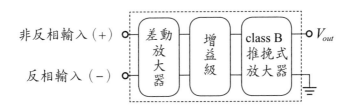

圖 3.1　簡易運算放大器之內部功能方塊圖

3.1.1　放大器符號

　　圖 3.2 說明放大器之線路符號，由訊號輸入來看，有二輸入端端點 (1, 2) 以及一輸出端端點 (3)，另外由於大多積體電路要求提供兩個直流電壓，所以外加二端點 V_{CC} 與 $-V_{EE}$，如圖 3.3(a) 所示。也可以將直流電壓共用一接地端形成圖 3.3(b) 所示。

3.1.2　理想放大器功能與特性

　　理想放大器的特性，我們定義它如圖 3.4 所示，因此它的基本特性如表 3.1 所述。

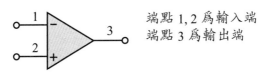

圖 3.2　放大器之線路符號

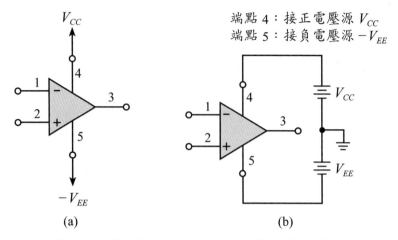

圖 3.3 (a) 放大器接上電源,以及 (b) 共接地之線路符號

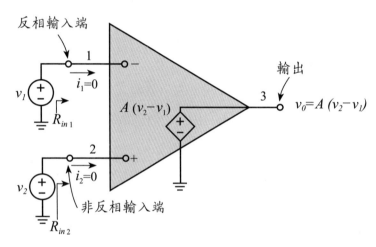

1. $i_1 = i_2 = 0$, $R_{in1} = R_{in2} = \infty$
2. $R_{out} = 0$
3. $V_0 = A(V_2 - V_1)$;差模增益 $= A$
4. 如果 $V_2 = V_1 = 1V$ $V_0 = 0$(共模增益 $= 0$)
   此為共模拒絕(common mode rejection),亦即輸入 2 端沒有電壓差則輸出為零
5. 差模增益(difference gain)$= A$,此 A 又稱為開迴路增益(open-loop gain)
6. 理想 op amp,輸出只與輸入端的差(difference)有關。若 $V_1 = V_2$ 則輸出為「0」

圖 3.4 理想放大器基本功能示意圖

表 3.1 理想運算放大器之特性

1. $R_{in} = \infty$，輸入電阻無限大
2. $R_{out} = 0$，輸出電阻零
3. 共模增益（common-mode gain）= 0，共模拒絕（common-mode rejection）= ∞
4. $A = \infty$，開迴路增益無限大
5. $BW = \infty$，頻帶寬度（band width）無限大

範例 3.1

如右圖為理想運算放大器組成的電

路，(1) $V_1 = ?$ ；(2) $V_2 = ?$ ；(3) I_2

= ? ；(4) $I_L = ?$ ；(5) $I_o = ?$

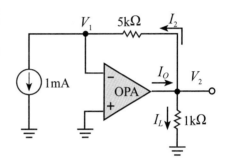

答

(1) 0 V ；(2) +5V ；(3) 1mA ；

(4) 5mA ；(5) 6mA

解

(1) $V_1 = V_i = V_i^+ = $ 地電位 = 0V（同電位，電壓問題），因 $R_i = \infty$ 流進 OPA

的輸入端電流 = 0，有虛短路（virtual short circuit）現象。

(2) $V_2 = V_{5k\Omega} = 1mA \times 5k\Omega = +5V$ 。

(3) $I_2 = $ 電流源 = 1mA 。（I_B 忽略不計，過點不分流，電流問題），因 R_i

$= \infty$，$I_i = 0$

(4) $I_L = \dfrac{V_o}{1k\Omega} = \dfrac{5V}{1k\Omega} = 5mA$ 。

(5) $I_o = I_2 + I_L = 1mA + 5mA = 6mA$，由輸出端推出來的 KCL 定律。

　　因理想 OPA 增益為 ∞，「+」輸入端點，電位會等於「−」輸入端點

電位，同時輸入電阻 $R_i = \infty$，因此為**虛短路**，即電位相等，但兩端電流

為 0，若一端接地亦可稱為**虛接地**（virtual ground）。

範例 3.2

如右圖所示的理想放大器電路，

其電壓增益為 $\dfrac{V_o}{V_i} = ?$

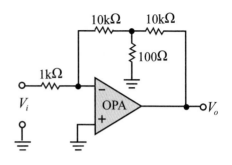

答

-1020

解

因虛接地，OPA「$-$」端電位 $= 0$，

$i_i = \dfrac{V_i}{1\text{k}\Omega}$，$V_a = 0 - i_i \times 10\text{k}\Omega = -\dfrac{10\text{k}\Omega V_i}{1\text{k}\Omega} = -10V_i$

$i_2 = -10V_i \div 0.1\text{K}$

$i_3 = i_1 + i_2 = \dfrac{1}{1\text{k}\Omega}\,V_i + \dfrac{100}{1\text{k}\Omega}\,V_i = \dfrac{101}{1\text{k}\Omega}\,V_i$

$V_o = V_a - i_3 \times 10\text{k}\Omega$

$\quad = -10V_i - 1010V_i$

$\quad = -1020V_i$

$A_v = \dfrac{V_o}{V_i} = -1020$

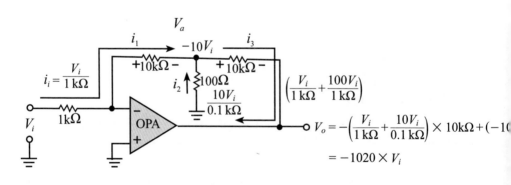

表 3.1　理想運算放大器之特性

1. $R_{in} = \infty$，輸入電阻無限大
2. $R_{out} = 0$，輸出電阻零
3. 共模增益（common-mode gain）= 0，共模拒絕（common-mode rejection）= ∞
4. $A = \infty$，開迴路增益無限大
5. $BW = \infty$，頻帶寬度（band width）無限大

範例 3.1

如右圖為理想運算放大器組成的電
路，(1) $V_1 = $？；(2)$V_2 = $？；(3) I_2
= ？；(4) $I_L = $？；(5) $I_o = $？

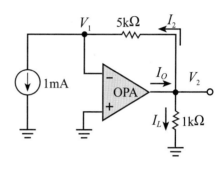

答

(1) 0 V；(2) +5V；(3) 1mA；

(4) 5mA；(5) 6mA

解

(1) $V_1 = V_i = V_i^+ = $ 地電位 = 0V（同電位，電壓問題），因 $R_i = \infty$ 流進 OPA
　　的輸入端電流 = 0，有虛短路（virtual short circuit）現象。

(2) $V_2 = V_{5k\Omega} = $ 1mA $\times$ 5kΩ = +5V。

(3) $I_2 = $ 電流源 = 1mA。（I_B 忽略不計，過點不分流，電流問題），因 R_i
　　= ∞，$I_i = 0$

(4) $I_L = \dfrac{V_o}{1k\Omega} = \dfrac{5V}{1k\Omega} = $ 5mA。

(5) $I_o = I_2 + I_L = $ 1mA + 5mA = 6mA，由輸出端推出來的 KCL 定律。

　　因理想 OPA 增益為∞，「+」輸入端點，電位會等於「−」輸入端點
電位，同時輸入電阻 $R_i = \infty$，因此為**虛短路**，即電位相等，但兩端電流
為 0，若一端接地亦可稱為**虛接地**（virtual ground）。

範例 3.2 ✐————————————————————————

如右圖所示的理想放大器電路，

其電壓增益為 $\dfrac{V_o}{V_i} = ?$

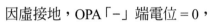

答

-1020

解

因虛接地，OPA「−」端電位 $= 0$，

$i_i = \dfrac{V_i}{1\text{k}\Omega}$，$V_a = 0 - i_i \times 10\text{k}\Omega = -\dfrac{10\text{k}\Omega V_i}{1\text{k}\Omega} = -10V_i$

$i_2 = -10V_i \div 0.1\text{K}$

$i_3 = i_1 + i_2 = \dfrac{1}{1\text{k}\Omega}V_i + \dfrac{100}{1\text{k}\Omega}V_i = \dfrac{101}{1\text{k}\Omega}V_i$

$V_o = V_a - i_3 \times 10\text{k}\Omega$

$\quad = -10V_i - 1010V_i$

$\quad = -1020V_i$

$A_v = \dfrac{V_o}{V_i} = -1020$

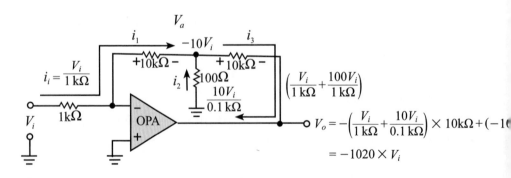

3.2 反相組態與非反相組態放大器

　　圖3.5所示為訊號輸入端由放大器負端點輸入，而另一端點（正端點）同接地，此放大器稱之為反相（inverting）或負（negative）輸入。圖中因有 R_2 由輸出點接回到輸入端，我們稱之為**負回授**（negative feedback）。

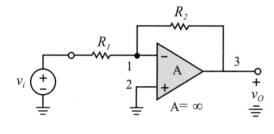

①OP Amp 一般連接被動元件如電阻，電容，電感形成回授電路
② R_2 連接負端「−」與輸出端，此種方式稱之負回授（negative feedback）
③若連接正端「＋」端與輸出端，則稱為正回授

圖 3.5　反相閉迴路組態運算放大器

3.2.1 閉迴路增益

　　圖 3.5 為反相組態放大器，我們可以分析此電路，並計算電路**閉迴路增益**（close-loop gain），其分析過程如下：相關示意圖如圖 3.6 所示。

閉迴路增益 $= \dfrac{v_O}{v_I}$

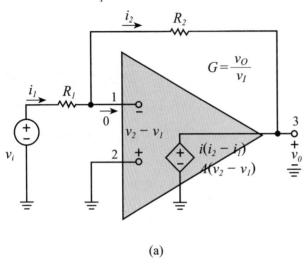

(a)

① 左圖為圖 3.5 的等效電路圖

∵ $A \to \infty$，

$v_0 = A(v_2 - v_1)$

$v_2 - v_1 = \dfrac{v_O}{A} \approx 0$

$v_2 = v_1$

又因 OP Amp，$R_i = \infty$

$i^- = i^+ = 0$

流進 OP「+」與「-」端電流 $= 0$

v_2 與 v_1 稱虛短路（virtual short）

虛短路 $\Rightarrow V_2 = V_1$
　　　　　　　$R_{21} = \infty$

真短路 $= V_2 = V_1$
　　　　　　$R_{21} = 0$

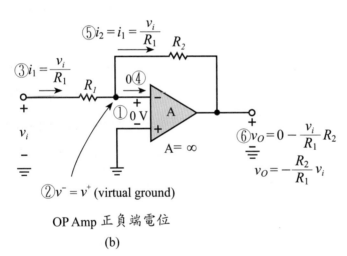

OP Amp 正負端電位

(b)

② V_2 virtual short

$V_2 = V_1 = 0V$

$i_1 = \dfrac{V_I}{R_1}$

∵ 流進 OP Amp 的電流 $= 0$

∴ $v_o = 0 - \dfrac{v_i}{R_1} \cdot R_2$

$$\boxed{v_o = -\dfrac{R_2}{R_1} v_i}$$

圖 3.6　反相組態放大器之分析

範例 3.3 ✏

如下圖反相組態負回授電路，若 OP Amp 為理想放大器，計算 (1) 電壓增益 v_o/v_i，(2)R_{in}，(3)R_{out}

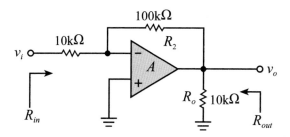

解

(1) $R_1 = 10\text{k}\Omega$，$R_2 = 100\text{k}\Omega$

$$v_o = 0 - \frac{v_i}{R_1} \times R_2 = -\frac{R_2}{R_1}v_i \,,\, \frac{v_o}{v_i} = -\frac{R_2}{R_1} = -\frac{100\text{K}}{10\text{K}} = -10$$

(2) $R_{in} = \dfrac{v_i}{i_i} = \dfrac{i_i \times 10\text{k}\Omega}{i_i} = 10\text{k}\Omega$

(3)

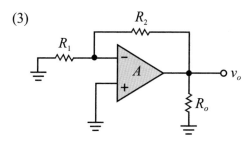

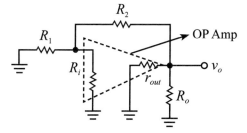

∵ OP Amp 為理想

∴ $R_i = \infty$，OP 的 $r_{out} = 0$

求 R_{out} 時令輸入端電源為 0

$R_{out} = (R_1 + R_2) \mathbin{/\!/} R_o \mathbin{/\!/} r_{out}$

∵ $r_{out} = 0$ ∴ $R_{out} = 0\Omega$

3.2.2 非理想反相組態放大器

有限開回路增益（A $\neq \infty$）

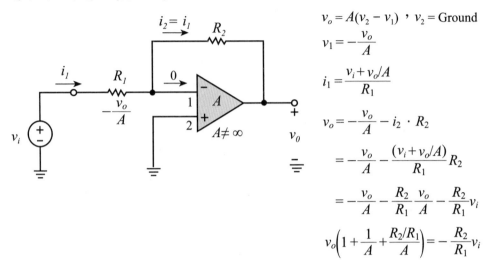

$$v_o = A(v_2 - v_1) \text{ , } v_2 = \text{Ground}$$

$$v_1 = -\frac{v_o}{A}$$

$$i_1 = \frac{v_i + v_o/A}{R_1}$$

$$v_o = -\frac{v_o}{A} - i_2 \cdot R_2$$

$$= -\frac{v_o}{A} - \frac{(v_i + v_o/A)}{R_1}R_2$$

$$= -\frac{v_o}{A} - \frac{R_2}{R_1}\frac{v_o}{A} - \frac{R_2}{R_1}v_i$$

$$v_o\left(1 + \frac{1}{A} + \frac{R_2/R_1}{A}\right) = -\frac{R_2}{R_1}v_i$$

圖 3.7 非理想反相組態放大器

$$\text{Closed-loop gain G} = \frac{v_o}{v_i} = \frac{-\dfrac{R_2}{R_1}}{1 + \dfrac{1 + \dfrac{R_2}{R_1}}{A}} \text{ ; If A} \rightarrow \infty \quad G \approx -\frac{R_2}{R_1}$$

求輸入阻抗 R_{in}，輸出阻抗 R_0

由圖 3.6(b) $\quad R_{in} = \dfrac{v_i}{i_1} = \dfrac{v_i}{v_i/R_1} = R_1$

求得 $R_{in} = R_1$

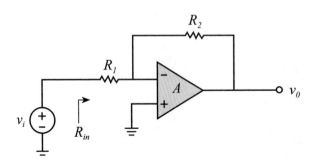

求 R_{out}

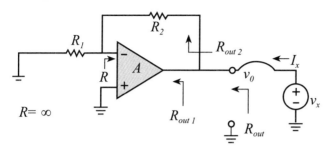

$R_{out} = \dfrac{v_x}{I_x} = R_{out1} \mathbin{/\!/} R_{out2}$

令 $v_i = 0$ 因 Op Amp 輸入電壓為 0 所以沒有虛短路或虛接地

$R_{out2} = R_1 + R_2$

$R_{out1} = $ Op Amp $R_o = 0$

求得 $R_{out} = 0 \mathbin{/\!/} (R_1 + R_2) = 0$

圖 3.7 所示為非理想（$A \neq \infty$）之反相組態放大器，以及相關之運算分析。

範例 3.4 ✎

考慮一反相相態 OP Amp 電路，如下圖所示，$R_1 = 1\text{k}\Omega$，$R_2 = 100\text{k}\Omega$

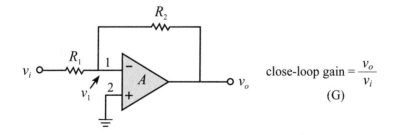

close-loop gain $= \dfrac{v_o}{v_i}$

(G)

(1) 若 OP Amp 開路增益 $A = 10^3$，10^4 及 10^5（非理想 OP Amp）

　① 計算閉迴路增益

　② 與理想 OP Amp 的閉迴路增益相比較，誤差百分比值為多少

$$\varepsilon = \frac{|G_{nonideal}| - |G_{ideal}|}{|G_{ideal}|} \times 100\%$$

③ 計算開路增益非無限大下，相對應的 v_1 為多少，其中 $v_i = 0.1\text{V}$

(2) 若 $A = 100{,}000$ 改變為 $50{,}000$（減少 50%），計算閉迴路增益改善百分比。

解

(1) $A \neq \infty$ 的閉迴路增益 $G = \dfrac{v_o}{v_i} = \dfrac{-\dfrac{R_2}{R_1}}{1 + \dfrac{1 + \dfrac{R_2}{R_1}}{A}}$　　$\therefore \dfrac{R_2}{R_1} = \dfrac{100\text{k}\Omega}{1\text{k}\Omega} = 100$

$G = \dfrac{v_o}{v_i} = \dfrac{-100}{1 + \dfrac{1 + 100}{A}}$: $A = 10^3$，$G = -90.83$

　　　　　　　　　　$A = 10^4$，$G = -99.00$

　　　　　　　　　　$A = 10^5$，$G = -99.90$

$v_1 = \dfrac{-v_o}{A} = +\dfrac{G v_i}{A} = +\dfrac{0.1 G}{A}$; $A = 10^3$，$\dfrac{0.1 \times (-90.83)}{10^3} = -9.08\text{mV}$

　　　　　　　　　　　　　　$A = 10^4$，$\dfrac{0.1 \times (-99.00)}{10^4} = -0.99\text{mV}$

　　　　　　　　　　　　　　$A = 10^5$，$\dfrac{0.1 \times (-99.90)}{10^5} = -0.1\text{mV}$

(2) $A = 50000$，$G = \dfrac{-100}{1 + \dfrac{101}{50000}} = -99.8$

$A = 100{,}000$，$G = -99.9$

$\therefore -99.9 - (-99.8) = -0.1$

　$0.1 \div 99.9 \fallingdotseq 0.1\%$　　$\therefore$ 約只有改變 -0.1% 的增益減少

A	$|G|$	ε	v_1
10^3	90.83	-9.17%	-9.08mV
10^4	99.00	-1.00%	-0.99mV
10^5	99.90	-0.10%	-0.10mV

3.2.3　相關應用實例—加權加法器

圖 3.8 所示為一利用理想反相放大器所完成之一加權加法器。

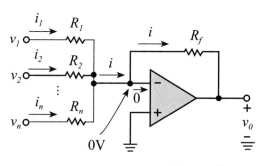

R_f 電阻作用，使得 OP 放大器形成負回授而形成負回授處短路（接地）

$$\begin{bmatrix} \text{negative feedback path virtual} \\ \text{short (Ground)} \end{bmatrix}$$

$$i = i_1 + i_2 + \cdots + i_n$$
$$v_o = -iR_f$$

$$v_o = -\left(\frac{R_f}{R_1}v_1 + \frac{R_f}{R_2}v_2 + \cdots + \frac{R_f}{R_n}v_n \right)$$

圖 3.8　一加權加法器

此電路可做為（數位→類比轉換電路），其中 $\dfrac{R_f}{R_1}$, $\dfrac{R_f}{R_2}$, $\cdots$ $\dfrac{R_f}{R_n}$ 為加權係數，具正、負極性輸入之加權加法器。

範例 3.5 ✐ ─────────────────────────

請利用下圖理想放大器完成以下方程式之加法器。

$$v_o = -a_1 v_{I1} - a_2 v_{I2} + a_3 v_{I3} + a_4 v_{I4}$$

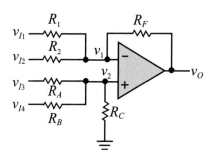

使用重疊定理求輸入端 v_{I1} 與 v_{I2} 的輸出電壓時，先令 v_{I3} 與 v_{I4} 為 0，所以輸出電壓為

$$v_O(v_{I1}) = -\frac{R_F}{R_1}v_{I1}$$

$$v_O(v_{I2}) = -\frac{R_F}{R_2}v_{I2}$$

計算 v_{I3} 的輸出電壓時，則令 $v_{I1} = v_{I2} = v_{I4} = 0$

$$v_2(v_{I3}) = \frac{R_B \| R_C}{R_A + R_B \| R_C}v_{I3} = v_1(v_{I3})$$

$$v_O(v_{I3}) = \left(1 + \frac{R_F}{R_1 \| R_2}\right)v_1(v_{I3}) = \left(1 + \frac{R_F}{R_1 \| R_2}\right)\left(\frac{R_B \| R_C}{R_A + R_B \| R_C}\right)v_{I3}$$

$$v_O(v_{I3}) = \left(1 + \frac{R_F}{R_N}\right)\left(\frac{R_P}{R_A}\right)v_{I3}$$

令 $$R_N = R_1 \| R_2$$

令 $$R_p = R_A \| R_B \| R_C$$

同理計算 v_{I4} 的輸出電壓時，令 $v_{I1} = v_{I2} = v_{I3} = 0$

$$v_O(v_{14}) = \left(1 + \frac{R_F}{R_N}\right)\left(\frac{R_P}{R_B}\right)v_{I4}$$

$$v_O = -\frac{R_F}{R_1}v_{I1} - \frac{R_F}{R_2}v_{I2} + \left(1 + \frac{R_F}{R_N}\right)\left[\frac{R_P}{R_A}v_{I3} + \frac{R_P}{R_B}v_{I4}\right]$$

所以 $a_1 = \dfrac{R_F}{R_1}$ ， $a_2 = \dfrac{R_F}{R_2}$ ， $a_3 = \left(1 + \dfrac{R_F}{R_N}\right)\dfrac{R_P}{R_A}$ ， $a_4 = \left(1 + \dfrac{R_F}{R_N}\right)\dfrac{R_P}{R_B}$

範例 3.6 ✐————————————————————————

如右圖所示之反相加法電路，且運算放大器（OPA）為理想特性，則 (1) I_1；(2) I_2；(3) I_3；(4) I_f；(5) V_i^-；(6) V_o。

答

(1) 10μA；(2) −10μA；(3) +10μA；(4) 10μA；(5) 0V；(6) −1V

解

(1) $V_i^- = 0$ V

(2) $I_1 = \dfrac{V_1 - V_i^-}{R_1} = \dfrac{0.1\,\text{V} - 0\,\text{V}}{10\,\text{k}\Omega} = 10\,\mu\text{A}$

(3) $I_2 = \dfrac{V_2 - V_i^-}{R_2} = \dfrac{-0.2\,\text{V} - 0\,\text{V}}{20\,\text{k}\Omega} = -10\,\mu\text{A}$

(4) $I_3 = \dfrac{V_3 - V_i^-}{R_3} = \dfrac{0.4\,\text{V} - 0\,\text{V}}{40\,\text{k}\Omega} = 10\,\mu\text{A}$

(5) $I_f = I_1 + I_2 + I_3 = +10\mu\text{A} + (-10\mu\text{A}) + (+10\mu\text{A}) = 10\,\mu\text{A}$

(6) $V_o = -I_f \times R_f = -10\mu\text{A} \times 100\text{k}\Omega = -1\text{V}$

或解：

$$V_o = V_1\left(-\frac{R_F}{R_1}\right) + V_2\left(-\frac{R_F}{R_2}\right) + V_3\left(-\frac{R_F}{R_3}\right)$$

$$= 0.1\text{V} \times \left(-\frac{100\text{k}\Omega}{10\text{k}\Omega}\right) + (-0.2\text{V}) \times \left(-\frac{100\text{k}\Omega}{20\text{k}\Omega}\right) + (0.4\text{V}) \times \left(-\frac{100\text{k}\Omega}{40\text{k}\Omega}\right)$$

$$= -1\text{V} + 1\text{V} - 1\text{V} = -1\text{V}$$

3.3 非反相組態放大器

相對於反相組態放大器，圖 3.9 所示為非反相（noninverting configuration）放大器，即訊號輸入端為正端點。

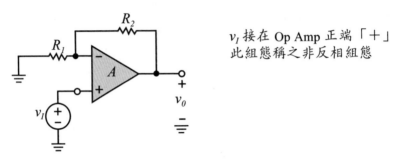

v_I 接在 Op Amp 正端「＋」
此組態稱之非反相組態

圖 3.9 非反相放大器

3.3.1 閉迴路增益

我們同樣地分析圖 3.10 非反相放大器，並求得閉迴路增益，其分析過程如下：

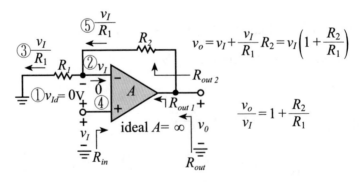

$$v_o = v_I + \frac{v_I}{R_1} R_2 = v_I \left(1 + \frac{R_2}{R_1} \right)$$

$$\frac{v_o}{v_I} = 1 + \frac{R_2}{R_1}$$

圖 3.10 非反向放大器之分析

$$v_{Id} = \frac{v_o}{A} = 0 \quad \text{for} \quad A = \infty$$

$$i_{R1} = \frac{v_I}{R_1} = i_{R_2} \qquad v_o = v_I + i_{R_2} \cdot R_2 = v_I + \frac{R_2}{R_1} v_I$$

$$\frac{v_o}{v_I} = 1 + \frac{R_2}{R_1}$$

$$R_{in} = \infty$$

$$R_{out} = R_{out1} \,//\, R_{out2} = 0 \,//\, (R_1 + R_2)$$

$$R_{out} = 0$$

範例 3.7

如右圖所示之加法器，假設
其理想運算放大器工作於
線性區，若欲得到輸出電
壓值 $V_o = V_1 + V_2 + V_3 + V_4$，
則 R_F 之值應設定為多少？

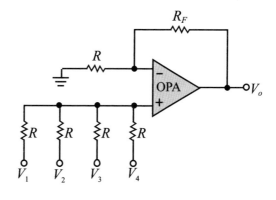

答

$3R$

解

V_i^+ 的電壓可使用重疊定理可分別求得 V_1，V_2，V_3，V_4 貢獻在 V_i^+ 的電壓
值，求 V_1 的貢獻時令 $V_2 = V_3 = V_4 = 0$

$$V_i^+ (V_1) = \frac{R\,//\,R\,//\,R}{R + R\,//\,R\,//\,R} V_1$$

$$= \frac{\dfrac{1}{\dfrac{1}{R} + \dfrac{1}{R} + \dfrac{1}{R}}}{R + \dfrac{1}{\dfrac{1}{R} + \dfrac{1}{R} + \dfrac{1}{R}}} \cdot V_1$$

$$= \frac{1}{R\left(\dfrac{1}{R} + \dfrac{1}{R} + \dfrac{1}{R}\right) + 1} V_1$$

$$= \frac{1}{\left(\dfrac{1}{R}+\dfrac{1}{R}+\dfrac{1}{R}\right)+\dfrac{1}{R}} \cdot \frac{V_1}{R}$$

$$= \frac{\dfrac{V_1}{R}}{\dfrac{1}{R}+\dfrac{1}{R}+\dfrac{1}{R}+\dfrac{1}{R}}$$

同理，加入 V_2，V_3，V_4 之 V_i^+ 如下式所示

$$(1)\, V_i^+ = \frac{\dfrac{V_1}{R}+\dfrac{V_2}{R}+\dfrac{V_3}{R}+\dfrac{V_4}{R}}{\dfrac{1}{R}+\dfrac{1}{R}+\dfrac{1}{R}+\dfrac{1}{R}} = \frac{V_1+V_2+V_3+V_4}{1+1+1+1}$$

$$= \frac{V_1+V_2+V_3+V_4}{4}$$

(2) 欲得 $V_o = V_1 + V_2 + V_3 + V_4$，則必須再放大 4 倍

$$(3)\, V_o = V_i^+ \times \left(1+\frac{R_F}{R}\right)$$

$$= \frac{V_1+V_2+V_3+V_4}{4} \times \left[1+\frac{R_F}{R}\right] = V_1+V_2+V_3+V_4$$

(4) 上式中，$1+\dfrac{R_F}{R}=4$，即 $R_F = 3R$

範例 3.8

若使用理想之運算放大器，
則右圖之 (1) V_i^+；(2) V_i^-；

(3) V_o

答

(1) $\dfrac{1}{3}$ V；(2) $\dfrac{1}{3}$ V；(3) 2V

解

(1) 簡化電路成非反相放大電

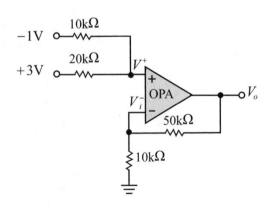

路，如下圖所示。同時由範例 3.7 得知

$$V_i^+ = \left(\frac{-1\text{V}}{10\text{k}\Omega} + \frac{+3\text{V}}{20\text{k}\Omega}\right) \Big/ \left(\frac{1}{10\text{k}\Omega} + \frac{1}{20\text{k}\Omega}\right) = \frac{1}{3}\text{V}$$

因負回授虛短路 　∴ $V_i^+ = V_i^- = \frac{1}{3}\text{V}$

(2) $V_i^+ = \frac{1}{3}$ V

(3) $V_o = V_i^+ \times$ 非反相放大 $= 2$ V

① $V_i^+ = \dfrac{\dfrac{-1\text{V}}{10\text{k}\Omega} + \dfrac{+3\text{V}}{20\text{k}\Omega}}{\dfrac{1}{10\text{k}\Omega} + \dfrac{1}{20\text{k}\Omega}} = +\dfrac{1}{3}\text{V}$

② $V_o = V_i^+ \times \left(1 + \dfrac{50\text{k}\Omega}{10\text{k}\Omega}\right) = \dfrac{1}{3} \times 6 = 2\text{V}$

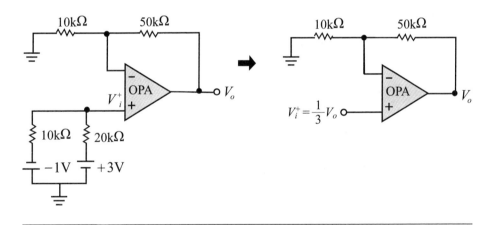

3.3.2　非理想非反相放大器

同樣當 $A \neq \infty$ 時所呈現之非反相放大器之增益分析如下：

非理想放大器 $A \neq \infty$，由圖 3.10 　$v_{Id} = \dfrac{v_o}{A}$

$$\begin{cases} v^- = v_I - v_{Id} \\ v^+ = v_I \end{cases}$$

$$i_{R1} = \frac{v^-}{R_1} = i_{R_2}$$

$$v_o = v^- + i_{R_2} \cdot R_2$$

$$= v_I - v_{Id} + \frac{1}{R}(v_I - v_{Id})R_2$$

$$\therefore v_{Id} = \frac{v_o}{A}$$

$$v_o = v_I - \frac{v_o}{A} + \frac{R_2}{R_1}v_I - \frac{R_2}{R_1}\frac{v_o}{A}$$

$$v_o \left(1 + \frac{1 + \frac{R_2}{R_1}}{A}\right) = v_I \left(1 + \frac{R_2}{R_1}\right)$$

$$\boxed{\frac{v_o}{v_I} = \frac{1 + \frac{R_2}{R_1}}{1 + \frac{1 + \frac{R_2}{R_1}}{A}}}$$

與反相組態比較分母都相同

3.3.3 電壓隨耦器

令圖 3.10 非反相組態電路之 $R_1 = \infty$ $R_2 = 0$ $\frac{v_o}{v_I} = 1$ for $A = \infty$

稱之**單位增益放大器**（unit-gain amplifier）或**電壓隨耦器**（voltage follower）

$$\begin{cases} R_{in} = \infty \\ R_{out} = 0 \end{cases}$$

圖 3.11 所示為利用圖 3.10 之非反相放大器來設計電壓增益為 1 之電壓隨耦器以及相關線路模型。

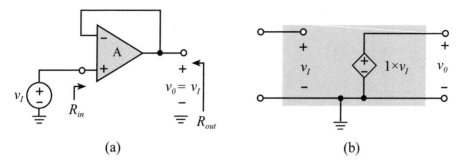

圖 3.11　(a) 電壓隨耦器 (b) 等效電路

3.3.4　差動放大器

OP 放大器可應用於差動放大器（differential ampifier），一差動放大器的輸出在理想上只受 2 輸入端電壓差的影響，而不受共同加在 2 輸入端的電壓影響。亦即 $v_o = A_d v_{ld} + A_{cm} v_{lcm}$，其中 A_d = 差模增益（dififerential gain），A_{lcm} = 共模增益（common-mode gain），v_{ld} = 差模輸入電壓，v_{lcm} = 共模輸入電壓。

理想差動放大器的共模拒絕比（common-mode rejection ratio, CMRR）為∞，其定義如下 $CMRR = \dfrac{A_d}{A_{cm}}$ 或用 dB 表示如下：

$$CMRR = 20\log \frac{|A_d|}{|A_{cm}|}　\text{共模拒絕比（差模與共模增益比值）}$$

理想 OP A_{cm} = 0 所以 CMRR = ∞

差動放大器的輸入訊號分成差動（differential）輸入以及共模（common-mode）輸入，如圖 3.12 所示。

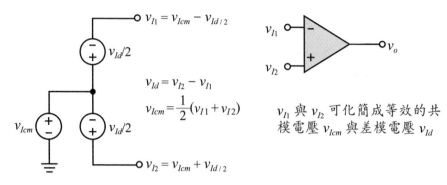

圖 3.12　差動輸入與共模輸入示意圖

單一OP的差動放大器

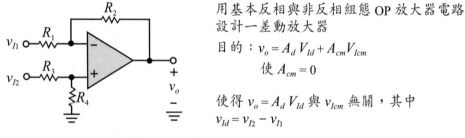

用基本反相與非反相組態 OP 放大器電路設計一差動放大器

目的：$v_o = A_d V_{Id} + A_{cm} V_{Icm}$

使 $A_{cm} = 0$

使得 $v_o = A_d V_{Id}$ 與 v_{Icm} 無關，其中
$v_{Id} = v_{I2} - v_{I1}$

圖 3.13　單一 OP 差動放大器分析

利用重疊定理

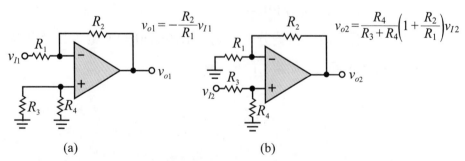

(a)　　　　　　　　　　　　　　(b)

圖 3.14　利用重疊定理來分析差動放大器電路，(a) 單獨 v_{I1} 輸入的等效電路，(b) 單獨 v_{I2} 輸入的等效電路。

$$v_o = v_{o1} + v_{o2} = \frac{R_4}{R_3+R_4}\left(1+\frac{R_2}{R_1}\right)v_{I2} - \frac{R_2}{R_1}v_{I1} = A_d(v_{I2} - v_{I1})$$

則 $\dfrac{R_4}{R_3+R_4}\left(1+\dfrac{R_2}{R_1}\right) = \dfrac{R_2}{R_1}$ 才能使上式成立

所以 $\dfrac{R_4}{R_3+R_4} \cdot \dfrac{R_1+R_2}{R_1} = \dfrac{R_2}{R_1} \rightarrow \dfrac{R_4}{R_3+R_4} = \dfrac{R_2}{R_1+R_2} \rightarrow \boxed{\dfrac{R_4}{R_3} = \dfrac{R_2}{R_1}}$

所以 $v_o = \dfrac{R_2}{R_1}v_{I2} - \dfrac{R_2}{R_1}v_{I1} = \dfrac{R_2}{R_1}(v_{I2} - v_{I1}) = A_d v_{Id}$

共模增益分析（驗證在 $\dfrac{R_4}{R_3} = \dfrac{R_2}{R_1}$ 條件下 $A_{cm} = 0$）

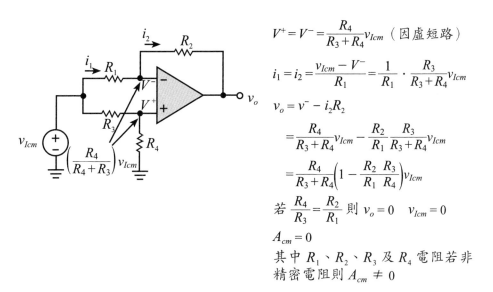

$V^+ = V^- = \dfrac{R_4}{R_3+R_4}v_{Icm}$ （因虛短路）

$i_1 = i_2 = \dfrac{v_{Icm} - V^-}{R_1} = \dfrac{1}{R_1} \cdot \dfrac{R_3}{R_3+R_4}v_{Icm}$

$v_o = v^- - i_2 R_2$

$\quad = \dfrac{R_4}{R_3+R_4}v_{Icm} - \dfrac{R_2}{R_1}\dfrac{R_3}{R_3+R_4}v_{Icm}$

$\quad = \dfrac{R_4}{R_3+R_4}\left(1 - \dfrac{R_2}{R_1}\dfrac{R_3}{R_4}\right)v_{Icm}$

若 $\dfrac{R_4}{R_3} = \dfrac{R_2}{R_1}$ 則 $v_o = 0 \quad v_{Icm} = 0$

$A_{cm} = 0$

其中 $R_1 \cdot R_2 \cdot R_3$ 及 R_4 電阻若非
精密電阻則 $A_{cm} \neq 0$

圖 3.15 驗證差動放大器共模增益 A_{cm} 為 0 之電路分析

差模輸入電阻R_{id}（differential input resistance）

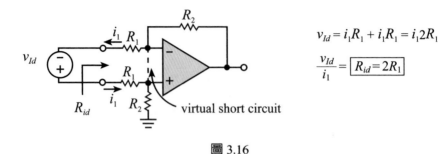

圖 3.16

此種電路 $Ad = -\dfrac{R_2}{R_1}$ 　Ad 要大則 R_1 要小才行

如此則 $R_{id} = 2R_1$ 就會變小，所以此種電路並非很理想。改善方式可由下節儀器放大器來完成。

範例 3.9

有一差動放大器，其 $V_{i1} = 100\mu V$，$V_{i2} = 150\mu V$，且此放大器 A_d 爲 1000，共模拒斥比（CMRR）爲 100，試求其輸出電壓。

答

51.25mV

解

(1) $\begin{cases} V_d = V_{i2} - V_{i1} = 150\,\mu V - 100\,\mu V = 50\,\mu V \\ V_{cm} = \dfrac{V_{i1} + V_{i2}}{2} = \dfrac{150\,\mu V + 100\,\mu V}{2} = 125\,\mu V \end{cases}$

在輸入端，雜訊 V_{cm} 已強過眞正信號 V_d。

(2) $A_{cm} = \dfrac{A_d}{CMRR} = \dfrac{1000}{100} = 10$

(3) $\therefore V_o = A_d \times V_d + A_{cm} \times V_{cm} = 1000 \times 50\mu V + 10 \times 125\mu V$

　　$= 50mV（信號）+ 1.25mV（雜訊）= 51.25mV$

$S_i = V_d = 50\mu V$ ➡ V_{i1} ➡ $A_d = 1000$ 倍 ➡ $S_o = A_d \times V_d = 50mV$

$N_i = V_{cm} = 125\mu V$ ➡ V_{i2} OPA $A_{cm} = 10$ 倍 ➡ $N_o = A_{cm} \times V_{cm} = 1.25mV$

（輸入時，N_i 已強過 S_i）　　　　　　（輸出時 $S_o \gg N_o$）

範例 3.10

續上題的條件，但 CMRR 改用 10,000 之差動放大器，求輸出電壓為多少？

解

(1) $A_{cm} = \dfrac{A_d}{\text{CMRR}} = \dfrac{1000}{10000} = 0.1$

(2) $V_o = A_d \times V_d + A_{cm} \times V_{cm} = 1000 \times 50\mu V + 0.1 \times 125\mu V$

$\quad = 50mV$（信號）$+ 0.0125mV$（雜訊）$= 50.0125mV$

(3) 顯然：CMRR 越大，則 $A_d \times V_d$（真正信號）不受影響，$A_{cm} \times V_{cm}$（雜訊）越趨於零反應。

範例 3.11

如圖 3.13 所示的單一 OP 差動放大器，若要設計差動增益 $A_d = 30$，若 $R_1 = 13k\Omega$，計算 (1)R_2，R_3，R_4 電阻為多少；(2) 差動放大器輸入電阻 R_i

解

(1)

$$\frac{R_2}{R_1} = \frac{R_4}{R_3} = 30$$

$$R_2 = R_4 = 390 \text{ k}\Omega \quad R_1 = R_3 = 13 \text{ k}\Omega$$

(2)

$$R_i = 2R_1 = 2(13) = 26 \text{ k}\Omega$$

範例 3.12 ✎

如圖 3.13 所示的單一 OP 差動放大器，若 $R_2/R_1 = 10$，$R_4/R_3 = 11$，計算 CMRR 爲幾 dB。

解

因爲 $\dfrac{R_2}{R_1} \neq \dfrac{R_4}{R_3}$　$\therefore v_o = v_{o1}(v_{I1}) + v_{o2}(v_{I2})$

$$v_o = \frac{R_4}{R_3 + R_4}\left(1 + \frac{R_2}{R_1}\right)v_{I2} - \frac{R_2}{R_1}v_{I1}$$

$$v_O = (1 + 10)\left(\frac{11}{1 + 11}\right)v_{I2} - (10)v_{I1}$$

$$v_O = 10.0833\, v_{I2} - 10\, v_{I1}$$

差模輸入電壓　　　　　　$v_d = v_{I2} - v_{I1}$

共模輸入電壓　　　　　　$v_{cm} = (v_{I1} + v_{I2})/2$

$$v_{I1} = v_{cm} - \frac{v_d}{2}$$

$$v_{I2} = v_{cm} + \frac{v_d}{2}$$

$$v_O = (10.0833)\left(v_{cm} + \frac{v_d}{2}\right) - (10)\left(v_{cm} - \frac{v_d}{2}\right)$$

輸出電壓　　　　$v_o = 10.042\, v_d + 0.0833\, v_{cm}$

$$v_o = A_d v_d + A_{cm} v_{cm}$$

$$A_d = 10.042 \quad A_{cm} = 0.0833$$

$$\text{CMRR(dB)} = 20 \log_{10}\left(\frac{10.042}{0.0833}\right) = 41.6\,\text{dB}$$

3.3.5 精密差動放大器電路（儀器放大器）

單一 OP 差動放大器的輸入電阻 $R_{id} = 2R_1$ 如圖 3.16 所示，此輸入電阻太小，理想差動放大器的輸入電阻為無限大（$R_{id} = \infty$），為解決此一問題，可在輸入端接上電壓隨耦器（voltage follower）可使整體差動放大器的 $R_{id} = \infty$，如圖 3.17(a) 所示，此電路稱為儀器放大器或精密差動放大器電路。

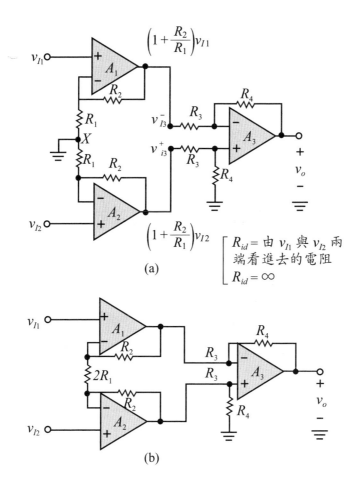

$$\left[\begin{array}{l} R_{id} = \text{由 } v_{I1} \text{ 與 } v_{I2} \text{ 兩} \\ \text{端看進去的電阻} \\ R_{id} = \infty \end{array}\right.$$

(a)

(b)

圖 3.17　(a) 基本具電壓隨耦器的精密差動放大器電路；(b) 改良式精密差動放大器電路

圖 3.17(a) 的電路之 x 為 OP A_1 and A_2 為負端接地端

$$\left[\begin{array}{l} v_{I3}^{+} = \left(1 + \dfrac{R_2}{R_1} \right) v_{I2} \\[3mm] v_{I3}^{-} = \left(1 + \dfrac{R_2}{R_1} \right) v_{I1} \end{array} \right.$$

由圖 3.17(a) 得知

$$\left[\begin{array}{l} V_O = \dfrac{R_4}{R_3} (v_{I3}^{+} - v_{I3}^{-}) \\[3mm] \quad = \dfrac{R_4}{R_3} \left(1 + \dfrac{R_2}{R_1} \right) (v_{I2} - v_{I1}) \\[3mm] \quad = A_d v_{Id} \\[3mm] A_d = \dfrac{R_4}{R_3} \left(1 + \dfrac{R_2}{R_1} \right) \text{且 } R_{id} = \infty \text{；輸入電阻無限大} \end{array} \right.$$

圖 3.17(a) 的 x 端點接地會使得此電路有 3 大缺點

① A_1 與 A_2 OP Amp 有共模信號 v_{Icm} 使 CMRR ↓

② A_1 與 A_2 OP Amp 之電阻 R_1 與 R_2 要有 2 個相同值不易達成

③ 若要提高 $A_d = \dfrac{R_4}{R_3} \left(1 + \dfrac{R_2}{R_1} \right)$ differential gain 需調整 R_1 或 R_3 電阻，同時使 OP A_1 電路之 R_1 要相等於 OP A_2 電路之 R_1，另外 OP A_3 電路之 OP 正負端之 2 個 R_3 電阻要相等，電阻要兩兩相等非常困難。

④ 為了解決上述之 3 個缺點 → 將 X 端點不接地即可，改善的電路如圖 3.17(b) 所示。

X端點不接地之電路分析：$R_1 + R_1 = 2R_1$，OP Amp為理想

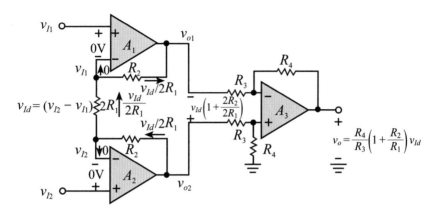

圖 3.18　改良式精密差動放大器的電路分析

$v_{Id} = v_{I2} - v_{I1}$，i (flow $2R_1$) $= \dfrac{v_{Id}}{2R_1}$

$$\begin{cases} v_{o2} = \dfrac{v_{Id}}{2R_1}R_2 + v_{I2} \\[3mm] v_{o1} = v_{I1} - \dfrac{v_{Id}}{2R_1}R_2 \end{cases}$$

$$v_{o2} - v_{o1} = \left(\dfrac{R_2}{2R_1} + \dfrac{R_2}{2R_1}\right)v_{Id} + v_{I2} - v_{I1}$$

$$v_{o2} - v_{o1} = \left(1 + \dfrac{R_2}{R_1}\right)v_{Id}$$

$$v_o = \dfrac{R_4}{R_3}\left(1 + \dfrac{R_2}{R_1}\right)v_{Id} = A_d v_{Id}$$

電路特性說明：

①若 $v_{I1} = v_{I2} = v_{Icm}$，則 $v_{Id} = v_{I2} - v_{I1} = 0$，所以此電路沒有共模輸入電壓影響 v_o 大小，所以 CMRR 不會變小。

②若 A_1 之 R_2 與 A_2 之 R_2 不相等，設 A_2 之 $R_2 = R_2'$，即阻抗不匹配下

$v_o = \dfrac{R_4}{R_3}\left(1 + \dfrac{R_2}{R_1}\right)v_{Id} = \dfrac{R_4}{R_3}\left(1 + \dfrac{R_2 + R_2'}{2R_1}\right)v_{Id}$，不會影響 $A_d = \dfrac{R_4}{R_3}\left(1 + \dfrac{R_2 + R_2'}{2R_1}\right)$

的表示式（同一個型式）。

範例 3.13 ✎

如圖 3.17(b) 所示的精密差動放大器，若 $R_3 = R_4 = 10\text{k}\Omega$，利用一可變電阻器 100kΩ 試設計一儀器放大器，有可調變的電壓增益由 2 到 1000。

解

將 $2R_1 = R_{1f} + R_{1v}$，其中 R_{1f} = 固定電阻，R_{1v} = 可變電阻

∵ $R_3 = R_4$ $A_d = 1 + \dfrac{2R_2}{R_{1f} + R_{1v}} = 2$ to   1000

$$\begin{cases} 1 + \dfrac{2R_2}{R_{1f}} = 100 \\ 1 + \dfrac{2R_2}{R_{1f} + 100\text{k}\Omega} = 2 \end{cases}$$

由以上 2 式可求得 $R_{1f} = 100.2\Omega$，$R_2 = 50.05\text{k}\Omega$。

$$2R_1 \quad \equiv \quad \begin{array}{c} R_{1f} \\ 100\text{k}\Omega \\ \text{可變電} \\ \text{阻器} \end{array} \Big\} R_{1v}$$

範例 3.14 ✎

承上一範例，若 $R_4 = 2R_3 = 20\text{k}\Omega$，$R_1$ 用可變電阻器如右圖所示，計算 R_1 電阻範圍可使儀器放大器的差模增益值在 5 到 500 間。

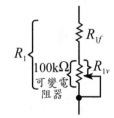

解

最大差模增益：$500 = 2\left(1 + \dfrac{2R_2}{R_{1f}}\right)$

最小差模增益：$5 = 2\left(1 + \dfrac{2R_2}{R_{1f} + 100}\right)$

由最大差模增益可得 $2R_2 = 249R_{1f}$

R_2 的值代入最小差模增益式子

$$1.5 = \frac{2R_2}{R_{1f} + 100} = \frac{249R_{1f}}{R_{1f} + 100}$$

$R_{1f} = 0.606 \text{ k}\Omega \quad R_2 = 75.5 \text{ k}\Omega$

範例 3.15

有一理想之積分器如下圖所示電路：電容器其初值 $V_C = 0\text{V}$ ，若開關 SW 在 $t = 0$ 時關上，則在經過 2 秒後，輸出電壓 $V_o = ?$

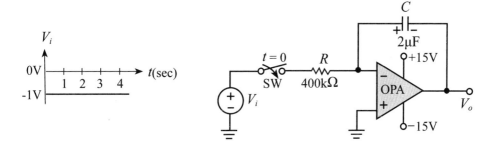

答

2.5V

解

$$V_o = -V_C = -\frac{1}{RC}\int_0^t V_i \, dt = -\frac{1}{400 \text{ k}\Omega \times 2 \text{ μF}}\int_0^2 (-1) \, dt = 2.5 \text{ (V)}$$

範例 3.16 ✎────────────────

如右圖所示之電路，其中 C = 1μF，R = 1MΩ，若 V_i = 3770sin377t 伏特時，試求輸出電壓 V_o = ？（設電容兩端初始電壓爲零）

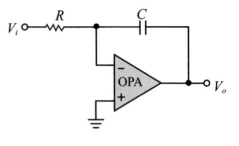

答

10 cos 377t 伏特。

解

$$(1)V_o = -\frac{1}{RC}\int V_i\,dt = -\frac{1}{1\,M \times 1\,\mu}\int 3770\sin 377t\,dt$$

$$= -\int 3770\sin u \times \frac{1}{377}\,du$$

$$= -10\int \sin u \times du = -10 \times (-\cos u)$$

$$= -(10) \times (-\cos 377t)$$

$$= 10\cos 377t\,（伏特）$$

$$（令\ u = 377t，du = 377dt，即\ dt = \frac{1}{377}du）$$

(2)積分電路，將會使波形變得平滑，具消除（減少）雜訊之作用。

3.3.6　應用實例

此節將討論與頻率有關的 OP 電路，圖 3.19 爲非反相組態放大器之通用表示。

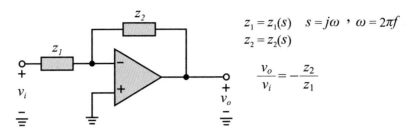

圖 3.19　非反向組態放大器之通用表示

範例 3.17 ✎────────────────────────

低通 sigle time constant（STC）線路

① 求 $V_o(s) / V_i(s)$

② 證明爲低通 STC 線路（low pass STC network）

③ DC gain, f_{3d} frequency 求直流增益 DC gain 與 f_{3dB} 頻率

④ 設計　DC gain = 40 dB

$\qquad$ $f_{3dB} = 1\text{kHz}$

$\qquad$ $R_i = 1\text{k}\Omega$

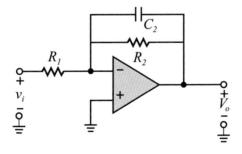

低通 STC 放大器線路

解

① $Z_1(s) = \dfrac{1}{Y_1(s)} = \dfrac{1}{\dfrac{1}{R_2} + SC_2}$; $\dfrac{V_o(s)}{V_i(s)} = \dfrac{-Z_2(s)}{R_1}$

$$\frac{v_o}{v_i} = -\frac{1}{\dfrac{R_1}{R_2} + SR_1C_2} = -\frac{R_2}{R_1} \times \frac{1}{1 + SR_2C_2} = k \cdot \frac{1}{1 + S/\omega_k}$$

↑ Low Pass

STC 標準式

$$k = -\frac{R_2}{R_1} \; ; \; \omega_H = \frac{1}{R_2C_2} \quad \leftarrow \quad \text{upper 3 dB 頻率}$$

↑

└ 直流增益

$$\text{DC gain} = -\frac{R_2}{R_1} \rightarrow 40\text{dB} \quad \text{DC gain} = 100\text{V/V}$$

$$\frac{R_2}{R_1} = 100 \quad R_1 = 1\text{k}\Omega \,,\, R_2 = 100\text{k}\Omega$$

$$f_H = \frac{1}{2\pi R_2C_2} = 1\text{kHz} \quad C_2 = 1.59\text{nF}$$

$$f_t = f_H \cdot |k| = 1\text{kHz} \times 100 = 100\text{kHz} \quad \text{cut-off frequency}$$

上圖為利用非反相組態放大器來完成一低道 STC 放大器線路。

反相積分器

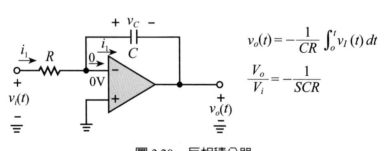

$$v_o(t) = -\frac{1}{CR} \int_o^t v_I(t)\, dt$$

$$\frac{V_o}{V_i} = -\frac{1}{SCR}$$

圖 3.20 反相積分器

$v_I(t)$ = time varying function $v_I(t)$

$$i_1 = \frac{v_I(t)}{R} \quad \text{電路學} \quad i_c = i_1 = c\frac{dv_c(t)}{dt} = \frac{v_I(t)}{R}$$

$$\text{兩邊積分} -v_c(t) = v_o(t) = -\frac{1}{RC}\int_o^t v_I(t)\, dt$$

① v_c 為輸入信號 $v_I(t)$ 的積分

② RC 為積分時間常數

③ 此電路也稱為密勒積分器（Miller integrator）

若以相量分析（複數分析）

$$i_1 = \frac{V_I}{R} \quad v_o = 0 - i_1 \times \frac{1}{SC}$$

$$\frac{V_o}{V_I} = -\frac{1}{RSC} = -\frac{1}{SRC}$$

$$\frac{V_o}{V_I} = \frac{1}{j\omega RC}$$

$$\left| \frac{V_o}{V_I} \right| = \frac{1}{\omega RC}$$

$$\left| \frac{V_o}{V_I} \right| = 1 \ , \ \omega = \frac{1}{RC}$$

此 $\omega = \omega_{int}$ 積分頻率

（integrator frequency）

圖 3.20 所示為利用反相放

大器組態所組成之反相積分器，其相關頻率響應如圖 3.21 所示。

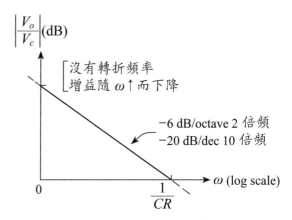

圖 3.21　積分器之頻率響應

範例 3.18

如右圖所示電路，

(1) 若 $V_i(t)$ 為標準方形波訊號，則輸出電壓 $V_o(t)$ 的波形應為何？

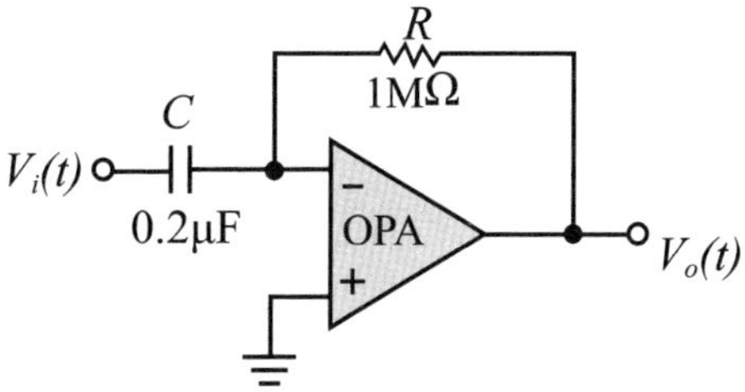

(2) 若 $V_i(t)$ 為 12 伏特 / 秒的斜坡電壓，則輸出電壓 $V_o(t)$ 的波形與振幅各為何？

答

(1) 脈波；(2) 方波，$V_{oP-P} = \pm 2.4\text{V}$

解

(1) 12 伏／秒即為三角波的上升斜率。

(2) $\dfrac{dV_i}{dt}$ 代表微分之斜率，即三角波之斜率。

(3) $V_o = -R \times C \times \dfrac{dV_i}{dt} = -1\ M\Omega \times 0.2\mu F \times (12\ 伏／秒) = -2.4V$

(4) $V_{oP-P} = \pm 2.4V$ 方波。

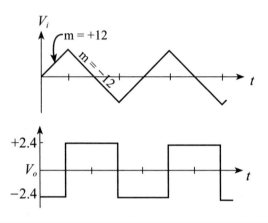

反相微分器

　　若將圖 3.20 積分器的 C 與 R 位置對調即形成「微分器」，如圖 3.22 所示相關之頻率響應如圖 3.23 所示。

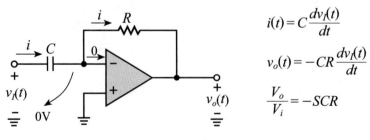

$$i(t) = C\frac{dv_I(t)}{dt}$$

$$v_o(t) = -CR\frac{dv_I(t)}{dt}$$

$$\frac{V_o}{V_i} = -SCR$$

圖 3.22　反相微分器

① $i = C \dfrac{dv_I(t)}{dt}$ ， $v_o = -iR = -CR \dfrac{dv_I(t)}{dt}$

輸出為輸入信號的微分；此電路稱為微分器

② 複數分析　$C \to \dfrac{1}{SC}$ ， $i = \dfrac{V_I(s)}{\dfrac{1}{SC}} = V_I(s) \cdot SC$

$$V_o(s) = -i \cdot R = -V_I(s)\,SCR$$

$$\boxed{T(s) = \dfrac{V_o(s)}{V_I(s)} = -SCR}$$

$$|T(s)| = \left|\dfrac{V_o(s)}{V_I(s)}\right| = \omega CR$$

$$\omega = \dfrac{1}{RC} \quad \text{則 } |T(s)| = 1$$

$\omega \uparrow$ 則 $|T(s)| \uparrow$ 沒有轉折頻率（3dB 頻率）

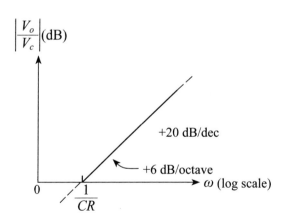

$$\left|\dfrac{V_o(s)}{V_I(s)}\right| = \omega CR$$

$$\left|\dfrac{V_o(s)}{V_I(s)}\right| = 1 \Rightarrow 0\text{dB}$$

$$\omega = \dfrac{1}{RC}$$

圖 3.23　微分器之頻率響應

習題

1. OP Amp 爲理想，計算下列電路電壓增益 $A_v = \dfrac{v_o}{v_i}$，R_{in} 及 R_{out}。

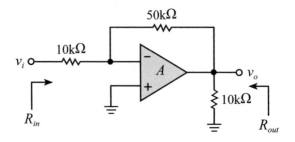

2. OP Amp 爲理想，計算下列電路電壓增益 $A_v = \dfrac{v_o}{v_i}$，R_{in} 及 R_{out}。

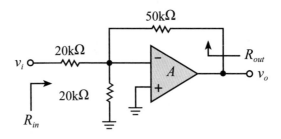

3. OP Amp 爲理想，求下列輸出電壓 v_o（用 v_1，v_2，v_3，v_4 來表示）

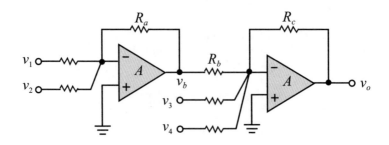

4. 有一理想 OP Amp，若開路增益 $A \neq \infty$，如下 OP 電路若 $v_I = 0.2$ 時，$v_o = 2V$，求此 OP Amp 開路增益 $A = ?$ 求 $v_I = ?$

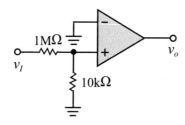

5. 有一差動放大器如下圖 (a) 所示，(1) 計算差模增益 $A_d = \dfrac{v_o}{v_{I2} - v_{I1}}$ 與輸入

電阻 R_{id}；(2) 使用圖 (b) 的共模電壓輸入，求共模增益 $A_{cm} = \dfrac{v_o}{v_{Icm}}$，$R_{icm}$

及 CMRR。

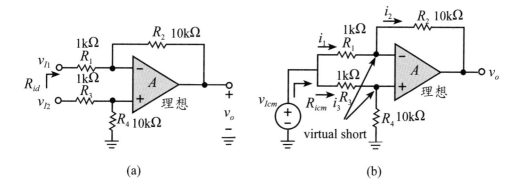

<table>
<tr><td>(a)</td><td>(b)</td></tr>
</table>

6. 如下電路所示，若 OP Amp 為理想，(1) 求 i_I，v_1，i_1，i_2，v_o，i_L 及 i_o，

(2) 計算電壓增益 $A_v = \dfrac{v_o}{v_i}$，電流境益 $A_i = \dfrac{i_L}{i_I}$，功率增益 $A_p = \dfrac{P_L}{P_I}$

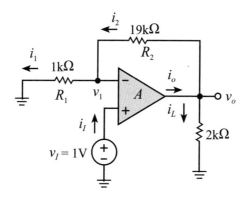

7. 考慮一理想 OP 電路如下所示，(1) 計算 v_o，(2) 計算 (i)$v_1 = v_I$，$v_2 = 0$，(ii)$v_1 = 0$，$v_2 = v_I$，(iii)$v_I = v_2 - v_1$ 的輸入電阻 R_i 分別為多少，其中 v_I 為輸入電壓訊號。

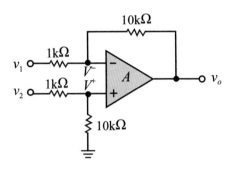

8. 非反相閉迴路 OP Amp 電路如下所示，OP Amp 開路增益 $A = 10^5$V/V，頻寬 $f_b = 10$Hz，計算閉迴路 3dB f_H 頻率。

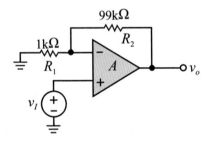

9. 同上題若為反相組態閉迴路 OP Amp 電路如下所示，若開路增益 $A = 10^5$V/V，頻寬 $f_b = 20$Hz，$R_1 = 2$kΩ，$R_2 = 98$kΩ，計算閉迴路 3dB 頻率。

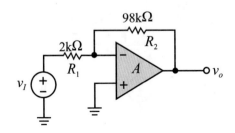

10. 有一微分器電路如下圖所示，$R = 5k\Omega$，$C = 0.02\mu F$

    (1) 若有 1V 弦波輸入，求輸出也為相同大小 1V 的頻率 f_o；

    (2) 若在 $10f_o$ 頻率下求輸出 $v_o(t)$ 為多少？

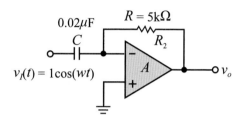

11. 有一反相低通電路（low pass STC 線路）

    (1) 求轉移函數 $\dfrac{V_o(S)}{V_I(S)}$

    (2) 求直流增益（DC gain）

    (3) f_{H3dB} 頻率

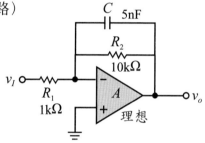

第四章 二極體

4.1　元件結構與物理操作

圖 4.1 表示簡單 p 型半導體與 n 型半導體未結合成二極體之前（圖 4.1(a)）與之後（圖 4.1(b)）的物理結構及能帶圖。

圖 4.1(a) 中，p 型半導體含大量電洞，少數電子，n 型半導體則恰好相反。當二者結合後，形成 *p-n* 接面，於接面處，因濃度差異形成電荷梯度趨使電荷擴散。電洞由 p 端擴散入 n 端，電子則由 n 端擴散入 p 端，同時在 p 端留下受體離子（N_A^-），在 n 端留下施體離子（N_D^+）。此時會形成擴散電流（diffusion current），如果外界不加任何電場，此時 pn 二極體屬於開路狀態（open-circuit），則 $N_D^+ - N_A^-$ 會形成 — 內部電場造成遷移電流（drift current）。在熱平衡時，此時因無外部電場，所以最後會擴散與遷移二者趨動力達到平衡，使得通過接面的淨電流為零。相關計算如之後敘述。此時接面會自然形成一**能障**（barrier）V_{bi}，如圖 4.2 所示，接面形成一空乏區 W。此能障可以由外界之電壓來控制，圖 4.2(a) 為成外加偏壓時之能障 V。如果我們在 p 端接正電壓，n 端接負電壓，即會形成順向偏壓（forward bias），如圖 4.2(a) 所示，反之則稱為逆向偏壓（reverse bias），如圖 4.2(b) 所示。

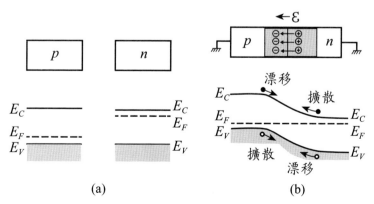

(a)　　　　　　　　　　(b)

圖 4.1　(a) 未形成接面的 n 型與 p 型均勻雜質半導體；(b) 熱平衡下，*p-n* 接面空乏區電場及能帶圖

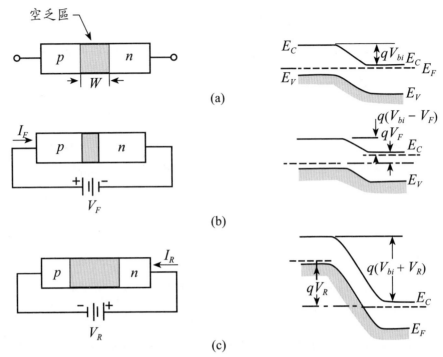

圖 4.2　不同偏壓條件下 p-n 接面之空乏層寬及能帶簡圖。(a) 熱平衡；(b) 順向
偏壓；(c) 逆向偏壓

4.1.1　p-n **接面的接觸電位**：V_{bi}

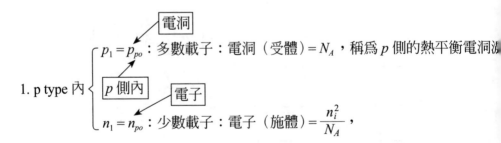

2. n type 內
$$\begin{cases} p_2 = p_{no}:少數載子:電洞= \dfrac{n_i^2}{N_D},稱為 n 側的熱平衡電洞濃度。\\ \\ n_2 = n_{no}:多數載子 = 電子 = N_D \end{cases}$$

電洞（箭頭指向 p_2）

N 側內

電子 N 側內

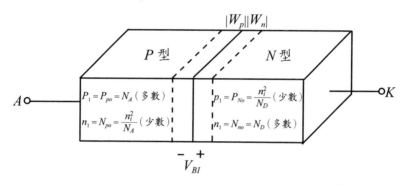

圖 4.3　接面的半導體

3. 由波茲曼方程式：

$$V_{21} = V_T \cdot \ln\frac{p_1}{p_2} = V_T \cdot \ln\frac{N_A}{\dfrac{N_i^2}{N_D}} = V_T \cdot \ln\frac{N_A \cdot N_D}{n_i^2}$$

$$V_{21} = V_T \cdot \ln\frac{n_2}{n_1} = V_T \cdot \ln\frac{N_D}{\dfrac{N_i^2}{N_A}} = V_T \cdot \ln\frac{N_D \cdot N_A}{n_i^2}$$

內建電壓（built-in potential）⇒ 障壁電壓

$$\begin{cases} V_{bi} = V_T \cdot \ln\frac{p_1}{p_2} = V_T \cdot \ln\frac{N_D \cdot N_A}{n_i^2} \quad 濃度\\ \\ V_{bi} = V_T \cdot \ln\frac{n_1}{n_2} = V_T \cdot \ln\frac{N_D \cdot N_A}{n_i^2} \quad 材料 \end{cases}$$

接合面的空乏區形成後，N 側帶**正電**，而 P 側帶**負電**，此電位差即稱為**障壁電位**（barrier potential），又稱**內建電壓**（built-in potential），並且阻止**擴散電流**繼續擴散。

空乏區內會形成之**障壁電壓**值是由①**材料**（Si 或 Ge 的 n_i）與②**濃度**（N_D，N_A）兩項因素所共同決定。室溫下，鍺質 p-n 二極體之障壁電壓約為 0.2V 或 0.3V，而矽質約為 0.6V 或 0.7V。

範例 4.1 ✎────────────────────────

若在矽中，兩側分別摻入 2×10^{15} 個／cm^3 的磷，及 2.5×10^{15} 個／cm^3 的硼，試計算其接觸電位 V_{bi}？

解

$$V_{bi} = V_T \times \ln\frac{N_A \times N_D}{n_i^2}$$

$$= 26mV \times \ln\frac{2 \times 10^{15} \times 2.5 \times 10^{15}}{(1.45 \times 10^{10})^2}$$

$$= 0.62\ V$$

4.1.2 接面電壓與空乏區寬度的關係

有外加偏壓之空乏寬度：$W = \sqrt{\dfrac{2\epsilon_s}{q} \cdot \left(\dfrac{1}{N_D} + \dfrac{1}{N_A}\right) \cdot (V_{bi} - V_i)}$

外加電壓

無外加偏壓之空乏區寬度：$W = \sqrt{\dfrac{2\epsilon_s}{q}\left[\dfrac{N_A + N_D}{N_A N_D}\right]V_{bi}}$

簡式：$W = \sqrt{\dfrac{2\epsilon_s}{q} \cdot \dfrac{1}{N_B}(V_{bi} - V_i)}$，$N_D \gg N_A \rightarrow \dfrac{1}{N_B} = \dfrac{1}{N_A}$

*N_B：摻雜濃度輕者 *　　　　$N_D \ll N_A \rightarrow \dfrac{1}{N_B} = \dfrac{1}{N_D}$

範例 4.2

(a) 有一單邊高濃度 p^+-n 矽接面二極體，若 $N_D = 1 \times 10^{16} \text{cm}^{-3}$，$N_A = 1 \times 10^{18} \text{cm}^{-3}$，計算二極體在零偏壓下的空乏區寬度。（設 $n_i = 1.45 \times 10^{10} \text{cm}^{-3}$）

(b) 在矽晶體內，電子移動率（μ_n）與電洞移動率（μ_p），何者較大？有哪些因素會影響電子與電洞的移動率？　　【86 成大電機研究所】

解

(a) V_{bi}（內建電位）$= V_T \ln \dfrac{N_A N_D}{n_i^2} = 0.787 \text{ V}$

空乏區寬度 $\cong \sqrt{\dfrac{2\epsilon_s}{q N_D} V_{bi}} = \sqrt{\dfrac{2 \times 1.05 \times 10^{-12}}{1.6 \times 10^{-19} \times 10^{16}} \times 0.787}$，$N_B = N_D \gg N_A$

$\qquad = 3.21 \times 10^{-5} \text{cm}$

(b) (1) $\mu_n > \mu_p$，約 2 倍。

(2) 溫度、雜質濃度、電場強度，三項因素。

範例 4.3

有一轉摻雜 pn 二極體應用於光偵測器，其中 $N_a = 2 \times 10^{14} \text{cm}^{-3}$，$N_d = 1 \times 10^{15} \text{cm}^{-3}$，若空乏區寬度在 p 型區為 W_p，在 n 型區內為 W_n，(a) 求 W_p / W_n 的比值　(b) 假設反向崩潰電壓為 30V，以及崩潰電場為 1×10^6 V/cm，求最大的 W_p 與 W_n。　　　　　【90 清華電機所乙】

解

(a) $\dfrac{W_p}{W_n} = \dfrac{N_D}{N_A} = \dfrac{1 \times 10^{15}}{2 \times 10^{14}} = \dfrac{1}{5}$

(b) ① $\varepsilon_m = \dfrac{q \cdot N_a \cdot W_p}{\epsilon_s}$

$\quad \longrightarrow 10^6 \text{ V/cm} = \dfrac{1.6 \times 10^{-19} \times 2 \times 10^{14} \times W_p}{12 \times 8.854 \times 10^{-14}}$

$$\longrightarrow W_p = 3.32 \times 10^{-4} \text{cm}$$

② $\varepsilon_m = \dfrac{q \cdot N_d \cdot W_n}{\in_s}$

$$\longrightarrow 10^6 \text{ V/cm} = \frac{1.6 \times 10^{-19} \times 10^{15} \times W_n}{12 \times 8.854 \times 10^{-14}}$$

$$\longrightarrow W_n = 6.64 \times 10^{-5} \text{cm}$$

4.1.3　少數載子電流

$$J_P = J_P \, (漂移) + J_P \, (擴散)$$

$$= q \mu_p p \varepsilon - q D_p \frac{dp}{dx}$$

$$= q \mu_p p \left(\frac{1}{q} \frac{dE_i}{dx} \right) - kT \mu_p \frac{dp}{dx} = 0 \tag{1}$$

由第二章 2.3.3 式，在電場下，愛因斯坦關係式 $D_P = kT \mu_p / q$，代入電洞濃度表示式

$$p = n_i e^{(E_i - E_F)/kT} \tag{2}$$

及其微分

$$\frac{dp}{dx} = \frac{p}{kT} \left(\frac{dE_i}{dx} - \frac{dE_F}{dx} \right) \tag{3}$$

上二式代入式 (1) 得淨電洞電流密度

$$J_p = \mu_p P = \frac{dE_F}{dx} = 0 \tag{4}$$

或

$$\frac{dE_F}{dx} = 0 \tag{5}$$

同樣的，可得淨電子電流密度

$$J_n = J_n(漂移) + J_{n'}(擴散)$$

$$= q\mu_n n \mathcal{E} - qD_n \frac{dn}{dx} = 0$$

p 端外加負電壓，n 端接正電壓，則此時 p-n 接面為逆向偏壓，此時能障會提昇到 $V_O + V_R$，圖 4.2(b) 所示，空乏區會增加，則會讓 n 端之電子與 p 端之電洞更不易穿過接面。相反的，若 p 端外加正電壓，n 端接負電壓，則 p-n 接面為順向偏壓，能障則降至 $V_O - V_F$，圖 4.2(c) 所示空乏區會減少，增進電子電洞流過接面。

相關接面二極體參數以及電流 — 電壓之關係式說明如下。

4.2 二極體電性特性

4.2.1 *pn* 二極體之順偏情況

圖 4.4 所示 *pn* 二極體少數載子之分布。

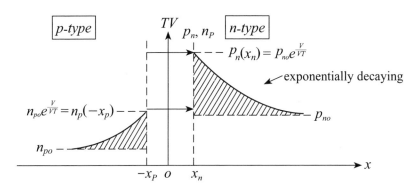

圖 4.4　少數載子在 *pn* 二極體之分布

（在 n-type semiconductur 內）

$$P_n(x) = P_{no} + [P_n(x_n) - P_{no}]e^{-\frac{x-x_n}{L_p}} \quad x < x_N$$

$L_p = \sqrt{D_p \tau_p}$ L_p：少數電洞載

$$J_p(x) = -qD_p\frac{dp}{dx} = -qD_p \times \frac{d}{dx}[P_n(x)] \quad x < x_N$$

子擴散長度

（carrier）

$$J_p(x) = qD_p\frac{1}{L_p} \times [P_n(x_n) - P_{no}]e^{-\frac{x-x_n}{L_p}}$$

τ_p：少數電洞載

$$J_p(x) = q\frac{D_p}{L_p} \times [P_n(x_n) - P_{no}]e^{-\frac{x-x_n}{L_p}}$$

子 生 命 週

$$\boxed{J_p(x_n) = q\frac{D_p}{L_p}[P_{no}e^{\frac{V}{M}} - P_{no}] = \frac{qP_{po}D_p}{L_p}[e^{\frac{V}{M}} - 1]}$$

期（carrier

lifetime）

在 p-type semiconductor 內

$L_N = \sqrt{D_N \tau_N}$

$$n_p(x) = n_{po} + [n_p(-x_p) - n_{po}]e^{\frac{x+x_p}{L_p}} \quad x < -x_p$$

L_N：少數電子載子擴

$$J_n(x) = qD_n\frac{dn}{dx} = qD_n \cdot \frac{1}{L_p}[n_p(-x_p) - n_{po}]e^{\frac{x+x_p}{L_N}}$$

散長度

$(x < -x_p)$

τ_N：少數電子載子生

$$J_n(-x_p) = \frac{qD_n}{L_n}[n_{po}][e^{\frac{V}{V_T}} - 1] = \frac{qn_{po}D_n}{L_n}(e^{\frac{V}{V_T}} - 1)$$

命週期

$$\boxed{J = J_p(x_n) + J_n(-x_p)} = \left(\frac{qp_{no}D_p}{L_p} + \frac{qn_{po}D_n}{L_n}\right)[e^{\frac{V}{V_T}} - 1]$$

$$\because p\text{-type } n_i^2 = N_A \cdot n_{po} \quad n_{po} = \frac{ni^2}{N_A}$$

$$N\text{-type } n_i^2 = p_{no} \times N_D \quad P_{no} = \frac{ni^2}{N_D}$$

$$\boxed{\begin{aligned} J &= qn_i^2\left(\frac{D_p}{L_pN_D} + \frac{D_n}{L_nN_A}\right)(e^{\frac{V}{VT}} - 1) \\ I &= Aqn_i^2\left(\frac{D_p}{L_pN_D} + \frac{D_n}{L_nN_A}\right)(e^{\frac{V}{VT}} - 1) \end{aligned}}$$

4.2.2　*pn*二極體在順向偏壓下之電性

$$p_n(x_n) = p_{n0}e^{V/V_T} \qquad pn\ 接面內之少數載子濃度公式$$

$$p_n(x) = p_{n0} + [p_n(x_n) - p_{n0}]e^{-(x-x_n)/L_p} \quad L_p = \sqrt{D_pT_p}$$

L_p：電洞在 n 型矽之擴散長度

τ_P：少數載子（電洞）之生命週期

$$J_p = q\frac{D_p}{L_p}p_{n0}(e^{V/V_T} - 1)e^{-(x-x_N)/L_p}$$

在 $x = x_N$ 時，T_p 為一定值

$$J_p = q\frac{D_p}{L_p}p_{n0}(e^{V/V_T} - 1) \quad J_p = q\frac{D_n}{L_n}n_{p0}(e^{V/V_T} - 1)$$

$$\boxed{I = A\left(\frac{qD_pp_{n0}}{L_p} + \frac{qD_nn_{p0}}{L_n}\right)(e^{V/V_T} - 1)}$$

$$I = Aqn_i^2\left(\frac{D_p}{L_pN_D} + \frac{D_n}{L_nN_A}\right)(e^{V/V_T} - 1)$$

$$\boxed{I_S = Aqn_i^2\left(\frac{D_p}{L_pN_D} + \frac{D_n}{L_nN_A}\right)}$$

4.2.3　*pn*二極體的逆向偏壓情況

　　圖 4.5 為 *pn* 二極體在逆向偏壓操作時之電荷變化情況，其中「+」為電洞，「−」為電子，「⊖」為受體離子，「⊕」為施體離子。

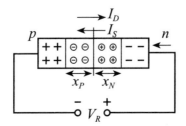

圖 4.5　*pn* 二極體在逆向偏壓操作下之電荷的變化

空乏區（Depletion reqioal）變大

$$I = I_S - I_D$$

q_J：在空乏區儲存之電荷

$$q_J = q_N = q_P = qN_Dx_nA$$

$$q_J = q\,\frac{N_AN_D}{N_A+N_D}\,A\,W_{dep}$$

$$\boxed{W = x_n + x_p = \sqrt{\frac{2\varepsilon_s}{q}\left(\frac{1}{N_A}+\frac{1}{N_D}\right)(V_0+V_R)}} \qquad Q_J = A\sqrt{2\varepsilon_s q\left(\frac{N_AN_D}{N_A+N_D}\right)(V_0+V_R)}$$

$$C_j = \frac{dq_J}{dV_R}\bigg|_{V=V_R} = \frac{C_sA}{W_{dep}} = \frac{C_j o}{\sqrt{1+\dfrac{V_R}{V_0}}} = \frac{C_j o}{\left(1+\dfrac{V_R}{V_0}\right)^m}$$

$$C_{jO} = A\sqrt{\frac{\varepsilon_s q}{2}\left(\frac{N_AN_D}{N_A+N_D}\right)\frac{1}{V_0}}$$

4.2.4 *pn*二極體在崩潰時之行為

二極體操作在**逆向偏壓區**（reverse-bias region），逆向偏壓電奪小於 V_{ZK}（崩潰電壓）時，$I < I_S$，此時有二種**崩潰機制**（breakdown mechanism）（崩潰機制詳見本章 4.5.3 節）：

1. **齊納效應崩潰**（Zener effect breakdown），（$V_{ZK} < 5V$）

   空乏區之電場強度打斷共價鍵（Covalent bond）產生電子電洞對，一旦齊納效應發生，有大量電子電洞對形成則使二極體逆向飽和電流急速上升，稱之，此時電流由外部限流電阻決定。

2. **累增崩潰**（Avalanche breakdown），（$V_{ZK} > 7V$）

   少數載子因漂移經過空乏區時，因電場加速而得到足夠能量打斷共價鍵而產生電子電洞對，使二極體逆向飽和電流急速上升，此時電流由外部限流電阻決定。

3. 如果二極體在崩潰時之功率（$P = IV$）未超過二極體可承受之最大功率，則此崩潰並非破壞性的崩潰。

4.3 接面二極體之電容效應

接面二極體會因外界電壓造成內部電荷之變化，導致電容效應。

4.3.1 接面電容（空乏電容）

當接面二極體因外加逆向電壓，將分使得存在空乏區之電荷變少，間接擴大空乏區之寬度，造成一**空乏電容**（depletion capacitance）相關分析如下所示。

如 4.2.3 章節所示

$$Q_J = A\sqrt{2\varepsilon_s q \frac{N_A N_D}{N_A + N_D}(V_0 + V_R)}$$

對一固定 pn 接面

$$Q_J = \alpha\sqrt{V_0 + V_R} \tag{1}$$

$$\alpha = A\sqrt{2\varepsilon_s q \frac{N_A N_D}{N_A + N_D}} \tag{2}$$

其中

$$C_j = \frac{dQ_J}{dV_R}\bigg|_{V_R = V_Q} \tag{3}$$

而

由 (1) 和 (3) 得
$$C_j = \frac{\alpha}{2\sqrt{V_0 + V_R}} \tag{4}$$

當 $V_R = 0$ 時
$$C_{j0} = \frac{\alpha}{2\sqrt{V_0}} \tag{5}$$

圖 4.6 所示為外加逆向偏壓所造成空乏區電荷之變化。

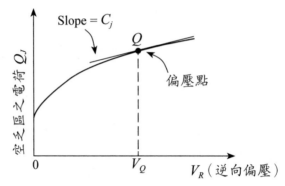

圖 4.6　感應電荷 Q_J 受到外接逆向偏壓 V_R 之變化

C_j 也可以表示為
$$C_j = \frac{C_{j0}}{\sqrt{1 + \dfrac{V_R}{V_0}}} \tag{6}$$

或代入 (2)
$$C_{j0} = A\sqrt{\left(\frac{\varepsilon_s q}{2}\right)\left(\frac{N_A N_D}{N_A + N_D}\right)\left(\frac{1}{V_0}\right)} \tag{1.72}$$

以上公式適用於陡峭接面（abrupt junction）

如果是漸變式接面，則用公式 $C_j = \dfrac{C_{j0}}{\left(1 + \dfrac{V_R}{V_0}\right)^m}$ 表示 $\tag{1.73}$

其中 m 為漸變參數

4.3.2　擴散電容

　　如果加上接面二極體是順偏，則存在 p 與 n 型半導體之少數載子會增加，一旦電壓變化，即會造成**擴散電容**（diffusion capacitance），相關分析

如下：

擴散電容計算

當一定少數載子注入 n 型或 p 型基體中，此增加之少數載子變化量，如在 n 型中之電洞

$$
\begin{aligned}
Q_p &= Aq \cdot \int_{xn}^{\infty} (P_n(x) - P_{no})dx \\
&= Aq \cdot \int_{xn}^{\infty} \cancel{P_{no}} + [P_n(x_n) - P_{no}]e^{-\frac{x-x_n}{L_P}} - \cancel{P_{no}} \quad dx \\
&= Aq \cdot P_n(x_n) - P_{no}(-L_p)e^{-\frac{x-x_n}{L_P}} \Big|_{x_n}^{\infty} \\
&= \underline{Aq \cdot (P_n(x_n) - P_{no})L_p} \\
&= Aq \cdot (P_{n0}e^{\frac{V}{VT}} - P_{no})L_p \\
&= Aq \cdot P_{n0}L_p(e^{\frac{V}{VT}} - 1) \\
&= \cancel{Aq} \cdot L_p \times I_p \times \frac{L_p}{\cancel{Aq}D_p} \\
&= \frac{L_p^2}{D_p}I_p \\
&= \tau_P I_p
\end{aligned}
$$

$$
\because I_P = Aq\frac{D_p}{L_p}P_{n0}(e^{\frac{V}{LT}} - 1)
$$

$$
P_{n0}(e^{\frac{V}{VT}} - 1) = I_P \times \frac{L_P}{4qD_P}
$$

$$
\tau_P = \frac{L_p^2}{D_p}
$$

相反在 p 型中之電子，

$$
Q_n = \tau_n I_n
$$

$$
Q = Q_P + Q_n = \tau_n I \qquad \tau_t = \text{mean transit time}
$$

$$
\begin{aligned}
C_d &= \frac{d\theta}{dV} = \frac{d}{dV} \tau_t I_S(e^{\frac{V}{VT}} - 1) \\
&= \frac{\tau_t}{V_T}I_S(e^{\frac{V}{VT}} - 1)
\end{aligned}
$$

$$
\boxed{C_d = \frac{\tau_t}{V_T}I}
$$

範例 4.4 ✐

有一 *pn* 接面，在 300K 下，*p* 型摻雜濃度 $N_A = 10^{16} \text{cm}^{-3}$，*n* 型摻雜濃度 $N_D = 10^{15} \text{cm}^{-3}$，(1) 若 $n_i = 1.5 \times 10^{10} \text{cm}^{-3}$，計算內建電位 V_{bi}？(2) 若 $C_{io} = 0.5\text{PF}$，在反向偏壓 $V_R = 1\text{V}$ 與 5V 下，分別計算相對應的接面電容 C_j 為多少？ 【87 成大電機所】

解

(1) $V_{Bi} = V_T \times \ln \dfrac{N_A \times N_D}{n_i^2} = 0.025 \times \ln \dfrac{10^{16} \times 10^{15}}{2.25 \times 10^{20}} = 0.6129 \text{ V}$

(2) ① $d = W = \sqrt{\dfrac{2\epsilon_s}{q}\left(\dfrac{1}{N_B}\right)(V_{Bi} - V_i)} \propto \sqrt{V_{Bi} - V_i}$

② $C_{io} = \in \dfrac{A}{d} \propto \dfrac{1}{d} = \dfrac{1}{\sqrt{V_{Bi} - V_i}}$

③ $\dfrac{C_{io}}{C_{1V}} = \dfrac{0.5\text{pF}}{C_{1V}} = \dfrac{\dfrac{1}{\sqrt{0.6129 - 0}}}{\dfrac{1}{\sqrt{0.6129 - (-1)}}} = \dfrac{\sqrt{1.6129}}{\sqrt{0.6129}} \implies C_{1V} = 0.3082\text{pF}$

④ $\dfrac{C_{io}}{C_{5V}} = \dfrac{0.5\text{pF}}{C_{5V}} = \dfrac{\sqrt{5.6129}}{\sqrt{0.6129}} \implies C_{5V} = 0.165\text{pF}$

範例 4.5 ✐

有一二極體在反向偏壓下，請說明擴散電流（diffnsion current）是增加、減少或不變？另外漂移電流（drift current）的情況為何？

【87 清大工科所】

解

I_{diff} 不變，而 I_{drift} 增加。

範例 4.6 ✏

簡要回答以下問題：(1) 漂移電流（drift current）為何會產生在二極體？

(2) 分別在順向偏壓及在逆向偏壓下，漂移電流分別是增加、減少或不

變？　　　　　　　　　　　　　　　　　　　　　　　【88 清大工科所】

解

(1) I_{drift} 之存在係由於空乏區內的電場所致。

(2) 順向偏壓時 I_{drift} 下降，而逆向偏壓時 I_{drift} 增加。

範例 4.7 ✏

二極體之參數 n 摻雜為 10^{17}cm^{-3}，p 摻雜為 10^{19}cm^{-3}，$\tau_p = 0.1\mu s$，$q =$

1.6×10^{-19}coul，$V_t = kT/q = 25$mV，矽 $n_i^2 = 1 \times 10^{20}$cm^{-3}，矽之介電係數

$\in = 12 \times 8.854 \times 10^{-14}$F/cm。自然對數：$\ln(2) = 0.693$，$\ln(3) = 1.1$，$\ln(5)$

$= 1.61$

(1) 矽質 pn 二極體其內建電位為

　　(A) 0.70V　　(B) 0.81V　　(C) 0.92V　　(D) 1.0V。

(2) 矽質 pn 二極體其電流 I 為 $50\mu A$，其擴散電容

　　(A) 0.1nF　　(B) 0.2nF　　(C) 0.3nF　　(D) 0.4nF。　　　【90 台大電機所】

解

(1)：(C)

$$V_{Bi} = V_T \cdot \ln \frac{N_A \times N_D}{n_i^2} = 0.025\text{V} \times \ln \frac{10^{17} \times 10^{19}}{10^{20}} = 0.92\text{V}$$

(2)：(B)

Si 且 $I = \mu A$，所以 $\eta = 1$

$$C_D = \frac{\tau I_D}{\eta V_T} = \frac{0.1 \times 10^{-6} \times 50 \times 10^{-6}}{25\text{mV}} = 200 \text{ pF} = 0.2 \text{ nF}$$

4.4 理想二極體

4.4.1 符號與特性

圖 4.7(a) 為理想二極體之代表符號，圖 4.7(b) 則表示理想二極體的電流與電壓之特性，即當二端點操作電壓為逆偏時，則此二極體為斷路（open curcuit）此時無電流通過（$i = 0$），如圖 4.7(c) 所示，反之若操作電壓為順偏，則此二極體則形成短路（short curcuit），如圖 4.7(d) 所示，此時電壓 $= 0$，電流 > 0。

4.4.2 理想二極體之應用

(1) 電流限制線路

圖 4.8 即利用一二極體加上一電阻，利用理想二極體在順偏時產生一通過電阻 R 之電流（圖 4.8(a) 所示），以及在逆偏時因斷路，不能產生電流（圖 4.8(b) 所示）。

(2)整流器（rectifier）

圖 4.8 所示即表現一正弦波經過一含理想二極體之整流線路，由於理想二極體之特性，只能讓正弦波訊號在正向（即 $v_I > 0$）部分可以通過此線路，其餘（即 $v_I < 0$）則不能通過，此即為整流器之功能。

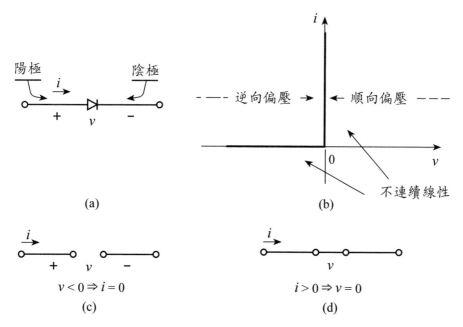

(a)

(b)

(c)

(d)

圖 4.7 理想二極體 (a) 線路符號；(b)*i-v* 特性；(c) 逆向偏壓操作時之等效電路；
(d) 順向偏壓操作時之等效電路

(1) 電流限制線路

我們可以加一電阻 R_S 來限制在順向偏壓時之電流大小，如圖4.8所示。

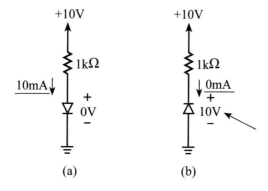

圖 4.8 (a) 理想二極體在順向偏壓操作時與 (b) 逆向偏壓操作時之電流限制線路

範例 4.8 ✍

電路的二極體為理想，其中電阻 $R_1 = R_2 = R_3$，
$V_1 = 10\text{V}$，試計算 $V_2 =$ 　(1) 10V，(2) 2V，
(3) -1V，(4) -10V，(5) -13V

【92 清華電機所甲、乙光電所】

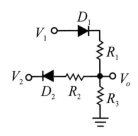

解

(1) $V_2 = 10\text{V} \Longrightarrow D_1$ ON，D_2 OFF $\Longrightarrow V_o = 5$

(2) $V_2 = 2\text{V} \Longrightarrow D_1$ ON，D_2 ON $\Longrightarrow V_o = 4\text{V}$

(3) $V_2 = -1\text{V} \Longrightarrow D_1$ ON，D_2 ON $\Longrightarrow V_o = 3\text{V}$

(4) $V_2 = -10\text{V} \Longrightarrow D_1$ ON，D_2 ON $\Longrightarrow V_o = 0\text{V}$

(5) $V_2 = -13\text{V} \Longrightarrow D_1$ ON，D_2 ON $\Longrightarrow V_o = -1\text{V}$

範例 4.9 ✐——————————————————————

設計右圖電路，當 $I_L = 0$ 時，$V_o = 3V$，且 I_L 每改變

1mA 時，V_o 改變 40mV；求每一二極體電阻 R 與每

一二極體接面面積為何？（設 4 個二極體都相同，且

二極體電壓降在電流 1mA 時為 0.7V，且 $n = 1$）

【87 清大電機所】

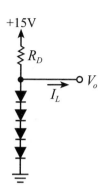

解

(1)① ∵ 40 mV per 1 mA，

$$\therefore \Delta R = \frac{\Delta V}{\Delta I} = \frac{40\text{mV}}{1\text{mA}} = 40\Omega$$

$$r_{d1} = r_{d2} = r_{d3} = r_{d4} = \frac{\Delta R}{4}$$

$$= \frac{40\Omega}{4} = 10\Omega$$

② 依據交流內阻公式

$$r_d = \frac{\eta V_T}{I_D} \blacktriangleright 10 = \frac{1 \times 25\text{mV}}{I_D}$$

$$I_D = 2.5 \text{ mA}$$

③ $I_D = I_{R_L}$

④ $R_L = \dfrac{15\text{V} - 3\text{V}}{25\text{mA}} = 4.8\text{k}\Omega$

(2)① $I_s = A \cdot q \left(\dfrac{D_p}{L_p N_D} + \dfrac{D_n}{L_n N_A} \right) n_i^2$

② 0.7 vs 1mA，下手求 I_s

$$I_D = I_S\, e^{\frac{V_D}{\eta V_T}}$$

$$1\text{mA} = I_S\, e^{\frac{0.7}{1 \times 0.025}} = I_S\, e^{28}$$

$$\blacktriangleright I_s = 10^{-3} \times e^{-28}$$

$$= 6.914 \times 10^{-16} \text{ 安培}$$

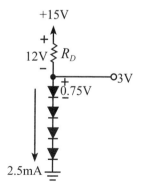

③ 題目之 4 個 Diode

$$I'_D = I'_S \cdot e^{\frac{V'_D}{\eta V_T}}$$

$$\longrightarrow 2.5\text{mA} = I'_S e^{\frac{0.75}{1 \times 0.025}} = I'_S e^{30}$$

$$\longrightarrow I'_s = 2.5 \times 10^{-3} \times e^{-30}$$

④ $\dfrac{I_{S\,標準}}{I'_{S\,題目}} = \dfrac{10^{-3} \times e^{-28}}{2.5 \times 10^{-3} \times e^{-30}} = \dfrac{1}{2.5} \times e^2$

$$\longrightarrow I'_{s\,題目} = 2.5 \times e^{-2} \cdot I_{s\,(標準\,Diode)}$$

$$\longrightarrow A'_{s\,題目} = 2.5 \times e^{-2} A_{(標準\,Diode)} \text{，將二極體的截面積（area），製成}$$

標準二極體的 $2.5 \times e^{-2}$ 倍，才能滿足本電路條件。

範例 4.10

如右圖電路，D_1 與 D_2 二極體都相同，在電流

10mA 時電壓降為 0.7V，電流 = 100mA 時電壓

降為 0.8V，求 $V_o = 50\text{mV}$ 時，二極體的電阻 R

= ? 【87 成大工科所】

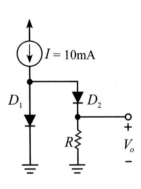

解

(1) Diode 有兩個條件 $\begin{cases} I_D = 10\text{mA} \\ V_D = 0.7\text{V} \end{cases}$, $\begin{cases} I_D = 100\text{mA} \\ V_D = 0.8\text{V} \end{cases}$

(2) 二極體公式 $\begin{cases} I_D = I_S\, e^{\frac{V_D}{\eta V_T}} \\ V_D = \eta V_T \ln \dfrac{I_D}{I_S} \end{cases}$

(3) 電子電路 (一)：$V_左 = V_右 \longrightarrow V_{D1} = V_{D2} + I_{D2} \times R \longrightarrow V_{D1} - V_{D2} = I_{D2} \times R$

$= V_o \longrightarrow V_{D1} - V_{D2} = \eta V_T \ln \dfrac{I_{D1}}{I_{D2}} = R \times I_{D2} = V_o = 0.05\text{V} \cdots\cdots$ ①

(4) 電子電路 (二)：$I_{D1} + I_{D2} = 10\text{mA} \cdots\cdots\cdots$ ②

(5) 由① $V_{D1} - V_{D2} = \eta V_T \ln \dfrac{I_{D1}}{I_{D2}} = R \times I_{D2} = V_o$

$$\longrightarrow 0.8\text{V} - 0.7\text{V} = \eta V_T \ln\frac{100\text{mA}}{10\text{mA}}$$

$$\longrightarrow 0.1 = \eta V_T \ln 10$$

$$\longrightarrow \eta V_T = \frac{0.1}{\ln 10} = 0.0434\text{V} \cdots\cdots ③$$

(6) 將③代回①

$$\longrightarrow 0.0434\ln\frac{I_{D1}}{I_{D2}} = 0.05$$

$$\longrightarrow \frac{I_{D1}}{I_{D2}} = e^{\frac{0.05}{0.0434}} = 3.1648 \cdots\cdots ④$$

(7) 解聯立 $\begin{cases} ④ \dfrac{I_{D1}}{I_{D2}} = 3.1648 \\[3mm] ② I_{D1} + I_{D2} = 10\text{mA} \end{cases}$ $\longrightarrow$ $\begin{cases} I_{D1} = 7.599\text{mA} \\[2mm] I_{D2} = 2.401\text{mA} \end{cases}$

(8) $R = \dfrac{V_o}{I_{D2}} = \dfrac{0.05\text{V}}{2.401\text{mA}} = 20.825\Omega$

範例 4.11

若二極體為理想，求電路中的電壓 V_x 與電流 I。

【92 台科大電機所甲、乙二、丙二】

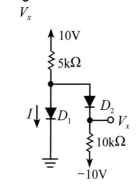

解

(1) 應為 D_1 ON，D_2 ON

(2) $I = 1\text{mA}$

(3) $V_x = 0\text{V}$

範例 4.12 ✐————————————————————

若二極體爲理想，求右圖 (a)、(b)

中之電壓 V 與電流 I。

【83 清大電機研究所】

【88 中山光電所】

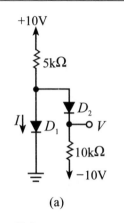
(a)

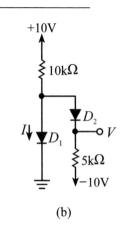
(b)

解

(1)① 先假設 D_1、D_2 皆順向，則 V_A 電壓：

$$V_A = \frac{\dfrac{+10}{5k} + \dfrac{-10}{10k}}{\dfrac{1}{5k} + \dfrac{1}{10k}} = \frac{10}{3}V$$

② V_A 對地，高出 $\dfrac{10}{3}$ V，故 $D_1 D_2$ 假設成立（順

向）則 D_1 導通和 D_2 導通

➡ $I = 1mA$，$V = 0V$

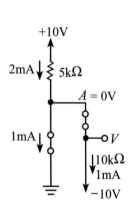

(2)① 設 D_1 OFF，D_2 順向，則 V_A 電壓：

$$V_A = \frac{\dfrac{+10}{10k} + \dfrac{-10}{5k}}{\dfrac{1}{10k} + \dfrac{1}{5k}} = -\frac{10}{3}V$$

② 對地而言，$V_A = -\dfrac{10}{3}$，則 D_1 截止和 D_2 導通

➡ $I = 0$，$V = -\dfrac{10}{3}V = -3.33V$

(2) 整流器（Rectifier）

正弦波（sinusoidal wave），輸入至整流器之行為，由圖 4.9 所示。

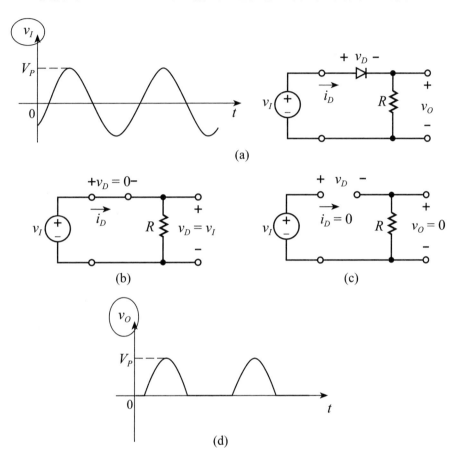

(a)

(b)   (c)

(d)

圖 4.9　二極體整流器之 (a) 線路在二極體，(b) 順偏操作以及 (c) 逆偏操作之等
　　　　效線路，以及 (d) 輸出電壓波形

(3) 二極體邏輯閘（Diode Logic Gate）

圖 4.10 所示為利用二極體來呈現邏輯「OR」（圖 4.10(a)），以及
「AND」（圖 4.10(b)）運算式的線路。

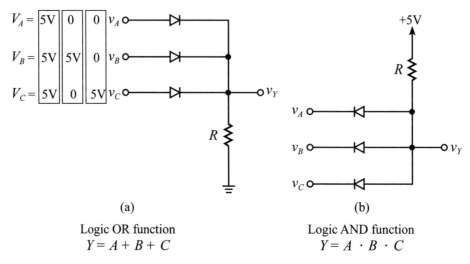

圖 4.10　運用二極體所設計之邏輯閘 (a)OR 與 (b)AND 之線路

範例 4.13

請求出圖 4.10 之 V 與 I 值。

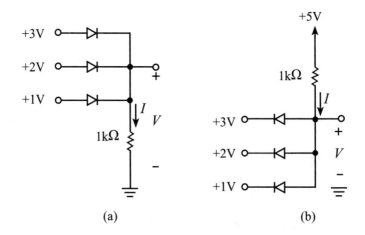

解

(a) 3mA，+3V；(b) 4mA，+1V

4.5 矽半導體之 *pn* 接面二極體

圖 4.11(a) 所示為實際由 *p* 型與 *n* 型矽半導體組合而成之接面二極體的特性，詳細之 $i-v$ 圖表示此二極體包含三部分，如圖 4.11(b) 所示即順向偏壓區域（$v > 0$），逆向偏壓區域（$v < 0$），以及崩潰區域（$\mu < -V_{ZK}$）。

4.5.1 順偏區域

當矽 *pn* 接面二極體操作在順向偏壓區域時之電流、電壓關係式可以下算式來說明，而圖4.11(a)為$i-u$特性，(b)為微觀分析，即可分為三區域：

  A. 順向偏壓操作（$v > 0$）
  B. 逆向偏壓操作（$v < 0$）
  C. 崩潰時操作（$v > V_{ZK}$）

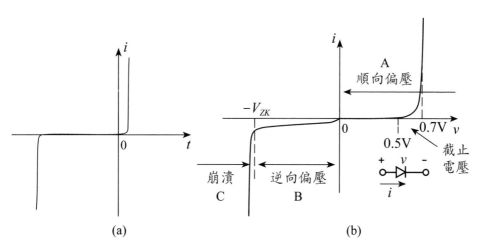

圖 4.11　(a) 二極體 *i-v* 圖，(b) 三操作區域說明

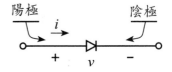

$$i = I_S(e^{v/nVT} - 1)$$

v：操作電壓

I_S：飽和電流

> V_T：熱電壓 $V_T = kT/q \sim 25.2\text{mV}$（20℃），
>
> 　　　熱電壓 $V_T = kT/q \sim 25.8\text{mV}$（25℃）
>
> k：波茲曼常數 $= 1.38 \times 10^{-23}\text{J/K}$
>
> n：二極體常數 $= 1$

$$i = I_S(e^{v/nVT} - 1) \rightarrow I_S\, e^{v/nVT}\ (\text{as } I \gg I_S)$$

$$\rightarrow v = nV_T \ln(i/I_S)$$

$$I_1 = I_S\, e^{V1/nVT}$$

$$I_2 = I_S\, e^{V2/nVT}$$

$$I_2/I_1 = I_S\, e^{(V2 - V1)/nVT}$$

> $$V_2 - V_1 = nV_T\, ln(I_2/I_1) = 2.3n\ V_T log(I_2/I_1)$$ $\sim 60\text{ mV/decade for } n = 1$

$$\sim 120\text{ mV/decade for } n = 2$$

截止電壓 V_C 在 $v < v_c$ 時電流很少，可以忽略在完全導通時之 v_c 值可以為 0.5，0.6～0.8V。

4.5.2　二極體的溫度效應

半導體吸收入了溫度，導致**共價鍵破裂**增加，造成增加**電子電洞對**，致使：

1. 順向時：障壁電壓下降：$Si = -2.5\text{mV/℃}$，$Ge = -1\text{mV/℃}$。
2. 逆向時：漏電電壓增加：每 10℃ 會增加 2 倍，**等比級數增加**。

一、障壁電壓之溫度效應

溫度升高時二極體的切入電壓隨之降低：

鍺二極體之降低率約爲 $\dfrac{\Delta V}{\Delta T} = -1\text{mV/℃}$，

矽二極體之降低率約爲 $\dfrac{\Delta V}{\Delta T} = -2.5\text{mV/℃}$。

例如：Si 在 75℃時，障壁電壓變成 0.475 V ≒ 0.5 V

$$V_{D(75℃)} = V_{D(25℃)} + \Delta V \times \Delta T$$

$$= 0.6\ V + (-2.5\text{mV/℃}) \times (75℃ - 25℃)$$

$$≒ 0.475V ≒ 0.5V$$

(一)順向偏壓操作

圖 4.12 所示爲二極體在不同溫度下之 *i-v* 特性。

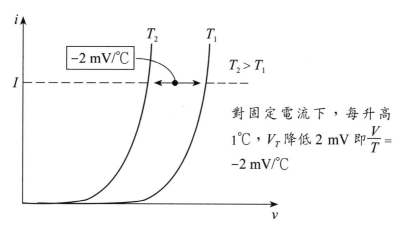

圖 4.12　理想二極體順偏時在不同溫度下之電壓變化

(二)逆向偏壓操作

逆向偏壓時，因能障阻礙了擴散電流，所以只有很小之少數載子電流，稱爲反向飽和電流（sreverse saturayion current）。

二、反向飽和電流之溫度係數

1. 少數載子電流在一定溫度下為一常數，故亦稱為**飽和電流**（saturation current）：

$$I_o = q\,A\left(\frac{D_p}{L_p N_D} + \frac{D_n}{L_n N_A}\right)n_i^2$$

2. I_o 正比於 n_i^2，而 n_i^2 則隨溫度上升而強烈增加，所以 I_o 與溫度亦呈正比變化（增加）。

3. 對 Si 而言，每上升 1℃，則 I_o 會增加 7%，即 1.07 倍，換言之，每上升 10℃，I_o 即增加 2 倍。

$$(1.07)^{10} = 1.97 \doteqdot 2 \text{ 倍}$$

當 *pn* 接面二極體在逆向偏壓區域操作時，因只剩下少數電流，即 $I \sim -I_S$，I_S：飽和電流，此電流乃因電子電洞對產生造成，但會受到溫度 T 之影響，溫度效應如下所示：

$$I = I_S(e^{v/n\,V_T\,-\,1}),\ I \sim -I_S\ as\ v < 0\ ;\ I_S \sim 10^{-14}\ to\ 10^{-15}\ Amp$$

$$I_S = f(A_{\text{diode}},\ T) \sim 2\,I_S/10℃$$

（當溫度每上升 10℃，飽和電流 *Is* 增為 2 倍）

$$\boxed{I_S(T_2) = I_S(T_1) * 2^{(T2\,-\,T1)/10}}$$

4.5.3 崩潰

當 *pn* 接面二極體在過大的逆向偏壓操作時，會造成**崩潰現象**（break down），此時電流會急速增加，形同一短路現象，相關說明如圖4.13所示。

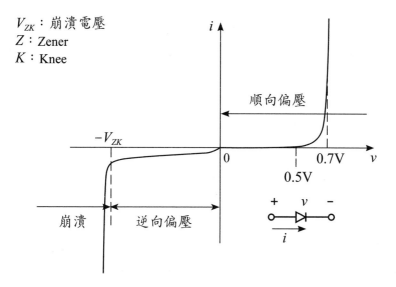

圖 4.13 *pn* 接面二極在順逆向偏壓操作之特性，包含崩潰行為

一、累增崩潰（Avalanche breakdown）

當逆向偏壓增加時，空乏區的寬度增加，並且由於熱效應，先產生一電子電洞，此時電子即受加速，撞擊附近的共價鍵 → 產生更多的電子 — 電洞對。新誕生的電子再同樣受到加速以撞出更多的電子 — 電洞對，此連續的疊增過程後，使得自由電子的數量以累增的方式加倍，而終至崩潰，最後產生大量電流，而達到崩潰作用，稱為**累增崩潰**。

二、齊納崩潰（Zener breakdown）

摻雜濃度已較高，所以空乏區較窄（近），當逆向偏壓增加時，空乏區的電場隨著增加，並使得加於共價鍵的拉力也隨著增加；當拉力超過共價鍵本身的束縛力時，電場強行將共價鍵中之電子拉出，形成大量電子電洞對時，即造成崩潰，稱為**齊納崩潰**。

表 4.1　二極體崩潰種類與崩潰機制

	崩潰方式	崩潰電壓	摻雜濃度	崩潰電壓的溫度係數
累增崩潰	空乏區之少數載子受到加速，與空乏區內的原子發生碰撞產生新的（更多的）電子‑電洞，循環累增的結果。	V_Z 在 6 V 以上。	低摻雜量，空乏區較寬。	正，V_Z 隨溫度的增加而增加，正比變化。
齊納崩潰	接面處的強電場（約 10^6V/cm）直接破共價鍵扯出少數載子。	V_Z 在 6 V 以下。	高摻雜量，空乏區較窄。	負，V_Z 隨溫度的增加而下降反比變化。

4.5.4　齊納二極體

　　一般普通二極體，若在其逆向電壓值超出其本身 PIV 之額定值時，則必定會造成空乏區被擊穿而毀掉該二極體。

　　齊納二極體（zener diode），比起一般普通二極體之差別是在於：摻雜三價、五價之濃度提高約 1000 倍以上。zener 摻入的雜質濃度約 $10^5:1$，而一般二極體之摻雜濃度約 $10^8:1$。

1. 其逆向崩潰電壓（V_Z）會變成很小值（10V 之內皆可能），則會使產生大量共價鍵破裂→產生大量少數載子電流→產生大量電流。
2. 兩端電壓幾乎不再增減，保持 V_Z 大小值，如此便具有穩壓作用。
3. 只要一在 P_Z 功率內，zener 不會燒毀，如第三象限。
4. 摻雜濃度愈高，V_Z 愈提早，愈低值→V_Z 與摻雜濃度成反比。

一、順向特性

　　zener 在順向時與一般普通二極體相同，只要順向偏壓超過障壁電壓（0.7V 以上）立即導電，如第一象限，電流組成是由 $A \rightarrow K(P \rightarrow N)$，多

數載子電流（P：電流洞，N：電子流）如圖 4-13 所示。

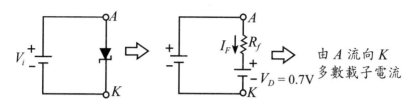

圖 4.13 順向電流：多數載子電流

二、逆向特性

zener 在逆向崩潰區，則是最具優於一般二極體的特性了：**電壓穩壓，崩潰導通但不會燒毀**。只要逆向電壓超出 V_Z，立即進入**崩潰區**，如第三象限，電流組成是由 $K \rightarrow A(N \rightarrow P)$，**少數載子電流**（$N$ 電洞流，P 電子流），如圖 4-14 所示。

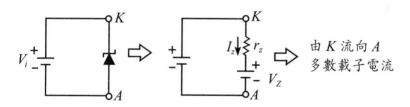

圖 4.14 逆向電流：少數載子電流

若 zener 兩端並聯分壓所得的逆向電壓未達 V_Z，則 zener 未達到崩潰，zener 形同開路（虛接），無作用，所以一定要先確應 zener 有無達到崩潰區。zener 為一消耗元件，只會消耗電流（功率），絕不可能提供電流（功率）。zener 常用規格如下：

1. V_Z：zener 崩潰電壓。

2. $I_{Z(max)}$：zener 二極體，最大調節電流範圍，最大容許消耗功率所限制。

3. $P_{Z(max)} = V_Z \cdot I_{Z(max)}$。

4. $V_Z = V_{Z0} + I_Z \times r_Z$，$V_{Z0} = V_{Zk} = $ 膝點電壓（knee，膝蓋）。

圖 4.15 為理想 zener 二極體之 I-V 行為。

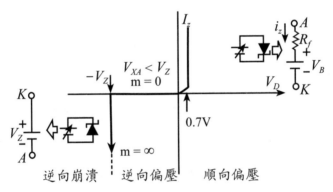

圖 4.15　理想 zener *V-I* 曲線，$r_Z = 0\Omega$

崩潰電壓與摻雜濃度之關係：摻雜濃度愈高，所能承受之崩潰電壓愈小。假設接面最大電場 ε_m 到達一臨界值開始崩潰

$$\varepsilon_m = \frac{qN_BW}{\epsilon_S} = \frac{qN_B}{\epsilon_S}\sqrt{\frac{2\epsilon_s(V_{bi}+V_Z)}{qN_B}}$$

$$\Longrightarrow \varepsilon_m = \sqrt{\frac{2qN_B(V_{bi}+V_Z)}{\epsilon_S}}$$

$$\Longrightarrow \boxed{V_Z \approx \frac{\epsilon_S\varepsilon_m^2}{2qN_B} + V_{bi}}，V_Z 與 N_B 成反比$$

範例 4.14

如圖為電壓調整器（voltage regulator），

$V_I = 6.3V$，$R_i = 12\Omega$，$V_z = 4.8V$，若 $I_z =$

4.8V，在 I_z 的範圍在 $100mA \geq I_z \geq 5mA$，

(1) 求 I_L 與 R_L 的範圍，(2) 求齊納二極體

與 R_L 的功率範圍。

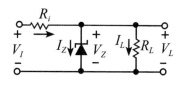

【92 清華電子所】

解

(1) $I_I = \dfrac{V_I - V_Z}{R_i} = \dfrac{6.3 - 4.8}{12\Omega} = 125mA$

(2) $I_L = I_I - I_Z = 125m - (5m \sim 100mA)$

$\qquad = 25mA \sim 120mA$

(3)
$\begin{cases} R_{L(\max)} = \dfrac{V_L}{I_{L(\min)}} = \dfrac{4.8V}{25mA} = 192\Omega \\[2mm] R_{L(\min)} = \dfrac{V_L}{I_{L(\max)}} = \dfrac{4.8V}{120mA} = 40\Omega \end{cases}$

(4)
$\begin{cases} P_{Z(\max)} = V_Z \times I_{Z(\max)} = 4.8 \times 100mA = 480mW \\[2mm] P_{Z(\min)} = V_Z \times I_{Z(\min)} = 4.8 \times 5mA = 24mW \end{cases}$

(5)
$\begin{cases} P_{L(\max)} = V_L \times I_{L(\max)} = 4.8 \times 120mA = 576mW \\[2mm] P_{L(\min)} = V_L \times I_{L(\min)} = 4.8 \times 25mA = 120mW \end{cases}$

4.6　順向偏壓操作之二極體模型

　　對於主動元件，我們為了方便線路分析，可以利用元件模型化（modeling）來簡化元件特性，方便計算與分析以順向偏壓操作區域來看，有以下幾種模型化方式，針對直流模型有下列方式：

4.6.1 疊代法

假設 $V_{DD} > 0.5V, I_D \gg I_S$，解圖 4.16 之線路。

$$I_D = I_S e^{V_D/nV_T} \tag{1}$$

$$I_D = (V_{DD} - V_d)/R \tag{2}$$

解聯立方程式

1. 先設一 V_D 代入 (2) 式解出 I_{D1}

2. 將 I_{D1} 代入 (1) 式解出 V_{D2}

3. 將 V_{D2} 代入 (2) 式解出 $I_D = I_{D2}$

4. 將 I_{D2} 代入 (1) 式解出 V_{D3}

5. 將 V_{D3} 代入 (2) 式解出 $I_D = I_{D3}$

……值慢慢接近實際答案

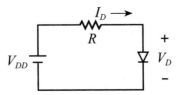

圖 4.16　簡單之利用二極體順向偏壓之線路

4.6.2 圖解法

如圖 4.17 所示，兩線交叉點為操作點（operation point），Q 點。

$$I_D = I_S e^{V_D/nV_T} \tag{1}$$

$$I_D = (V_{DD} - V_D)/R \tag{2}$$

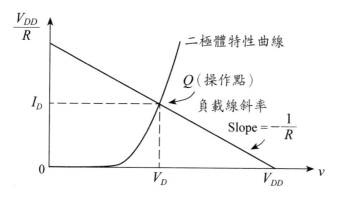

圖 4.17 利用圖解法分析圖 4.16 之線路

4.6.3 線性模型

為了讓二極體元件可以由電腦分析，我們期望將之模型化如圖 4.18 所示，二極體可以由一理想二極體加上一電阻以及一固定電壓表示。

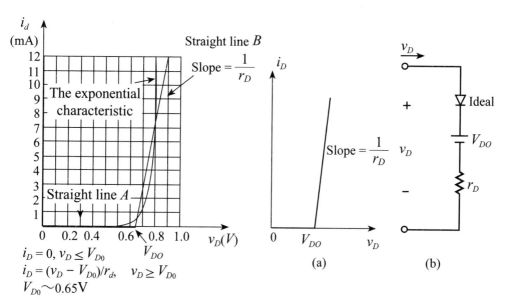

$i_D = 0, \quad v_D \leq V_{D0}$
$i_D = (v_D - V_{D0})/r_d, \quad v_D \geq V_{D0}$
$V_{D0} \sim 0.65\text{V}$

圖 4.18 二極體元件模型化

4.6.4 固定電壓模型

也可以簡化到一固定電壓 V_{DO} 之二極體模型，如圖 4.19 所示。

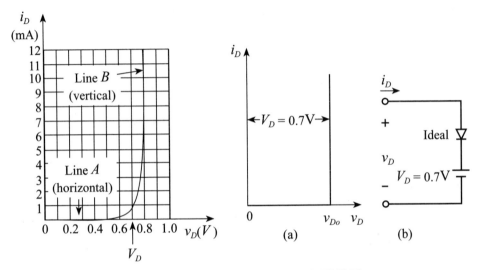

圖 4.19　固定電壓 $V_{Do} = 0.7$ 之二極體模型

4.6.5 交流（小訊號）模型（小訊號電阻 r_D）

圖 4.20(a) 所示為訊號在二極體電路之放大分析，大訊號 V_D 將二極體 D 偏壓後，可以得到一等效電阻值 v_d，然後再將小訊號 $v_d(t)$ 放大以 $i_d(t)$ 呈現，放大率為 $\dfrac{1}{r_d}$，如圖 4.20(b) 所示。

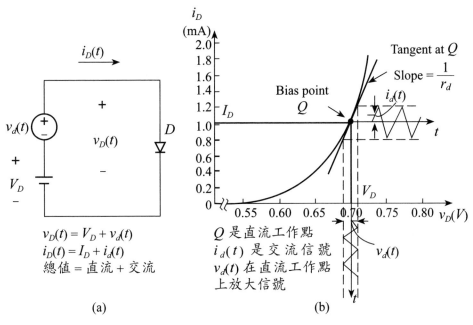

$v_D(t) = V_D + v_d(t)$
$i_D(t) = I_D + i_d(t)$
總值 = 直流 + 交流

(a)

(b)

圖 4.20　二極體之偏壓以及小訊號放大

數學公式分析

$I_D = I_S e^{V_D/nV_T}$

$v_D(t) = V_D + vd(t)$

$i_D(t) = I_S e^{(V_D/v_d)/nV_T}$

$i_D(t) = I_S e^{V_D/nV_T} e^{v_d/nV_T}$

$i_D(t) = I_D e^{v_d/nV_T}$

if $v_d(t)$ is small, then

$\dfrac{v_d}{nV_T} \ll 1$

$i_D(t) \simeq I_D\left(1 + \dfrac{v_d}{nV_T}\right)$

$i_D = I_D + i_d$

$i_d = \dfrac{I_D}{nV_T}v_d$

I_D/nV_T：二極體小訊號電導

$\longrightarrow r_d = \dfrac{nV_T}{I_D}$：二極體小訊號電阻

簡單線路分析

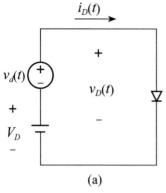

(a)

利用重疊定理（先看直流部分再看交流部分，利用重疊求出 output 端電壓及電流值）

DC 直流：$V_D = 0.7V$

AC 交流：二極體類似一個電阻

$v_D(t) = V_D + vd(t)$

$i_D(t) = I_D + id(t)$

$r_d = 1 / \left[\dfrac{\partial i_D}{\partial v_D} \right]_{i_D = I_D}$

$i_D(t) = I_s e^{(V_D + v_d)/nV_T}$

$I_D = I_s e^{V_D/nV_T}$

$r_d = \dfrac{nV_T}{I_D}$

4.6.6　二極體小訊號模型

圖 4.21 大致將二極體之直流與交流（小訊號）模型整理出來。

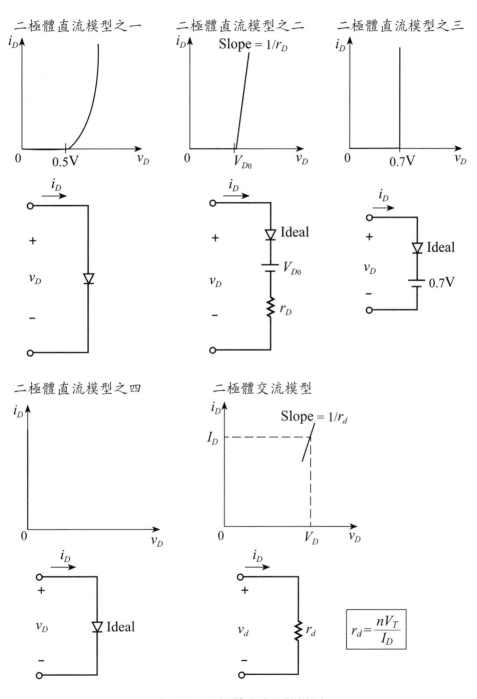

圖 4.21　二極體之小訊號模型

二極體大小訊號之總結：

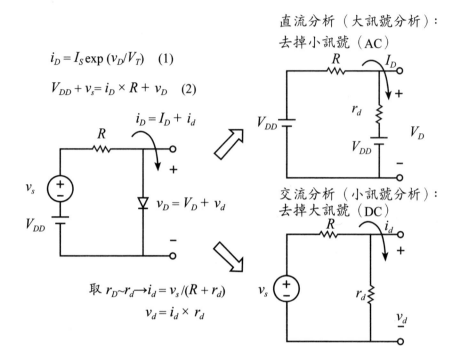

$$i_D = I_S \exp(v_D/V_T) \quad (1)$$

$$V_{DD} + v_s = i_D \times R + v_D \quad (2)$$

$$i_D = I_D + i_d$$

$$v_D = V_D + v_d$$

直流分析（大訊號分析）：
去掉小訊號（AC）

交流分析（小訊號分析）：
去掉大訊號（DC）

取 $r_D \sim r_d \rightarrow i_d = v_s/(R + r_d)$

$$v_d = i_d \times r_d$$

例題：If $I_1 = 2\text{mA}$，$V_1 = 0.7\text{V}$

(1) 直流分析
$R = 10\text{k}\Omega$

(2) 小訊號分析
$R = 10\text{k}\Omega$

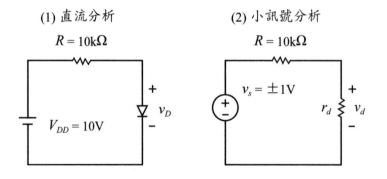

(1) 直流分析：

$\Rightarrow$ 設 $V_D = 0.7$ V $\begin{cases} I_D = (10 - 0.7)/10\text{k}\Omega = 0.93\text{mA}(\cong 1\text{mA}) \\ V_D \cong 0.7\text{V} \end{cases}$

(2) 小訊號分析：

$$r_d = \frac{V_T}{I_D} = \frac{25\text{mV}}{0.93\text{mA}} = 26.88\Omega$$

$$V_{d(\text{peak})} = \pm 1\text{V} * \frac{26.88\Omega}{10\text{k}\Omega + 26.88\Omega} = 2.68\text{mV}$$

$$V_D = V_D + v_D = 0.7\text{V} \pm 2.68 \text{ mV} \approx 0.7 \text{ V}$$

$$\frac{1\text{V}}{10\text{V}} = 10\% \text{ and } \frac{2.68\text{mV}}{0.7\text{V}} = 0.38\%$$

例題：If $I_1 = 1\text{mA}$，$V_1 = 0.7\text{V}$

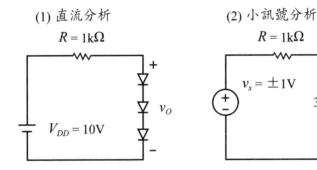

(1) 直流分析：

　　設 $V_D = 0.7\text{V}$ ➡ $V_o = 3 \times 0.7\text{V} = 2.1\text{V}$，$I_D = (10 - 2.1) / 1\text{k} = 7.9\text{mA}$

　　設 $V_D = 0.7 + V_t \times \ln(7.9\text{mA} / 1\text{mA}) = 0.75 \text{ V}$

　　➡ $I_D = (10 - 3 \times 0.75) / 1\text{k} = 7.75\text{mA}$

(2) 交流分析：

$$3r_d = 3 \times \frac{V_T}{I_D} = 3 \times 3.2 = 9.4\text{Ohm}$$

$$\Delta V_O = \pm 1\text{V} \times \frac{3r_d}{R + 3r_d} = \pm 1 \times \frac{9.6}{1000 + 9.6} = \pm 9.5\text{mV}$$

$$\Delta V_o / V_o = 0.4\%$$

Each diode $\pm V_o = 3.2 \text{ mV}$

範例 4.15 ✦───────────────────────

右圖電路 $C_1 = C_2 = \infty$，二極體切入

電壓 V_D，且 $I_D = I_s \exp(V_D / V_T)$，輸

入電壓 V_i 爲交流小訊號，V_C 爲可

變控制電壓源，(a) 畫出小訊號等效

電路　(b) 求 v_o 與控制電壓 V_C 的關

係式。　　　　　【87 清大電機所】

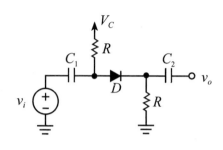

解

(1) $r_d = \dfrac{\eta V_T}{I_D} = \dfrac{V_T}{I_D}$

(2) ① $I_D = \dfrac{V_C - V_D}{2R}$

　② $r_d = \dfrac{V_T}{I_D} = \dfrac{V_T}{\dfrac{V_C - V_D}{2R}} = \dfrac{V_T}{V_C - V_D} \times 2R$

　③ $v_o = v_i \times \dfrac{R}{r_d + R} = V_i \times \dfrac{V_C - V_D}{2V_T + V_C - V_D}$

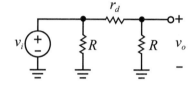

────────────────────────────────────

範例 4.16 ✦───────────────────────

如電路所示，$C_1 = C_2 = \infty$，二極

體切入電壓 V_D，且 $I_D = I_S \exp(V_D / V_T)$，求輸入電壓 v_i 爲交流小訊號，

V_C 爲可變控制電壓源，(1) 求小訊號

等效電路　(2) 求輸出 v_o

　　　　　　【90 第一科電通所】

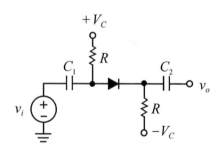

解

(1) 等效電路

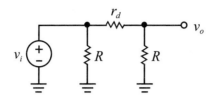

(2) $r_d = \dfrac{nV_T}{I_D} = \dfrac{V_T}{I_D}$

$I_D = \dfrac{2V_C - V_D}{2R}$ $\therefore r_d = \dfrac{V_T}{\dfrac{2V_C - V_D}{2R}} = \dfrac{V_T}{2V_C - V_D} \times 2R$

$v_o = v_i \times \dfrac{R}{r_d + R} = v_i \times \dfrac{R}{\dfrac{V_T}{2V_C - V_D} \times 2R + R} = v_i \times \dfrac{1}{\dfrac{V_T}{2V_C - V_D} \times 2 + 1}$

$v_o = v_i \times \dfrac{2V_C - V_D}{2V_T + 2V_C - V_D}$

範例 4.17 ✎───────────────────────

如右電路 $R = 10\text{k}\Omega$，電壓源 V^+ 為一直流 10V 及 1V 振幅的 60Hz 的交流弦波訊號。

計算 (a) 二極體兩端直流電壓，(b) 弦波振幅大小（設二極體在電流 1mA 時的 2 端跨壓 = 0.7V）

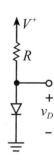

解

$V_D \simeq 0.7\text{V}$，計算二極體直流電流

$$I_D = \frac{10 - 0.7}{10} = 0.93\text{mA}$$

二極體內部電阻 r_d

$$r_d = \frac{V_T}{I_D} = \frac{25}{0.93} = 26.9\,\Omega$$

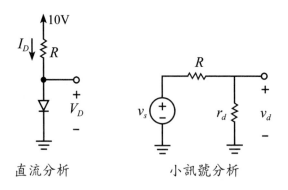

直流分析　　　　　　　小訊號分析

使用分壓求 v_d

$$v_{d(\text{peak})} = \hat{V}_s \frac{r_d}{R + r_d}$$

$$= 1 \frac{0.0269}{10 + 0.0269} = 2.68\text{mV}$$

範例 4.18

3 個二極體串聯以提供一穩定電壓 2.1V，

(a) 計算電源有 10% 的變化量時，v_o 的變化量爲何？

(b) 當有接 $R_L = 1\text{k}\Omega$ 的 v_o 變化量爲？

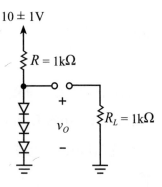

解

二極體電流

$$I = \frac{10 - 2.1}{1} = 7.9\text{mA}$$

二極體小訊號電阻

$$r_d = \frac{V_T}{I}$$

$$r_d = \frac{25}{7.9} = 3.2\Omega$$

3 個二極體電阻

$$r = 3r_D = 9.6\Omega$$

輸出 v_o 峰對峰值的改變量Δv_o

$$\Delta v_O = 2\frac{r}{r+R} = 2\frac{0.0096}{0.0096+1} = 19\text{mV}（峰對峰值）$$

負載 $R_L = 1\text{k}\Omega$，流經 R_L 的電流 = 2.1V ÷ 1kΩ ≒ 2.1mA

因此 3 個二極體的電壓變化量爲 $\Delta v_o = -2.1 \times r = -2.1 \times 9.6 = -20\text{mV}$

範例 4.19 ✦

(1) 計算二極體偏壓電流 = 0.1mA，1mA 及 10mA 時的二極體小訊號電阻 r_d

(2) 一二極體偏壓電流 = 1mA，計算當二極體二端電壓改變量爲 (a)−10mV，(b)−5mV，(c)+5mV，(d)+10mV 時，二極體電流的變化量，請使用 (i) 小訊號二極體模型計算及 (ii) 使用二極體指數模型計算。

(3) 設計如下電路，$V_o = 3\text{V}$（當 $I_L = 0\text{A}$），I_L 每改變 1mA 時，V_o 改變 20mV

(a) 使用小訊號模型求 $R = ?$

(b) 求每一二極體的 I_S 電流？

(c) 當 $I_L = 1\text{mA}$ 時，使用二極體指數模型，求輸出電壓 V_o 的改變量爲何？

解

(1) 250Ω；25Ω；2.5Ω

(2) (a) −0.40，−0.33mA；(b) −0.42，−0.18mA；(c) +0.20，+0.22mA；

(d) +0.40，+0.49mA；

(3) (a) $R = 2.4 \text{ k}\Omega$；(b) $I_s = 4.7 \times 10^{-16}\text{A}$；(c) −22.3mV

4.7 崩潰時二極體模型

齊納二極體（Region-Zener diode）

二極體在崩潰區下，其兩端跨壓幾乎為一定值，但所流過的電流可以有數十倍的電流變化，因此此元件可以做為電壓調整器，圖 4.22 所示為電路符號與元件特性。

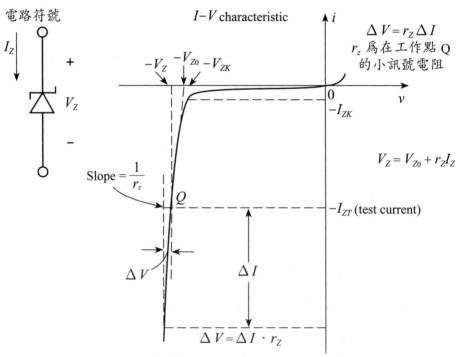

圖 4.22 齊納二極體之 (a) 電路符號與 (b) 元件特性

相關電路符號與元件模型如圖 4.23 所示。

電路符號　　　　等效電路　　　　　齊納二極體外加電源 *Vs* 及並
聯負載 R_L 時之專有名詞定義：

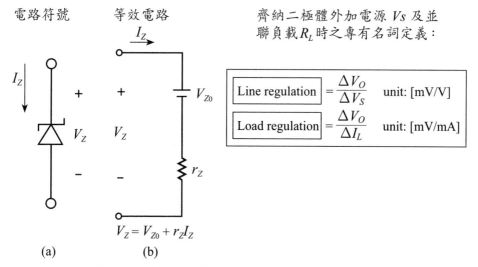

$$\text{Line regulation} = \frac{\Delta V_O}{\Delta V_S} \quad \text{unit: [mV/V]}$$

$$\text{Load regulation} = \frac{\Delta V_O}{\Delta I_L} \quad \text{unit: [mV/mA]}$$

$V_Z = V_{Z0} + r_Z I_Z$

(a)　　　　　　(b)

圖 4.23　齊納二極體之 (a) 電路符號與 (b) 等效電路

範例 4.20

有一 6.8V zener 二極體，$V_z = 6.8V$，$I_z = 5mA$，$r_z = 20\Omega$，$I_{zk} = 0.2mA$，
電壓源 $V^+ = 10V \pm 1V$

(a) 沒有 R_L 時，且 $V^+ = 10V$ 時，$V_o = ?$

(b) 若電壓源有 $\pm 1V$ 的變化時，求 V_o 的變化量（使用 $\Delta V_o / V^+$，單位
使用 mV/V）

(c) 接上負載 R_L，$I_L = 1mA$ 時，求 $\Delta V_o / I_L$（mV/mA）負載調變變化量

(d) $R_L = 2k\Omega$ 時，求 V_o 的變化量

(e) $R_L = 0.5k\Omega$，求 $V_o = ?$

(f) R_L 最小為多少時，二極體將操作在崩潰區。

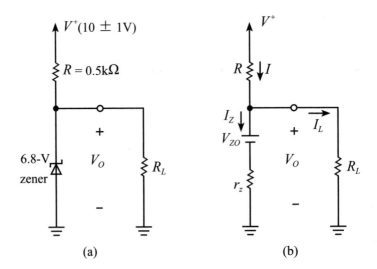

(a)   (b)

解

$$V_Z = 6.8\text{V} \quad I_Z = 5\text{mA} \quad r_z = 20\Omega \quad V_{Z0} = 6.7\text{V}$$

(a)
$$I_Z = I = \frac{V^+ - V_{ZO}}{R + r_z}$$

$$= \frac{10 - 6.7}{0.5 + 0.02} = 6.35\text{mA}$$

$$V_O = V_{Z0} + I_Z r_z$$

$$= 6.7 + 6.35 \times 0.02 = 6.83\text{V}$$

(b)
$$\Delta V_O = \Delta V^+ \frac{r_z}{R + r_z}$$

$$= \pm 1 \times \frac{20}{500 + 20} = \pm 38.5\text{mV}$$

Line regulation = 38.5mV/V

(c) $I_L = 1$

$$\Delta V_O = r_z \Delta I_z$$

$$= 20 \times -1 = -20\text{mV}$$

$$\text{Load regulation} \equiv \frac{\Delta V_O}{\Delta I_L} = -20\text{mV/mA}$$

(d) $6.8\text{V} / 2\text{k}\Omega = 3.4\text{mA}$ $\Delta I_Z = -3.4$

$$\Delta V_O = r_z \Delta I_Z$$
$$= 20 \times -3.4 = -68\text{mV}$$

$\Delta V_O = -70\text{mV}$

(e) R_L $6.8 / 0.5 = 13.6\text{mA}$ $V^+ = 10\text{V}$

$$V_O = V^+ \frac{R_L}{R + R_L}$$
$$= 10\frac{0.5}{0.5 + 0.5} = 5\text{V}$$

(f) $I_Z = I_{ZK} = 0.2\text{mA}$ $V_Z \simeq V_{ZK} \simeq 6.7\text{V}$ $(9 - 6.7) / 0.5 = 4.6\text{mA}$

$4.6 - 0.2 = 4.4\text{mA}$

$$R_L = \frac{6.7}{4.4} \simeq 1.5\text{k}\Omega$$

範例 4.21

有一 6.8V zener 二極體，$I_z = 5\text{mA}$ 時，$V_z = 6.8\text{V}$，且 $r_z = 20\Omega$ 與 $I_{zk} = 0.2\text{mA}$。有一調節電路如下所示，$R = 200\Omega$，電壓源 $V_s = 9\text{V}$，

(1)計算 zener 的膝點電壓（knee volgage）

(2)無負載下，電壓源 V_s 最低電壓爲何，可使 zener 二極體保持在崩潰區

(3)在正常 V_s 電壓下，最大負荷電流＝？（zener 在崩潰區）

【88 清大電機所】

解

根據題意繪圖如右：

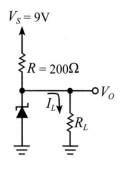

(1) $V_Z = V_{ZK} + I_Z \times r_Z$

➡ $6.8\text{V} = V_{ZK} + 5\text{mA} \times 20\Omega$

➡ $V_{ZK} = 6.7\text{V}$

(2) $V_{S(\min)} \geq V_{ZK} + I_{Z\min} \times r_Z$

$= 6.7 + 0.2 \text{ mA} \times 220\Omega$

$= 6.744\text{V}$

(3) $I_{L(\max)} = I - I_{Z\min} = \dfrac{9 - 6.7}{200\Omega} - 0.2\text{mA}$

$= 11.3\text{mA}$

範例 4.22 ✐

請說明齊納崩潰（zener breakdown）與累增崩潰（avalanche breakdown）的物理機制。　　　　　　　【89 中山光電所】

解

參考本節所敘

範例 4.23 ✐

試說明 Zener breakdown 與 Avalanche breakdown 之區別？

【86 中山光電所】

解

參考本節所敘

範例 4.24 ✦ ─────────────────────

齊納二極體電路如下所示，$V_z =$

5.6V 及 $r_z = 0\Omega$，或輸入電壓 $v_i(t)$

$= 10\sin(wt)$V

(1) 請劃出轉移曲線 v_o-v_i 曲線

(2) 劃出 $v_o(t)$ 與 $I_z(t)$ 波形 　　　　　　　　　【87 成大電機所】

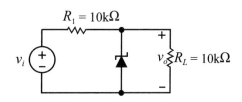

解

(1) V_i 何時才能 Zener 崩潰穩壓

　　條件①正半週→ Zener 是

　　　　逆向

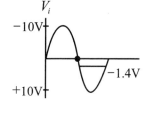

　　　②先拆下 Zener

　　　　➡ $V_{R_L} > V_Z$ 才能達崩潰

　　　　　$V_i \times \dfrac{R_L}{R_1 + R_L} > 5.6\text{V}$

　　　　➡ $V_i \times \dfrac{10\text{k}}{10\text{k} + 10\text{k}} \geq 5.6\text{V}$

　　　　➡ $V_i \geq 11.2$ V

　　　③題意之 $V_i = 10 \sin \omega t$

　　　　故正半週全未達崩潰

　　　④ V_o 正半週 $= 10\sin\omega t \times \dfrac{R_L}{R_1 + R_L} = 5\sin\omega t$ 伏

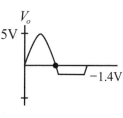

(2) V_i 為負半週時→ Zener 是順向：

　　$V_i \leq -1.4$V 以下，Zener 未導通

　　$V_o = -0.7$V

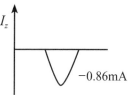

　　① $I_{R_L} = \dfrac{0.7\text{V}}{R_L} = \dfrac{0.7}{10\text{k}} = 0.07\text{mA}$

　　② $I_{R_1} = \dfrac{-0.7 - (-10\text{V})}{10\text{k}} = \dfrac{9.3\text{V}}{10\text{k}} = 0.93\text{mA}$

③ $I_{Z(p)} = I_{R1} - I_{RL} = 0.93\text{mA} - 0.07\text{mA}$

    $= 0.86\text{mA}$

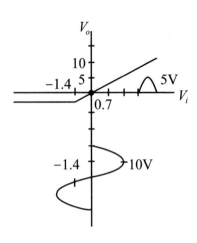

範例 4.25

有一齊納二極體電路如圖所示，在 $I_z = 5\text{mA}$ 時，

$V_z = 6.8\text{V}$，$r_z = 20\Omega$ 且 $I_{zk} = 0.2\text{mA}$，電壓源 $V^+ =$

10V，可有 ±1V 的變動。

(1) 求 $V^+ = 10\text{V}$ 時且無負載下，V_o 為多少？

(2) 求 $V^+ = \pm1\text{V}$ 變動時，V_o 的變化量為多少？

(3) 求 R_L 最小值為多少？仍可使齊納二極體在崩

    潰區操作　　　　　　　　　　　　【88 雲科電機研究所】

解

(1) ① $V_Z = V_{ZK} + I_Z \times r_Z$

    ➡ $6.8\text{V} = V_{ZK} + 5\text{mA} \times 20\Omega$

    ➡ $V_{ZK} = 6.7\text{V}$

    ② $V_o = \dfrac{\dfrac{10\text{V} \pm 1\text{V}}{0.5\text{k}\Omega} + \dfrac{6.7\text{V}}{20\Omega}}{\dfrac{1}{0.5\text{k}\Omega} + \dfrac{1}{20\Omega}} = 6.83 \pm 0.0385\text{V}$

(2) $\Delta V = V_{\text{max}} - V_{\text{min}} = 2 \times \Delta V = 2 \times 0.0385\text{V} = 0.077\text{V}$

$$(3)(10\text{V}\pm1\text{V})\times\frac{R_L}{0.5\text{k}+R_L}\ge6.7+I_{ZK}\times r_Z=6.704\text{V}$$

$$\Rightarrow\begin{cases}R_L\ge0.779\text{k}\Omega\\R_L\ge1.456\text{k}\Omega\end{cases}$$

4.8 應用範例 —— 整流線路

二極體最常被用在整流線路上，圖為一 AC 對 DC 的整流線路（rectifier circuit），而因整流方式又可分為**半波整流器**（half-wave rectifier）與**全波整流器**（Full-wave rectifier）。圖 4.25 所示為一將 AC 轉換為 DC 之整流線路（rectifier circuit）

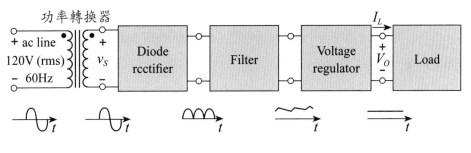

圖 4.25 AC 對 DC 之整流器

此整流器目的在將輸出鏈波 V_s 轉換成固定電壓輸出 V_O。

4.8.1 半波整流器

二極體串聯一個電阻，以此電阻為輸出端，則可將具正負振幅的交流訊號轉變成為單一正振幅的訊號，因只有將一半的交流訊號轉變為輸出，故稱此電路為半波整流器。

圖 4.26 為半波整流器（half-wave rectifier）的分析。

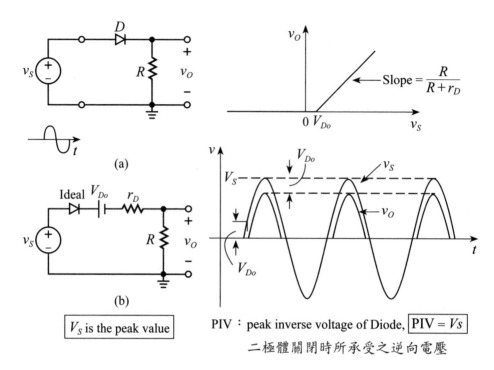

圖 4.26 半波整流器是 (a) 線路，(b) 小訊號模型線路之分析

輸出平均直流電壓 V_O (if $V_P = 10V$, $V_{D0} = 0.7V$)

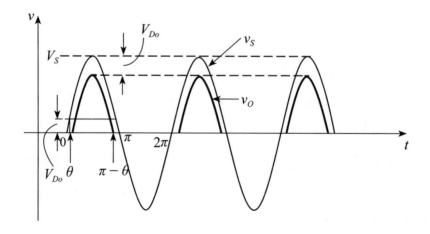

$$V_o(DC) = \frac{1}{2\pi} \int_0^{2\pi} (V_P\sin t - V_{DO})dt \quad \text{（利用均值定理）}$$

如果 $V_P = 10\text{ V} \quad V_{DO} = 0.7\text{V}$

$$V_O(DC) = \frac{1}{2\pi} \int_o^{2\pi} (10\sin t - 0.7)dt \quad \text{（∵ 細線圖形減去 0.7V}$$

$$\qquad\qquad 即為粗線圖形）$$

$$= \frac{1}{2\pi} \int_\theta^{\pi-\theta} (10\sin t - 0.7)dt$$

其中 $0.7 = 10\sin\theta$，$\theta = \sin^{-1}\dfrac{0.7}{10} = 4.014° (= 0.07rad)$

$$\pi - \theta = 180 - 4.014 = 176°$$

$$V_o(DC) = \frac{1}{2\pi} \int_\theta^{\pi-\theta} (10\sin t - 0.7)dt$$

$$= \frac{1}{2\pi} \left\{ 10 \cdot \left[-\cos t \Big|_\theta^{\pi-\theta} \right] - 0.7 \pm \Big|_\theta^{\pi-\theta} \right\}$$

$$= \frac{1}{2\pi} \{ 10 \cdot [\cos\theta - \cos(\pi-\theta)] + 0.7(\theta - \pi + \theta) \}$$

（注意要用弳度 rad 計算）

$$= \frac{1}{2\pi} \{ 10 \cdot [0.9975 + 0.9975] + 0.7(0.07 - 3.14 + 0.07) \}$$

$$= \frac{1}{2\pi} \{ 10 \cdot 1.995 - 2.1 \}$$

$$= \frac{17.85}{2\pi}$$

$$= 2.84(\text{V})$$

4.8.2　全波整流器

　　將正負振幅的交流訊號完全可將正與負振幅轉變成只有正振幅的訊號的二極體電路稱為全波整流器，如圖 4.27 所示。

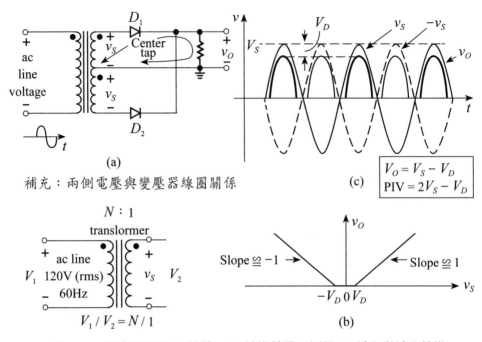

(a)

補充：兩側電壓與變壓器線圈關係

$$V_O = V_S - V_D$$
$$PIV = 2V_S - V_D$$

(c)

(b)

圖 4.27　全波整流器 (a) 線路，(b) 轉換特性，以及 (c) 輸入與輸出特性

4.8.3　橋式整流器

將二極體整流電路連接成橋式的全波整流電路稱為**橋式整流電路**，如圖 4.28 所示。

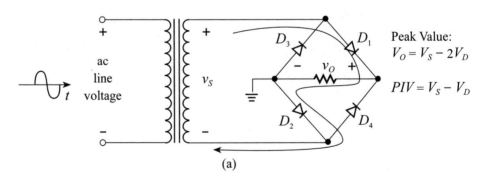

(a)

圖 4.28(a)　橋式整流器（The Bridge Rectifier）線路

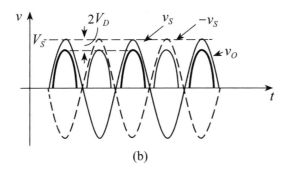

(b)

圖 4.28(b)　橋式整流器輸入與輸出特性

4.8.4　峰值整流器（不考慮負載Load）（The Rectifier with a Filter Capacitor-Peak Rectifier）

使用二極體與負載電容串接，當交流訊號輸入到二極體與負載電容時，因負載電容充滿電而使得電容 2 端電壓為交流訊號的峰值，此電路稱為**峰值整流器**，如圖 4.29 所示。

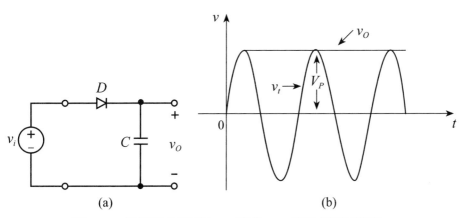

(a)　　　　　　　　　　　　　(b)

圖 4.29　整流器含電容之 (a) 線路，(b) 輸入與輸出特性。

4.8.5 考慮負載Load之半波峰值整流器（The Rectifier with a Filter Capacitor-Peak Rectifier）

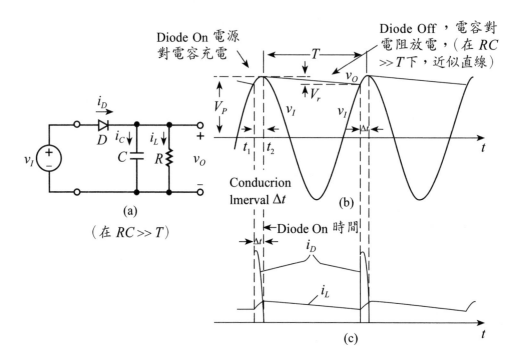

圖 4.30   考慮負載之濾波電容之整流器 (a) 線路，(b) 輸入與輸出電壓，以及 (c) 電流特性

$$i_b = v_O / R \text{ , } I_L = \frac{V_P}{R}$$

$$i_D = i_C + i_L = C\frac{dv_I}{dt} + i_L$$

$$v_O = V_P e^{-t/RC}$$

$$V_P - V_r \simeq V_P e^{-T/RC} = V_P\left(1 - \frac{T}{R_C}\right)$$

$$V_r \simeq V_P \cdot \frac{T}{R_C} = \frac{V_P}{fR_C}$$

$$V_r = \frac{I_L}{fC}$$

$$V_P \cos(\omega \Delta t) = V_P - V_r$$

$$\omega = 2\pi f = 2\pi/T$$

$$\omega \Delta t \simeq \sqrt{2V_r/V_P}$$

求 i_{Dav}

$$Q_{supplied} = i_{Cav} \Delta t$$

$$i_{Cav} = i_{Dav} - I_L$$

$$Q_{lost} = CV_r$$

$$i_{Dav} = I_L(1 + \pi\sqrt{2V_r/V_P})$$

$$i_{Dmax} = I_L(1 + 2\pi\sqrt{2V_P/V_r})$$

4.9 應用範例——限壓電路

4.9.1 限壓電路

限制輸出電壓的最大值的電路稱為限壓電路，如圖 4.32 所示，電路為使用 OP 放大器的限壓電路。

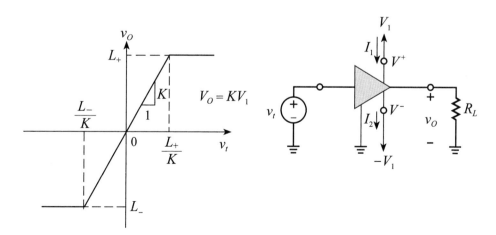

圖 4.32 限壓電路（Limiter Circuits）

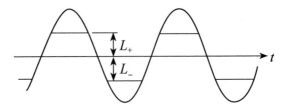

圖 4.32   限壓電路（Limiter Circuits）（續）

4.9.2   利用二極體來完成限壓電路

使用二極體 2 端為輸出端的限壓電路，如圖 4.33 所示。

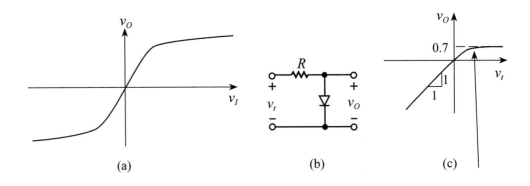

(a)   (b)   (c)

(1) 精確限壓器（使用理想二
　　極體）
(2) 軟限壓器（使用非理想二
　　極體，有 r_D 電阻）

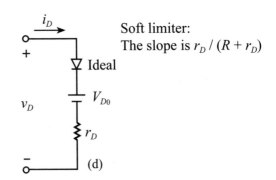

Soft limiter:
The slope is $r_D / (R + r_D)$

圖 4.33   二極體限壓電路，(a) 使用二極體完成的雙極性限壓電路的輸出與輸入

曲線圖，(b) 單極性二極體限壓電路，(c) 單極性限壓電路輸出與輸入曲

線圖，(d) 限壓電路內二極體的等效電路

4.9.3　各類之限壓電路

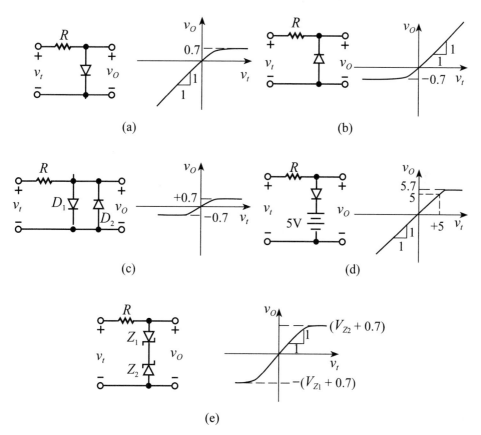

圖 4.34　各類之限壓電路，(a)、(b)、(d) 為單極性限壓電路，(c) 與 (e) 為雙極性限壓電路

4.9.4 定位電路（定位電容器）（Clamped Capacitor or *DC* Resistor）不考慮負載

不考慮負載 Load 下，利用二極體來完成限制輸出電壓為一固定上下限值，如圖 4.35 所示。

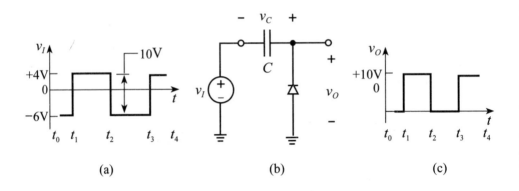

(a)　　　　　　　　　　(b)　　　　　　　　　　(c)

t_0：*D* on; v_c = 6V (Cap charge to 6V); v_o = 0V

t_1^+：*D* off; v_c = 6V; v_o = v_c + 4V = 10V

t_2^+：*D* on; v_c = 6V; v_o = 0V

圖 4.35　二極體定位電路

4.9.5　定位電路（Clamped Capacitor or *DC* Resistor）考慮負載

考慮負載 Load 下，二極體定位電路，如圖 4.36 所示。

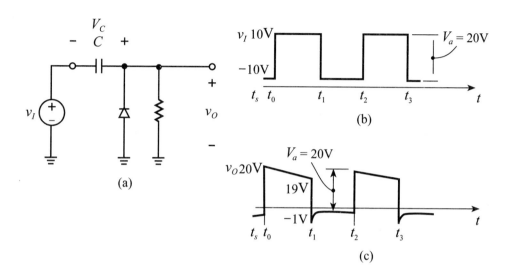

(a)　(b)　(c)

---

t_S：D on; $v_c = 10V$; $v_o = 0V$

t_0^+：D off; $v_c = 10V$; $v_o = v_c + 10V = 20V$

t_1^-：D off; $v_c = 9V$ (Cap discharge to 9V); $v_o = v_c + 10V = 19V$

t_1^+：D on; $v_c = 9V$; $v_o = -10 + 9V = -1V$

t_1^{++}：D on and then off; $v_c = 10V$ (Cap charge to 10V); $v_o = 0V$

圖 4.36　二極體定位電路（考慮負載 Load）

範例 4.26 ✎————————————————

如下二極體電路，若二極體要開始導通的壓降為 0.5V，而導通後的二極體壓降為 0.7V，請劃出 v_o-v_i 的電壓轉移曲線。

【85 清大電機所】【91 中山通訊所】

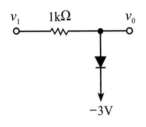 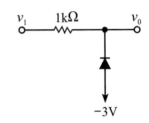

解

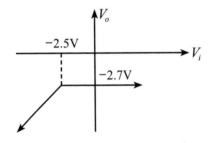 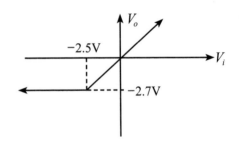

範例 4.27 ✎————————————————

(1) 設 $D_1 = D_2$ 為理想且 $V_T \neq 0$，$R_i = 0$，求 v_o 對 v_i 電壓轉移曲線

(2) 證明 (1) 的電路為一二階截波電路（two-level clipper）

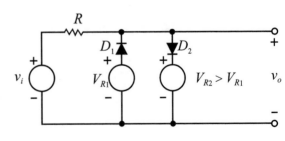

【87 中山電機所】

解

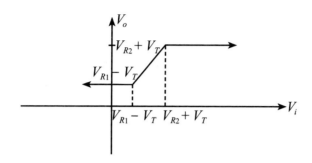

範例 4.28 ✐ ─────────────────

請設計一類比二極體電路，其 v_o 對 v_i 的轉
移曲線如圖所示（使用理想二極體、電阻
R 與電壓源來完成）。

【87 中山光電所】【85 中山電機所】

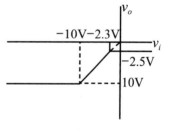

解

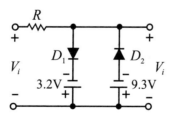

範例 4.29 ✐————————————————————

如右圖電路所示，使用二極體定電壓

（0.7V）模型劃出輸出對輸入的轉移

曲線（v_o-v_i），輸出電壓條件為 $-10V$

$< v_i < 10V$。

【91 中正電機】【89 中正電機】

【台大電機】

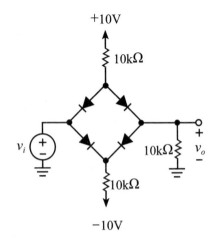

解

(1) 當 $V_i = 0V$ ➡ 四個 Diode 皆因順向偏壓而導通 ➡ $V_o = V_i$

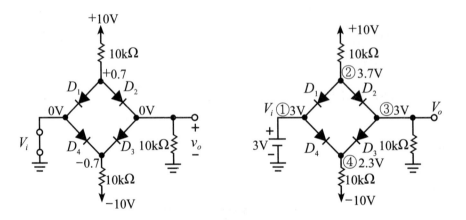

(2) 當 V_i 由 0V 上升至 +4.65V 之前，四個 Diode 仍因順向偏壓而導通

　　➡ $V_o = V_i$，例如：$V_i = 3V$，則 $V_o = +3V$。

(3) 當 $V_i > 4.65$ V 以上，則 $\begin{cases} D_2D_4 \text{順向 ON} \\ D_1D_3 \text{順向不足 OFF} \end{cases}$ ➡ V_o 停在 +4.65V，V_o

與 V_i 無關了，截波了。

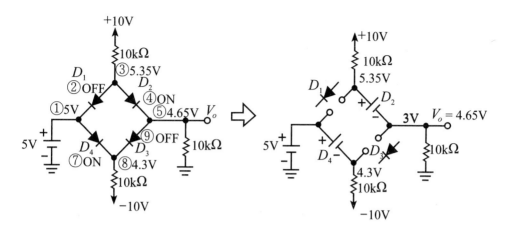

(4)同理 $V_i \leq -4.65\text{V}$ 以下，則 $\begin{cases} D_2D_4\text{逆向 OFF} \\ D_1D_3\text{順向 ON} \end{cases}$ ➡ V_o 停在 -4.65V。

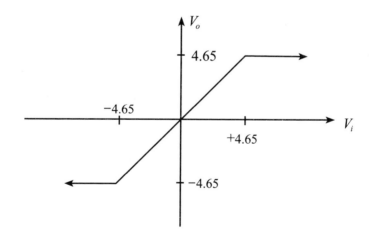

範例 4.30 ✎ ────────────────────────

如右圖電路所示,設二極體為理想,
請劃出 v_o 對 v_i 的轉移特性曲線。

【87 雲科大電機、電子所】

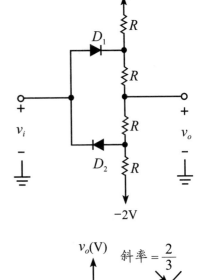

解

(1) $V_I = 0V$

➡ $\begin{cases} V_{N1} = +1V,逆向 ➡ D_1 \text{ OFF} \\ V_{P2} = -1V,逆向 ➡ D_2 \text{ OFF} \end{cases}$

➡ $v_o = 0V$

(2) 若欲由 V_I(正半週)使 D_1 轉為

ON,則 $V_{P1} \geq V_{N1} = +1V$ 以上

➡ $V_o = \dfrac{\dfrac{V_I}{R} + \dfrac{-2V}{2R}}{\dfrac{1}{R} + \dfrac{1}{2R}} = \dfrac{2V_I - 2V}{2+1}$

➡ $V_o = \dfrac{2}{3} V_I - \dfrac{2}{3} V$

∴ 斜率為 $\dfrac{2}{3}$

(3) 同理負半週

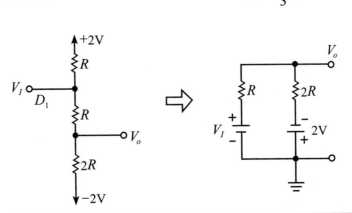

範例 4.31 ✐————————————————————

如圖所示定位電路，輸入電壓 $v_{i(t)}$ = 10sin(wt)，在 t = 0 時，偏壓在電路上，請劃出當輸入電壓在前 2 個週期（0 < wt < 4π）的 $v_{o(t)}$ 輸出波形，並請標示當 wt = 0.5π, π, 1.5π, 2π, 2.5π, 4π 時，v_o 的大小。（其中電路二極體為理想電容 $C = \infty$）　　　　　　　　　　　　　　　　　　　　　　【89 交通電子所】

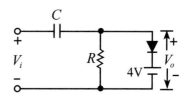

解

(1) $\omega t = 0$ ➡ D = OFF，C 無充電，V_o = 0V

(2) 當 ωt 由 0 → 0.5π = 90° 增加時：

　　① V_i > 0V，但未達 4V 之間 ➡ D = OFF，V_C 無充電 ➡ $V_o = V_i$ = 0V～4V

　　② $V_i \geq$ 4V 以上 ➡ D 轉為 ON，V_C 開始充電 ➡ V_o 停在 4V

　　③ V_i = +10V(90°) ➡ V_o 停在 4V，V_C 充電到 6V

(3) 當 ωt 由 90° → π(180°) 時，V_i 由 +10V 往 0V 降下來 ➡ D = OFF

　　➡ $V_o = V_C + V_i = (-6V) + (10V \rightarrow 0V) = +4$ V → −6V

(4) 當 ωt 由 π → $\frac{3}{2}\pi$ 時，→ V_I 由 0V → −10V ➡ D = OFF，V_C 保持 −6V，➡ $V_o = V_C + V_i = (-6V) + (0V \rightarrow -10V) = -6V - 16V$

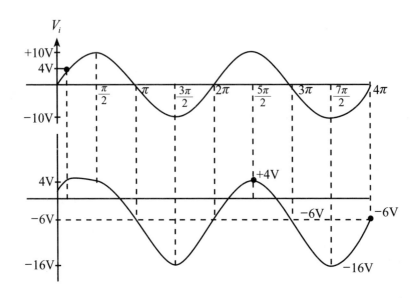

範例 4.32

如下電路 $v_{i(t)} = 10 \sin(wt)\text{V}$ ，請分別劃出前 2 個週期的 $v_{o(t)}$ 的波形，並標示峰值電壓值。〔假設二極體切入電壓 = 0.5V，順向偏壓的二極體電阻 $R_f = 0$，電容的之初始電荷 = 0（$Q_c(t=0) = 0$）〕

【91 清華電機所甲、乙】

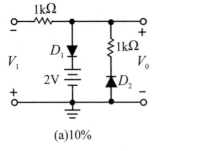

(a)10%

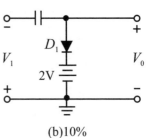

(b)10%

解

(a) ① $V_i = 0V \Longrightarrow D_1 = OFF$，$D_2 = OFF \Longrightarrow V_o = 0V$

② $V_i \geq 2.5V$ 以上 $\Longrightarrow D_1$ 轉為 ON，D_2 OFF $\Longrightarrow V_o$ 停在 2.5V

③ V_i 負半週 $\Longrightarrow D_1$ 恆 OFF，D_2 ON $\Longrightarrow V_o = V_i \times \dfrac{1k}{1k+1k} = \dfrac{1}{2}V_i$，

斜率 $= \dfrac{1}{2}$

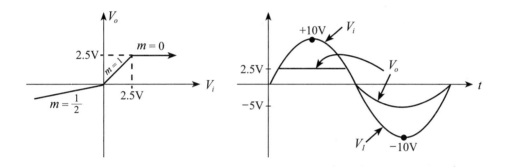

(b) ① V_C 充滿穩定時是 7.5V

② $V_o = V_C + V_i = (-7.5V) \pm 10V = 2.5V \sim -17.5V$，以 $-7.5V$ 為中心的

$\pm 10V$ 正弦波變化

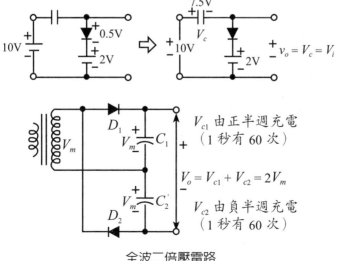

全波二倍壓電路

範例 4.33 ✎————————————————————————

(1) 使用一雙繞組變壓器，四個二極體及一個電容器來設計一全波整流直流電源供應器。

(2) 若變壓器輸入電壓有效值（RMS）110V，60Hz，且第一側變壓器線圈繞組為 1000 圈，計算第 2 側變壓器線圈繞組圈數，可使整流的直流電源輸出為 12V。

(3) 若負載有 1A 的電流通過，計算最小電容值，可使直流電壓輸出不低於 11V。　　　　　　　　　　　　　　【92 交通電機所、控制所】

解

(1)

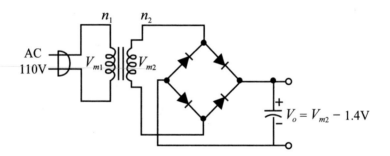

(2) $\dfrac{n_1}{n_2} = \dfrac{V_{m1}}{V_{m2}}$

➡ $\dfrac{1000}{n^2} = \dfrac{100\sqrt{2}}{12+1.4}$

➡ $n_2 = 86.2$ 匝

(3) $V_{r(P-P)} = \dfrac{V_{m2} - 1.4\text{V}}{R_L} \times \dfrac{1}{C} \times t$

➡ $(12 - 11) = 1\text{A} \times \dfrac{1}{C} \times \dfrac{1}{120}$

➡ $C = \dfrac{1}{120}\text{F} = 8333\mu\text{F}$

範例 4.34 ✎

如圖所示全波整流電路，(1) 劃 v_o 對 v_i 的轉移曲線；(2) 劃 $v_{o(t)}$ 及 $v_{i(t)}$ 對時間的波形；(3) 求二極體峰值反轉電壓（peak inverse voltage, PIV）【88 中山光電所】

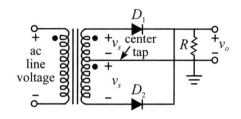

解

(1) 參考圖 2-41(d)

(2) 參考圖 2-41(c)

(3) $\text{PIV}_1 = \text{PIV}_2 = 2V_m - 0.7\text{V}$

範例 4.35 ✎

若二極體切入電壓 = 0.7V，變壓器 2 次側電壓有效值為 17.7V，如下電路，請計算負載的直流電壓與漣波電壓。　【85 中山電機所】

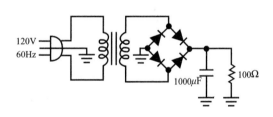

解

(1) $V_m = 17.7 \times \sqrt{2} = 25 \text{ V}$

(2) $V = V_m - 0.7\text{V} \times 2 = 23.6\text{V}$

(3) $V_{r(P-P)} = V_m{}' \times \dfrac{1}{R_L C} \times \dfrac{1}{120} = 1.97 \text{ V}$

(4) $V_{dc} = V_m{}' - \dfrac{V_{r(P-P)}}{2} = 23.6 - \dfrac{1.97}{2} = 22.62 \text{ V}$

範例 4.36 ✎

若二極體導通電壓為 0.7V，
如下整流電路如果輸出 $V_o =$
$7 \pm 0.5V$，(1) 請劃出 $V_{o(t)}$ 與發
$v_{i(t)}$ 的波形；(2) 求二極體峰值反
轉電壓值（FIV）。

【88 清大工系所】

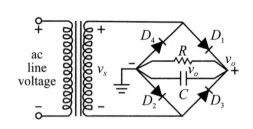

解

(1) $V_o = 7 \pm 0.5V = 7.5V \sim 6.5V$

➡ ① $V_m' = 7.5V$；② $V_{r(P\text{-}P)} = 1\ V$

(2) $V_m = V_m' + 2 \times V_D = 7.5V + 0.7 \times 2 = 8.9V$

(3) PIV $= V_m = 8.9V$

(4) 波形。

範例 4.37 ✎

右圖是一個由兩個二極體及兩個電容器所
組成的電路。設兩個二極體均為理想二
極體（ideal diode）且兩電容器之電容值
亦相等。設輸入電壓為正弦波且為 $v_i (t) =$
$10 \sin(120\pi t)$volts，而剛開始時兩電容器
內均未積存電荷。請回答下列問題：

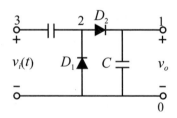

(1) 分析此電路並粗略畫出輸出電壓 $v_o(t)$ 對時間 t 的關係圖。你應會得
到輸出電壓 $v_o(t)$ 對時間作圖呈階梯狀上升且每一台階約略對應於
正弦波輸入電壓的每一個週期。求輸出電壓中第一台階電壓是多少
伏特（即由正弦波輸入電壓第一個週期對電容充電所造成之輸出電

壓）？

(2)求輸出電壓中第二台階電壓是多少伏特（即由正弦波輸入電壓第二
個週期對電容充電所造成之輸出電壓）？

(3)若輸出電壓中第 n 個台階的電壓值記作 a_n，那麼 a_n 與 a_{n-1} 的關係式
爲何？

(4)一段時間後輸出電壓趨近某一極線電壓值，求此值。亦即求 $\lim_{n \to \infty} a_n = ?$

【86 台大電機所】

解

(1) C_1 一次只給 C_2 一半相差值的電壓。

(2) C_2 待負半週末時，又充回 10V。

(3)① 第一負半週 ➡ $C_1 = 10V$，$C_2 = 0V$。

② 第二正半週 ➡ $C_1 = 5V$，$C_2 = V_i + \dfrac{V_{C1}}{2} = 10 + 5 = 15V$。

③ 第二負半週 ➡ C_1 又充回 10V，C_2 保持 15V。

④ 第三正半週 ➡ $C_1 = 7.5V$，$C_2 = 10 + 7.5 = 17.5V$。

⑤ 第三負半週 ➡ C_1 又充回 10V，C_2 保持 17.5V。

⑥ 第四正半週 ➡ $C_1 = 8.75V$，$C_2 = 18.75V$。

⋮

第 n 週 ➡ $C_1 = 10V$，$C_2 = 20V$，兩倍壓。

4.9.6 電壓倍壓器

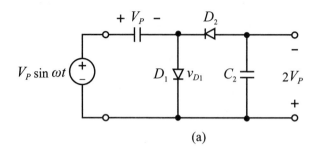

(a)

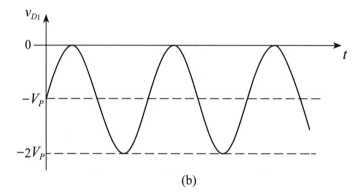

(b)

圖 4.37 電壓倍壓器 (voltage doubler) (a) 線路,以及 (b) 輸出波形。

習題

1. (1) 請分別劃出 pn 接面，在順向偏壓與逆向偏壓下之能帶圖。

   (2) 若 p 型摻雜濃度 10^{16}cm^{-3}，n 型摻雜濃度為 10^{17}cm^{-3}，計算內建電位 V_{bi}。（若在 300K 下，本質濃度 $n_i = 1.45 \times 10^{10}\text{cm}^{-3}$）。

2. 有一 p^+n 接面，$N_a = 10^{18}\text{cm}^{-3}$，$N_d = 10^{16}\text{cm}^{-3}$，在 300K 下，本質濃度 $n_i = 1.5 \times 10^{10}\text{cm}^{-3}$

   (1) 計算 P^+n 接面內建電位 V_{bi}

   (2) 計算空乏區寬度 W、x_p 及 x_n ($w = x_n + x_p$)

3. 有一 p^+n 接面，面積 $= 10^{-3}\text{cm}^2$，在 300K 溫度下，本質濃度 $1.5 \times 10^{10}\text{cm}^{-3}$

   p 型區參數 $\begin{cases} N_a = 10^{17}\text{cm}^{-3} \\ Z_n = 0.1\mu\text{s} \\ \mu_p = 200\text{cm}^2/\text{V} \cdot \text{S} \\ u_n = 600\text{cm}^2/\text{V} \cdot \text{S} \end{cases}$ n 型區參數 $\begin{cases} N_d = 10^{15}\text{cm}^{-3} \\ Z_p = 10\mu\text{s} \\ \mu_n = 1200\text{cm}^2/\text{V} \cdot \text{S} \\ u_p = 450\text{cm}^2/\text{V} \cdot \text{S} \end{cases}$

   求 pn 接面在 +0.5V 與 −0.5V 時的電流各為多少。

4. 二極體電路下圖所示，其中二極體為理想（即二極體導通時 $V_D = 0\text{V}$），求電路中 V 與 I。

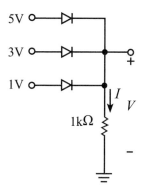

5. 如右圖所示電路，若二極體為非理想的，假設二極體的飽和電流 I_s，每提高 10℃ 溫度時 I_s 增為 2 倍，且在 20℃ 時，電路中的 $V = 1.2V$，試求在溫度為 30℃ 與 10℃ 時，電路中的 V 為多少？

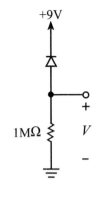

6. 若一二極體為非理想，其中理想因子 $n = 1.2$，$V_T = 25mV$，求當二極體電流由 0.2mA 增大到 10mA 時，二極體二端的電壓改變。

7. 二極體電路如下方左圖所示，求電路中的 V 與 I。

8. 有一二極體電路如下方右圖所示，為三個二極體串聯以提供 2.1V 的定電壓，若電壓源 5V 有 ±20% 的變動，計算輸出電壓 V_o 的電壓變化百分比，其中 $R = 2k\Omega$，二極體使用定電壓 $V_D = 0.7V$，$n = 1.5$，$V_T = 25mV$。

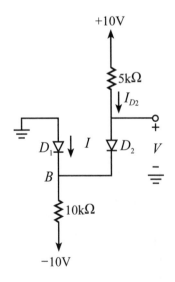

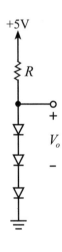

9. 有一二極體電路，如右圖所示，$v_s(t)$ 為供應的電壓
源，$v_s(t) = 10V + 1V\sin(2\pi 60t)$，$R = 5k\Omega$，假二極體
導通的電壓為 0.7V，且 $n = 2$，$V_T = 25mV$，求 (1)
二極體小訊號電阻 r_d　(2) 求輸出電壓 $v_D(t) = V_D +$
$v_d(t)$　(3) 二極體電流 $i_D(t) = I_D + i_d(t)$

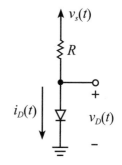

10. 有一 9.1V 的齊納二極體電路，如右圖所示，
在正常操作下 $I_z = 28mA$，$r_z = 10\Omega$，

(1) 求齊納二極體電流為 200mA 時齊納電壓
$V_z = ?$

(2) 或齊納二極體在正常操作的最小電流 I_{zk}
$= 0.5mA$，求負載電阻 R_L 的最小值，仍
可使齊納二極體操作在崩潰區

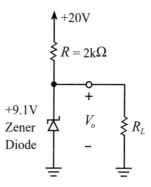

11. 有一全波整流電路，如下圖所示，$v_s(t) = 10\sin(2\pi \times 2000t)$，$R = 500\Omega$，
若二極體導通使用定電壓模型 $V_D = 0.7V$

(1) 求二極體的峰值反轉電壓（PIV）

(2) 當整流弦波電壓訊號經過二極體時，求此二極體的最大電流

(3) 若 $C = 0.1mF$ 與 R 相並聯，求漣波電壓 V_r 及平均二極體電流 i_{Dar}

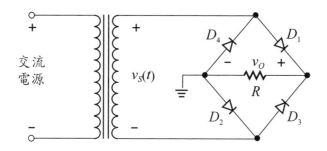

12.設計一限壓器電路（limiter circuit），使用二極體（$V_D = 0.7V$），電阻
（10kΩ）及電池電源（+1.5V），以完成以下 v_o 電壓範圍的限壓電路設
計並劃出 v_o 的轉移曲線及標示曲線斜率。

(1) $v_o \geq -2.2V$ (b) $-2.9 \leq v_o \leq +2.1$

第五章 雙載子接面電晶體

5.1　元件結構與物理操作

　　雙載子接面電晶體（bipolar junction transistor, BJT）是一種具有三個終端的電子元件。圖 5.1 所示為簡單 n-p-n 雙載子接面電晶體結構，p-n-p 電晶體則如圖 5.2 所示。因此結構有三個端點，分別定義為**射極**（emitter），**基極**（base），以及**集極**（colector），而且存在二個接面，即**射基接面**（emitter-base junction; EBJ）以及**集基接面**（colector-base junction; CBJ），一旦外加電壓於此三端點，將造成 EBJ 與 CBJ 形成**順向偏壓**（forward bias）或**逆向偏壓**（reverse bias），我們可依 EBJ 與 CBJ 之狀態來定義 BJT 之操作模式，表 5.1 所示為 BJT 的操作模式，可大致分為**截止**（cut-off），即 EBJ 逆向偏壓且 CBJ 逆向偏壓；**主動**（Active），即 EBJ 順向偏壓且 CBJ 逆向偏壓；**飽和**（saturation），即 EBJ 順向偏壓且 CBJ 順向偏壓。

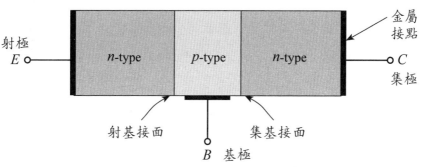

圖 5.1　npn 雙載子接面電晶體結構

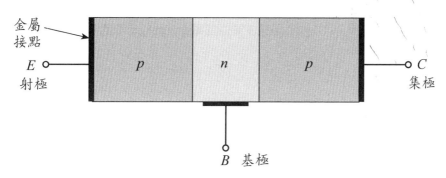

圖 5.2　pnp 雙載子接面電晶體結構

表 5.1 BJT 的操作模式

操作模式	EBJ	CBJ
截止	逆向偏壓	逆向偏壓
主動	順向偏壓	逆向偏壓
飽和	順向偏壓	順向偏壓

5.2 npn 雙載子接面電晶體在主動的操作模式

圖 5.3 為 npn bipolar 在主動區的電流示意圖，圖 5.4 則顯示少數載子在 bipolar 各區域之分布圖。相關電流公式如下：

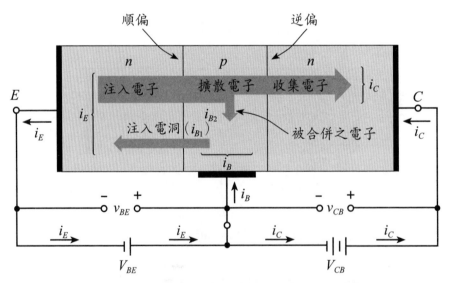

圖 5.3 npn BJT 在主動區的電流流動方向示意圖

$\begin{bmatrix} \text{EBJ} = \text{順偏（forward bias）} \\ \text{CBJ} = \text{逆偏（reverse bias）} \end{bmatrix}$

①e^- 由射極注入到基極，此電子在基極區為**少數載子**（minonty carrier），

　　經由擴散形成擴散電流，並在集極被收集。形成集極電流 i_C。

②基極區內之電洞也同時會漂移到射極區內。形成 i_{B2} 電流 ⇒ $i_B = i_{B1} +$

　　i_{B2}，i_{B1} 為被合併電子流。

③射極電流 ⇒ $i_E = i_B + i_C$。

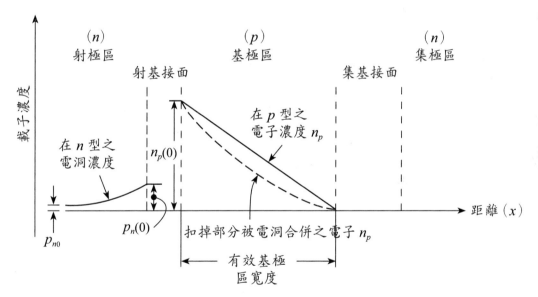

圖 5.4　BJT 主動操作時少數載子在射極與基極之分布圖

$$n_p(0) = n_{p0}\, e^{\frac{V_{BE}}{V_T}} \quad n_p(x) = n_{p0} + [n_p(0) - n_{p0}]e^{-\frac{x}{W}}$$

$$i_C = I_n = A_E\, q\, D_n\, \frac{dn_p(x)}{dx}\bigg|_{qtx=0}$$

$$= A_E\, q\, D_n\, \frac{1}{-W}\, n_p(0)$$

$$I_n = -A_E \frac{qD_n n_p(0)}{W} \text{（往 } -x \text{ 方向流放）}$$

$$I_n = A_E \frac{qD_n}{W} n_{p0} e^{\frac{V_{BE}}{V_T}}$$

$$i_C = A_E \frac{qD_n}{W} \frac{n_i^2}{N_A} e^{\frac{V_{BE}}{V_T}}$$

$$i_C = I_S e^{\frac{V_{BE}}{V_T}}$$

$$I_S = A_E \cdot \frac{qD_n n_i^2}{W N_A} \quad A_E：在射基接面之面積$$

飽和電流（Saturation current）

$$I_S \sim \frac{1}{W}$$

同理可導出基極電流（Base cument）i_B

$$i_B = \frac{I_S}{\beta} e^{\frac{V_{BE}}{V_T}} \qquad \text{其中 } \beta：\text{common emitter current}$$

gain 共射極電流增益

以及射極電流（Emitter current）$i_E = i_C + i_B$

$$= I_S e^{\frac{V_{BE}}{V_T}} + \frac{I_S}{\beta} e^{\frac{V_{BE}}{V_T}} = I_S \left(\frac{H\beta}{\beta}\right) e^{\frac{V_{BE}}{V_T}}$$

$$= \frac{I_S}{\alpha} e^{\frac{V_{BE}}{V_T}}$$

$$\alpha = \frac{\beta}{1+\beta} \qquad \alpha：\text{共基極電流增益（common base}$$

current gain）

$$i_C = \alpha i_E \quad \alpha = \frac{\beta}{1+\beta} \qquad \left[\begin{array}{l} \text{主動區操作（active region）} \alpha \Rightarrow \text{用 } \alpha_F \text{ 表示} \\ \text{反向主動操作（reverse active region）} \alpha \text{ 用 } \alpha_R \text{ 表示} \end{array}\right.$$

$$i_C = \beta i_B \quad \beta = \frac{\alpha}{1-\alpha}$$

5.3　npn BJT 元件在主動區之直流模型

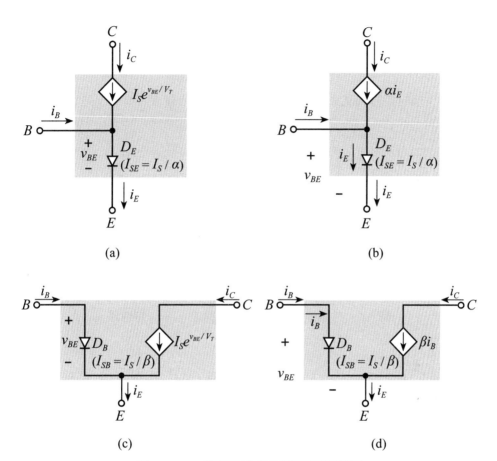

圖 5.5　BJT 在順向主動區時之直流模型

圖 5.5 所示 npn BJT 元件在主動操作模式，即 EBJ 順向偏壓，CBJ 逆向偏壓時之直流操作偏壓下的電路模型。稱爲**直流模型**（DC Circuit Model），又稱爲**大訊號等效電路**（Large-sigual equivalent-circuit model）。

5.4　BJT 飽和的操作模式

圖 5.6 所示爲共基極 npn BJT 在飽和區之電流－電壓關係圖，相關特

性表示如下：

$$i_C = I_S\, e^{v_{BE}/V_T} - I_{SC}\, e^{v_{BE}/V_T}$$

$$i_B = (I_S / \beta)\, e^{v_{BE}/V_T} + I_{SC}\, e^{v_{BE}/V_T}$$

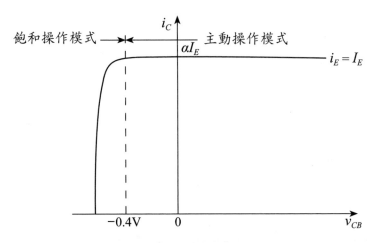

圖 5.6　共基極 npn BJT 在飽和區之 i_C - v_{CB} 特性圖

　　圖 5.7 所示為 npn BJT 在飽和時之模型，其中穿過 DC 之電流表示增加 i_B，減少 i_C 值。

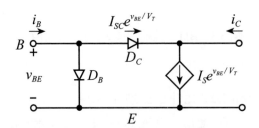

圖 5.7　npn BJT 在飽和區之操作模型

　　當 BJT 在飽和時，已無放大作用，此時 β 值為 β force：

$$\beta_{\text{force}} = \frac{i_C}{i_B}\bigg|_{\text{saturation}} \leq \beta$$

此時 BJT 就像一低電阻的短路特性。

即 V_{CE} 相當於二個順向偏壓 pn 二極體串聯，近似短路，$V_{CE} = V_{CE\text{sat}} = 0.1\sim0.3\text{V}$。

5.5 pnp 元件在主動區之操作

圖 5.8 所示為 pnp BJT 在主動區的電流示意圖。

圖 5.9 則表示 pnp BJT 在主動區操作模式時之直流電路模型。

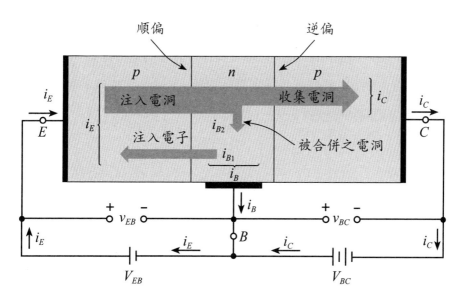

圖 5.8　pnp BJT 在主動區的電流示意圖

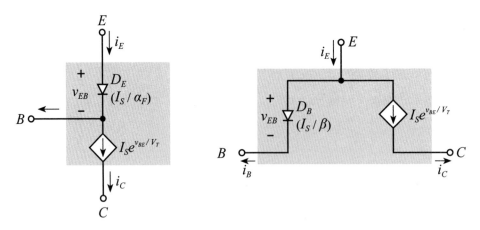

圖 5.9　pnp BJT 在主動區的直流電路模型

5.6　BJT 之電流 — 電壓特性

圖 5.10(a) 為 npn BJT 在主動區之操作示意圖與電路符號，圖 (b) 則為 pnp BJT 在主動區之操作示意圖與電路符號，而表 5.2 整理了 BJT 在主動區操作下之相關特性公式。

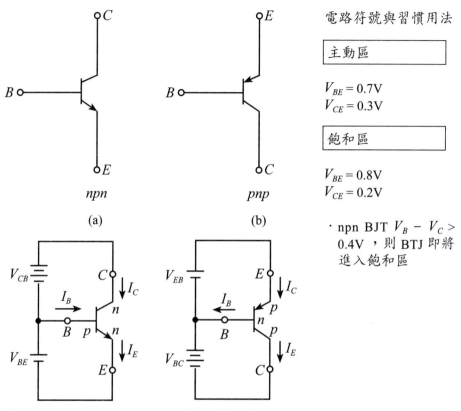

電路符號與習慣用法

主動區

$V_{BE} = 0.7\text{V}$
$V_{CE} = 0.3\text{V}$

飽和區

$V_{BE} = 0.8\text{V}$
$V_{CE} = 0.2\text{V}$

· npn BJT $V_B - V_C > 0.4\text{V}$ ，則 BTJ 即將進入飽和區

圖 5.10 (a)npn BJT，(b)pnp BJT 的電路符號與在主動區的操作電路偏壓示意圖。

表 5.2 BJT 在主動區的元件特性公式

$i_C = I_S\, e^{v_{BE}/V_T}$

$i_B = \dfrac{i_C}{\beta} = \left(\dfrac{I_S}{\beta}\right) e^{v_{BE}/V_T}$

$i_E = \dfrac{i_C}{\alpha} = \left(\dfrac{I_S}{\alpha}\right) e^{v_{BE}/V_T}$

$I_S = A_E \cdot \dfrac{qD_n n_i^2}{WN_A}$

A_E 為 EB 接面的面積

注意：若為 pnp BJT，V_{BE} 改為 V_{EB}

$i_C = \alpha i_E$　　　　$i_B = (1-\alpha)i_E = \dfrac{i_E}{\beta+1}$

$i_C = \beta i_B$　　　　$i_E = (\beta+1)i_B$

$\beta = \dfrac{\alpha}{1-\alpha}$　　　$\alpha = \dfrac{\beta}{\beta+1}$

$V_T =$ 熱電壓 $= \dfrac{kT}{q} \cong 25\text{ mV}$ 在室溫

範例 5.1

求圖 (a) 所示 BJT 線路之各極之電壓與電流，BJT 之 $\beta = 100$，且在 $v_{BE} = 0.7V$ 時，$i_C = 1mA$，並求希望在 $u_C = 5V$ 時，$i_C = 2mA$ 時，R_C 需變爲多少？

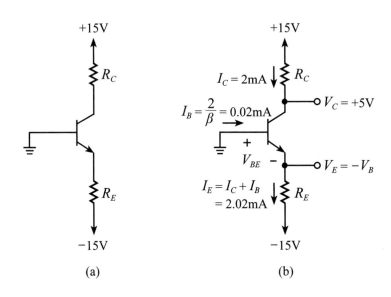

(a)   (b)

解

如圖 (b) 所示，在 $V_C = +5V$ 時，通過 R_C 之電壓 $15 - 5 = 10V$，而 $I_C = 2mA$

$$R_C = \frac{10V}{2mA} = 5k\Omega$$

因爲 $v_{BE} = 0.7V$ $i_C = 1mA$

$$V_{BE} = 0.7 + V_T \ln\left(\frac{2}{1}\right) = 0.717V$$

因基極接地 $V_B = 0$，

$$\rightarrow V_E = -0.717V$$

因 $\beta = 100$，$\alpha = 100/101 = 0.99$

$$I_E = \frac{I_C}{\alpha} = \frac{2}{0.99} = 2.02mA$$

求得 $R_E \to R_E = \dfrac{V_E - (-15)}{I_E}$

$$= \dfrac{-0.717 + 15}{2.02} = 7.07\text{k}\Omega$$

範例 5.2 ✍

如圖所示，當 $V_E = -0.7\text{V}$，BJT $\beta = 50$，I_E，I_B，I_C 與 V_C。

解

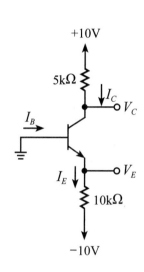

$I_E = \dfrac{9.3}{10k} = 0.93\text{mA}$

$I_B = \dfrac{I_E}{H_\beta} = \dfrac{0.93\text{mA}}{51} = 18.2\mu\text{A}$

$I_C = \beta I_B = 50 \times 18.2\mu\text{A} = 0.91\text{mA}$

$V_C = 10 - 5 \times 0.91\text{mA} = 5.45\text{V}$

If $\beta \to \infty : \alpha \to 1$,

$V_E = -0.7\text{V}, I_E = 0.93\text{mA} = I_C$

So $V_C = 10 - 5 \times 0.93\text{mA} = 5.35\text{V}$

$I_B = I_E - I_C = 0\text{A}, V_B = 0\text{V}$

（最後要驗證此電路是在主動區，$V_{CE} > 0.3\text{V}$）

範例 5.3 ✍

如圖所示，當 $V_B = 1\text{V}$，$V_E = 7\text{V}$ 時，求 BJT

之 α，β 值，以及 V_C 值。【87 清大電子所】

解

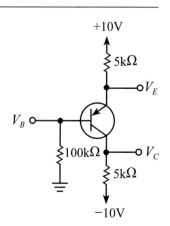

(1) $I_B = \dfrac{V_B}{R_B} = \dfrac{1\text{ V}}{100\text{ k}} = 10\ \mu\text{A}$

(2) $I_B = \dfrac{10 - 1.7\text{ V}}{5\text{ k}} = \dfrac{8.3}{5\text{ k}} = 1.66\text{ mA}$

(3) $I_C \equiv I_E - I_b = 1.65\text{ mA} - 10\ \mu\text{A} = 1.65\text{ mA}$

(4) 求 V_{EC}

$$20 = I_E \times R_E + V_{EC} + I_C \times R_C$$

$$= 1.66m \times 5 \text{ k} + V_{EC} + 1.65m \times 5k$$

➡ $V_{EC} = 3.45V$

(5) 由於 $V_{EC} = 3.45 > 0.2$ 很多

∴ J_E 順向，J_C 逆向

BJT 在 F-A 內

(6) $\alpha = \dfrac{I_C}{I_E} = \dfrac{1.65}{1.66} = \dfrac{165}{166}$

$\beta = \dfrac{I_C}{I_B} = \dfrac{1.65m}{10\mu} = 165$

$I_C = 1.65 \text{ mA}$

(7) $V_C = I_C \times 5k + (-10V) = -1.75V$

5.6.1　BJT的 i_C-v_{BE} 電性關係圖

圖 5.11 表示 i_C-v_{BE} 之關係圖以及相關公式。

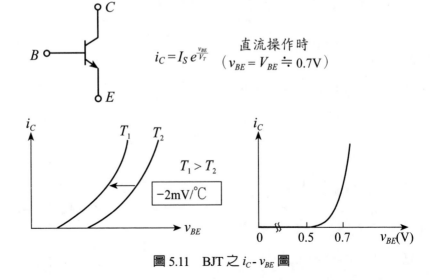

圖 5.11　BJT 之 i_C-v_{BE} 圖

5.6.2 BJT在共基極操作模式之i_C-v_{CB}關係圖

圖 5.12 表示 BJT 在共基極（common base）時，i_C-v_{CB} 之關係。

npn 在共基極時電流 — 電壓特性

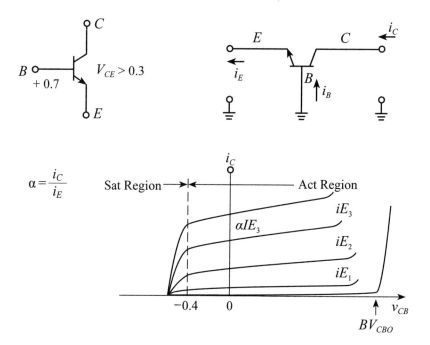

圖 5.12 npn BJT 在共基極的 i_C-v_{CB} 圖

5.6.3 BJT在共射極模式時之i_C-v_{CE}關係圖

圖 5.13 表示 BJT 在共射極（common emitler）時，i_C-v_{CE} 之關係圖。

npn BTJ 共射極電流 — 電壓特性，存在爾利效應（Early Effect）。

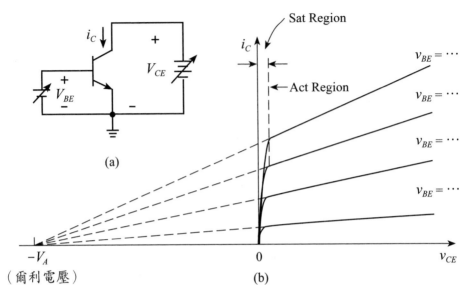

圖 5.13　npn BTJ 共射極之 i_C - v_{CE} 圖

爾利效應（Early effect）

因基極寬度會受到 V_{CE} 偏增加而減少，間接造成在基極中之結合電流（recombination current）減少，所以使得 i_C 增加，因而造一電阻 r_o 特性，且產生一爾利電壓（early voltage）V_A 所以電路模型需考慮之，且並聯 r_o，如圖 5.14 所示。

$$\boxed{V_A : \text{Early Voltage}}$$

$$i_C = I_S\, e^{\frac{v_{BE}}{V_T}}\left(1 + \frac{v_{CE}}{V_A}\right)$$

$$\boxed{r_o = \frac{V_A + V_{CEQ}}{I_{CQ}} \doteqdot \frac{V_A}{I_{CQ}}} \quad \text{（圖解法）}$$

即存在輸出電阻（Output resistance）（小訊號）

$$\boxed{r_o = \left[\frac{\partial i_C}{\partial v_{CE}}\bigg|_{r_{BE}}\right]^{-1} = \frac{V_A}{I_{CQ}'}} \quad \text{（公式推導）} \quad (I_{CQ}' = I_S \exp(V_{BE}/V_T) \sim I_{CQ})$$

詳談 early voltage：

V_A：early voltage

為何電流在 active region 處，不是維持 constant，而會隨著 v_{CE} 增加而增加？

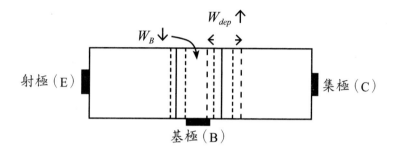

➡ 當集極接面逆向偏壓增加時，其空乏區（W_{dep}）變更寬，等效的基極寬度（W_B）會變窄，使得基極區的少數載子的分布斜率變大。

➡ 擴散電流變大（因為擴散電流和少數載子的分布斜率成正比）。

$$v_{CE} \uparrow \to W_B \downarrow \to I_S \uparrow \to i_C \uparrow \quad (I_S \propto 1/W_B)$$

因此，電流關係式需做修正，

$$i_C = I_S \exp(v_{BE}/V_T)\left(1 + \frac{v_{CE}}{V_A}\right)$$

電晶體需工作在 active region 才成立（$v_{CE} > 0.2V$）

$$\frac{\Delta i_C}{\Delta v_{CE}} = \frac{1}{(v_{CE}/\Delta i_C)}$$

Output resistance　$r_o \equiv \left[\left.\frac{\partial i_C}{\partial v_{CE}}\right|_{V_{BE}=const}\right]^{-1} = \frac{V_A + V_{CEQ}}{I_{CQ}} \approx \frac{V_A}{I_{CQ}} \alpha \frac{1}{I_C} \quad (V_A \gg V_{CEQ})$

V_A（early voltage）主要和基極區域的寬窄有關。

➥ 基極區域較寬時，Early Effect 較不明顯，V_A 較大；反之，基極區域
較窄時，V_A 變小。當考慮 Early Effect，則原電晶體的大訊號模型
需作些許修正，如圖 5.14 所示：

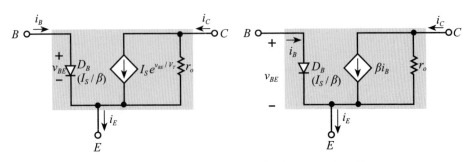

圖 5.14   共射極 npn 的直流電路模型，含 r_o 值

範例 5.5 ✐

BJT 電晶體在共射極模式下，使用 e^{v_{BE}/V_T} 與 v_{CE} 來表示 I_C 電流。

解

$$I_C = I_S \exp(V_{BE}/V_T) \times \left(1 + \frac{v_{CE}}{V_A}\right)$$

範例 5.6 ✐

有一 BJT 電晶體，$V_A = 100\text{V}$，$I_C = 0.1, 1$ 及 10mA，試分別求出 BJT 的
輸出電阻。

解

$$r_o = \frac{V_A}{I_{CQ}} = \frac{100\text{V}}{0.1\text{mA}} = 1000\text{k}\Omega = 1\text{M}\Omega$$

$$r_o = \frac{V_A}{I_{CQ}} = \frac{100\text{V}}{1\text{mA}} = 100\text{k}\Omega$$

$$r_o = \frac{V_A}{I_{CQ}} = \frac{100\text{V}}{10\text{mA}} = 10\text{k}\Omega$$

範例 5.7 ✐————————————————————————

考慮圖 5.13，npn BJT 共射極電路，調變 V_{BE} 使得 $V_{CE} = 1V$，$I_C =$ 1mA，現維持 V_{BE} 電壓，當 V_{CE} 變爲 11V，計算 I_C 電流值，其中電晶體 $V_A = 100V$。

解

$$i_c = I_S e^{V_{BE}/V_T} \times \left(1 + \frac{V_{CE}}{V_A}\right) \Rightarrow 1\text{mA} = I_S e^{V_{BE}/V_T} \times \left(1 + \frac{1V}{100}\right)$$

$$\frac{1\text{mA}}{1.01} = I_S e^{V_{BE}/V_T} = 0.9901$$

$$I_S e^{V_{BE}/V_T} \times \left(1 + \frac{11}{100}\right) = 0.9901 \times 1.11 = 1.099 \fallingdotseq 1.1\text{mA}$$

5.6.4　共射極BJT之微觀分析

一、在主動區操作下之 β 值

圖 5.15 針對 BJT 在主動區與飽和區之轉變做一分析，在主動區時任一操作點 Q 之 β 值如下所示：

$$\begin{cases} \beta_{dc} = \dfrac{I_{CQ}}{I_{BQ}} : \text{large signal or dc } \beta \quad \begin{cases} \text{在主動區} = \beta_F \\ \text{在反向主動區} = \beta_R \end{cases} \\[4mm] \beta_{ac} = \dfrac{\Delta i_C}{\Delta i_B}\bigg|_{V_{CE}=V_{CEQ}} : \text{small signal or ac } \beta \end{cases}$$

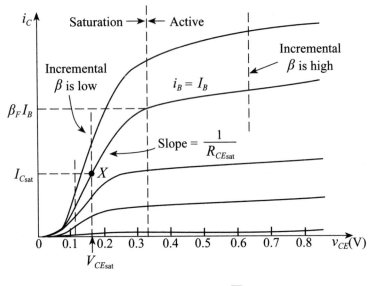

圖 5.15　BJT i_C-v_{CE} 圖

二、在飽和區操作之 β 值

當 BJT 操作在飽和區（saturation region）

$$I_{Csat} \neq \beta_F \cdot I_B \Rightarrow I_{Csat} < \beta_F I_B$$

重新定義 $\beta =$ $\boxed{\begin{array}{l} \beta_{forced} = \dfrac{I_{Csat}}{I_B} \\[2mm] \beta_{forced} < \beta_F \end{array}}$

$$\boxed{R_{CEsat}{}^{-1} = \left. \frac{\partial i_C}{\partial v_{CE}} \right|_{\substack{i_B = I_{BQ} \\ v_{CE} = V_{CEsat}}}}$$

$$\boxed{\text{一般} \Rightarrow R_{CEsat} = (1/10)\, \beta_F \cdot I_B}$$

圖 5.16(a)、(b) 所示為 BJT 在飽和區之操作行為，此時 $\beta \rightarrow \beta_{forced}$ 已無太大值，失去了放大作用，相關計算如下：

$$\beta_{\text{forced}} = \frac{I_{C\text{sat}}}{I_B}$$

值得注意的是 $\beta_{\text{forced}} < \beta_F$，且 $V_{CE} \to V_{CE\text{sat}} \sim 0.2\text{V}$。相關模型如圖 5.16(c)，(d) 所示。

BJT 操作在飽和區之 i_C-v_{CE} 特性曲線

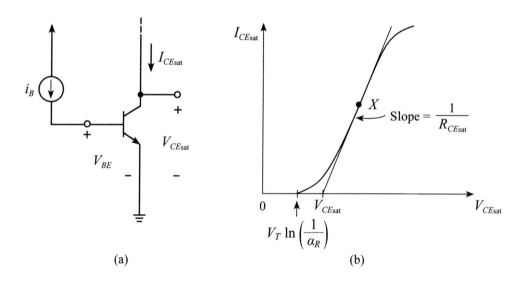

(a)   (b)

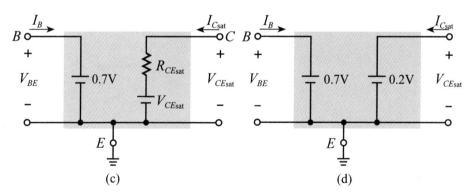

(c)   (d)

圖 5.16　共射極 npn BJT 在飽和區的元件特與直流模型

使用 Ebers-Moll 模型推導 BJT 在飽和時的電流特性

$$I_B = \frac{I_S}{\beta_F} e^{v_{BE}/V_T} + \frac{I_S}{\beta_R} e^{v_{BC}/V_T}$$

$$i_C = I_S e^{v_{BE}/V_T} - \frac{I_S}{\alpha_R} e^{v_{BC}/V_T}$$

$$\rightarrow i_C = (\beta_F I_B)\left(\frac{e^{v_{CE}/V_T} - \dfrac{1}{\alpha_R}}{e^{v_{CE}/V_T} + \dfrac{\beta_F}{\beta_R}}\right)$$

$$R_{CEsat} = 1/10\,\beta_F I_B$$

$$V_{CEsat} = V_T \ln \frac{1 + (\beta_{forced+1})/\beta_R}{1 - (\beta_{forced}/\beta_F)}$$

$$\beta_F = \frac{\alpha_F}{1 - \alpha_F} \qquad\qquad \beta_R = \frac{\alpha_R}{1 - \alpha_R}$$

範例 5.8

試計算 V_{BB} 電壓，使得 npn BJT 操作在以下條件值

(a) 在主動區且 $V_{CE} = 5\text{V}$

(b) 操作在飽和區邊緣

(c) 操作在深層飽和區（deep saturation）且 $\beta_{forced} = 10$，其中 npn BJT 的 $V_{BE} = 0.7\text{V}$，$\beta = 50$。

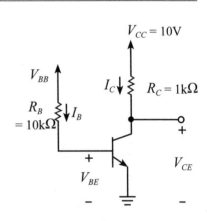

解

(a) 在主動區 $V_{CE} = 5\text{V}$

$$I_C = \frac{V_{CC} - V_{CE}}{R_C} = \frac{10 - 5}{1\,\text{k}\Omega} = 5\,\text{mA}$$

$$I_B = \frac{I_C}{\beta} = \frac{5}{50} = 0.1\text{mA}$$

可求得 V_{BB}

$$V_{BB} = I_B R_B + V_{BE} = 0.1 \times 10 + 0.7 = 1.7\text{V}$$

(b) 在飽和區邊緣 $V_{CE} = 0.3$ V

$$I_C = \frac{10 - 0.3}{1} = 9.7\text{mA}$$

在飽和區邊緣 I_C 與 I_B 仍然有 β 倍的關係 $I_C = \beta I_B$

$$I_B = \frac{9.7}{50} = 0.194\,\text{mA}$$

$$V_{BB} = 0.194 \times 10 + 0.7 = 2.64\text{V}$$

(c) 操作在深層的飽和區

$$V_{CE} = V_{CE\text{sat}} \simeq 0.2\text{V}$$

$$I_C = \frac{10 - 0.2}{1} = 9.8\,\text{mA}$$

使用 β_{forced} 以求得 I_B

$$I_B = \frac{I_C}{\beta_{\text{forced}}} = \frac{9.8}{10} = 0.98\,\text{mA}$$

$$V_{BB} = 0.98 \times 10 + 0.7 = 10.5\text{V}$$

因此可得結論，一旦 BJT 進入飽和區，增加 V_{BB} 電壓 I_B 增加，但可看到 I_C 幾乎沒有什麼改變。

5.7　BJT 線路在 DC 之操作行為

元件 BJT 在 DC 操作下，取得適當之操作點 Q，即可以用適當模型來描述元件特性，表 5.3 所示為 BJT 在不同操作區下之元件模型。

表 5.3　BJT 在各種操作作區之直流模型

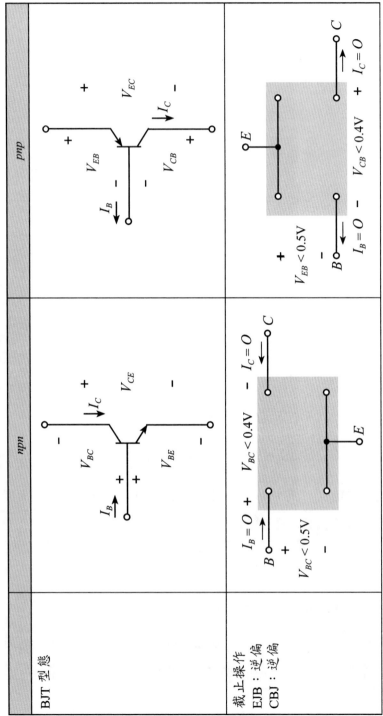

BJT 型態	npn	pnp
截止操作 EJB：逆偏 CBJ：逆偏		

表 5.3　BJT 在各種操作區之直流模型（續）

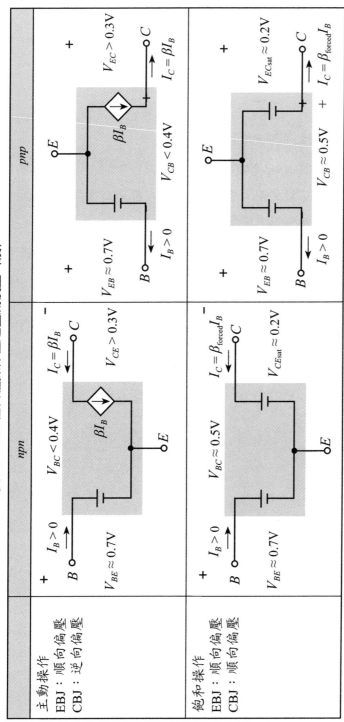

5.7.1 BJT線路的直流分析

首先我們為簡化分析，先忽略 Early Effect $\rightarrow V_A = \infty$

$V_{BE} = 0.7\text{V (Act)}$

$V_{CE\text{sat}} = 0.2\text{V (sat)}$

直流電路分析要點：（以 npn BJT 為例）

1. 先假設在主動區（act Region），解出 BJT 各端點電壓與電流，驗證 EBJ = F.B. CBJ = R.B 且 $V_{CE} > 0.3\text{V}$，若是，得證在主動區。若否，則假設在飽和區下操作。

2. 在飽和區下（Sat Regien）下操作，$V_{CE\text{sat}} = 0.2\text{V}$ 解出 BJT 各端點電壓與電流，驗證此 I_C / I_B ratio：$I_C / I_B = \beta_{\text{foned}} < \beta$ 若是得證，且 EBJ = F.B. CBJ = F.B.

以 pnp BJT 為例

Act mode region（主動區）EBJ = F.B. CBJ = R.B. $V_{EC} > 0.3\text{V}$

Sat mode region（飽和區）EBJ = F.B. CBJ = F.B. $V_{EC\text{sat}} > 0.2\text{V}$

npn 與 pnp 的差別在於

$$\left[\begin{array}{l} \text{npn}：I_C \sim V_{CE} \text{ 曲線} \\ \text{pnp}：I_C \sim V_{EC} \text{ 曲線} \end{array}\right.$$

範例 5.9 ✐────────────────────────

如下 BJT 偏壓電路，試計算電晶體各端點電壓與電流，其中 $\beta = 100$，$V_{BE} = 0.7\text{V}$

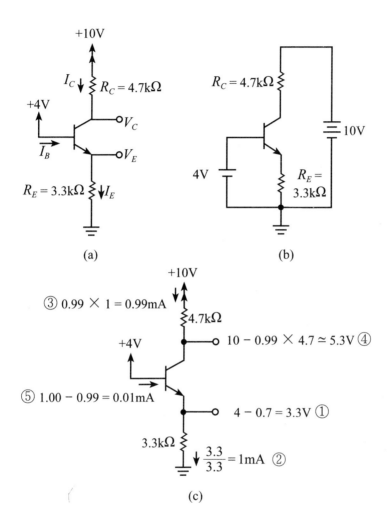

(a)

(b)

(c)

解

B-E 接面為順向偏壓，$V_{BE} = 0.7V$

$$V_E = 4 - V_{BE} \simeq 4 - 0.7 = 3.3V$$

$$I_E = \frac{V_E - 0}{R_E} = \frac{3.3}{3.3} = 1mA$$

集極連接 R_C 接到 +10V，集極電壓大於射極電壓設 BJT 操作在主動區

$$I_C = \alpha I_E$$

$$\alpha = \frac{\beta}{\beta+1} = \frac{100}{101} \simeq 0.99$$

$$I_C = 0.99 \times 1 = 0.99\text{mA}$$

由 Ohm's 定律

$$V_C = 10 - I_C R_C = 10 - 0.99 \times 4.7 \simeq +5.3\text{V}$$

因 $V_B = 4\text{V}$，所以 C-B 接面爲逆向偏壓，因此 BJT 確實操作在主動區

$$I_B = \frac{I_E}{\beta+1} = \frac{1}{101} \simeq 0.01\text{mA}$$

由以上方法可用來分析相關複雜的電晶體電路並得到驗證。

範例 5.10 ✒

如下 BJT 偏壓電路（同範例 5.9），V_B 電壓 = 6V，試計算電晶體各端點電壓與電流，其中 $\beta \geq 50$，$V_{BE} = 0.7\text{V}$。

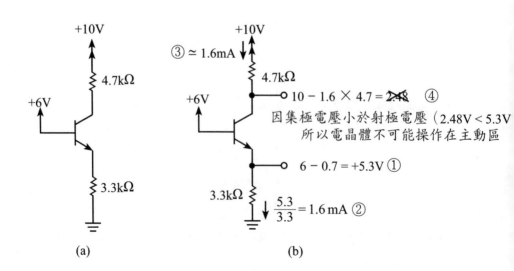

(a)　　　　　　　　　　　(b)

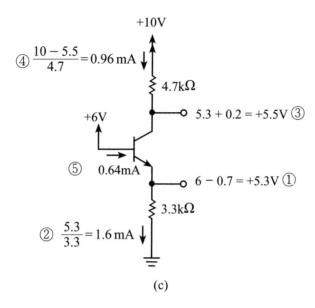

(c)

解

在 B-E 接面將為順向偏壓,因此

$$V_E = +6 - V_{BE} \simeq 6 - 0.7 = 5.3\text{V}$$

$$I_E = \frac{5.3}{3.3} = 1.6\,\text{mA}$$

假設 BJT 在主動區操作 $I_C = \alpha I_E \approx I_E$,因此

$$V_C = +10 - 4.7 \times I_C \simeq 10 - 7.52 = 2.48\text{V}$$

因 $V_C < V_B$,B-C 接面為順向偏壓,BJT 不在主動區而是在飽和區,因此

$$V_C = V_E + V_{CE\text{sat}} \simeq +5.3 + 0.2 = +5.5\text{V}$$

I_C 電流

$$I_C = \frac{+10 - 5.5}{4.7} = 0.96\,\text{mA}$$

I_B 電流可得到

$$I_B = I_E - I_C = 1.6 - 0.96 = 0.64 \text{mA}$$

BJT 操作在飽和區的 β_{forced} 可求得

$$\beta_{\text{forced}} = \frac{I_C}{I_B} = \frac{0.96}{0.64} = 1.5$$

範例 5.11 ✎

如下 BJT 偏壓電路（同範例 5.9），但 $V_B = 0\text{V}$，試計算電晶體各端點電壓與電流，其中 $\beta = 100$，$V_{BE} = 0.7\text{V}$。

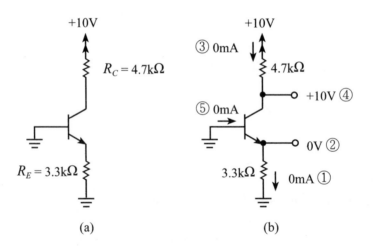

(a)   (b)

解

因 B-E 接面電壓沒有 > 0.5V，所以 B-E 接面沒有導通

因此 $I_E = 0\text{A}$，$I_C = 0$，$I_B = 0$

電晶體操作在截止區，$V_B = 0 = V_E$，$V_C = 10\text{V}$

範例 5.12 ✐————————————————————————

如下 pnp BJT 偏壓電路,試計算電晶體各端點電壓與電流,其中 β = 100,$V_{BE} = 0.7\text{V}$。

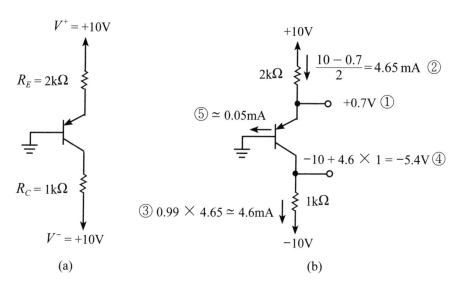

(a)　　　　　　　　　　　　(b)

解

pnp BJT 電晶體,E-B 接面將為順向偏壓,因 $V_B = 0$,所以射極電壓

$$V_E = V_{EB} \simeq 0.7\text{V}$$

射極電流 I_E

$$I_E = \frac{V^+ - V_E}{R_E} = \frac{10 - 0.7}{2} = 4.65 \text{ mA}$$

設 pnp BJT 電晶體操作在主動區,

$$I_C = \alpha I_E$$

$$\alpha = \frac{\beta}{1 + \beta} = \frac{100}{100 + 1} = 0.99$$

$$I_C = 0.99 \times 4.65 = 4.6\text{mA}$$

集極電壓

$$V_C = V^- + I_C R_C$$

$$= -10 + 4.6 \times 1 = -5.4\text{V}$$

因此 B-C 為逆向偏壓，pnp BJT 確實操作在主動區

$$I_B = \frac{I_E}{\beta + 1} = \frac{4.65}{101} \simeq 0.05\,\text{mA}$$

範例 5.13 ✐

如下 npn BJT 偏壓電路，試計算電晶體各端點電壓與電流，其中 $\beta = 100$，$V_{BE} = 0.7\text{V}$。

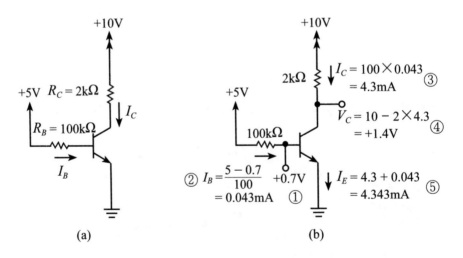

解

因 B-E 接面為順向偏壓

$$I_B = \frac{+5 - V_{BE}}{R_B} \simeq \frac{5 - 0.7}{100} = 0.043\,\text{mA}$$

設 BJT 操作在主動區

$$I_C = \beta I_B = 100 \times 0.043 = 4.3\text{mA}$$

集體電壓可得

$$V_C = +10 - I_C R_C = 10 - 4.3 \times 2 = +1.4\text{V}$$

基極電壓

$$V_B = V_{BE} \simeq +0.7\text{V}$$

C-B 接面為逆向偏壓，因此 BJT 確實操作在主動區

射極電流 $\quad I_E = (\beta + 1) I_B = 101 \times 0.043 \simeq 4.3\text{mA}$

範例 5.14

如下 pnp BJT 偏壓電路，試計算電晶體各端點電壓與電流，其中 $\beta \geq$ 30，$V_{BE} = 0.7\text{V}$。

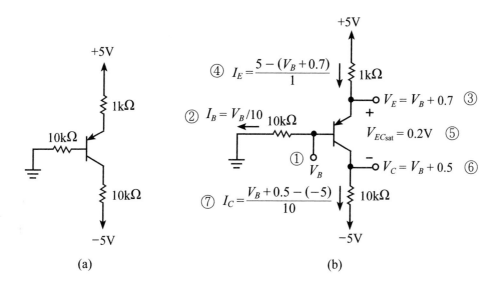

(a)　　　　　　　　　　　　　(b)

解

先假設 BJT 操作在主動區，並忽略 I_B 電流（$I_B \approx 0A$ ，$V_B = 0V$）

$$I_C \doteqdot I_E = \frac{5 - 0.7}{1k\Omega} = 4.3mA \text{ , } V_C = -5 + 4.3 \times 10 = 28V \quad V_C > V_B$$

∵ C-B 接通順向偏壓，因此電晶體操作在飽和區才對

電晶體在 ⇒ $V_E = V_B + V_{EB} \simeq V_B + 0.7$

飽和區下 $V_C = V_E - V_{EC\text{sat}} \simeq V_B + 0.7 - 0.2 = V_B + 0.5$

$$I_E = \frac{+5 - V_E}{1} = \frac{5 - V_B - 0.7}{1} = 4.3 - V_B \text{ mA}$$

$$I_B = \frac{V_B}{10} = 0.1V_B \text{ mA}$$

$$I_C = \frac{V_C - (-5)}{10} = \frac{V_B + 0.5 + 5}{10} = 0.1V_B + 0.55 \text{ mA}$$

因 $I_E = I_B + I_C$

$$4.3 - V_B = 0.1V_B + 0.1V_B + 0.55$$

$$V_B = \frac{3.75}{1.2} \simeq 3.13 \text{ V} \qquad \text{代入以上關係式}$$

可得到

$$V_E = 3.83 \text{ V}$$

$$V_C = 3.63 \text{ V}$$

$$I_E = 1.17 \text{ mA}$$

$$I_C = 0.86 \text{ mA}$$

$$I_B = 0.31 \text{ mA}$$

電晶體在飽和區的 $\beta_{\text{forced}} = \dfrac{IC}{IB}$

$$\beta_{\text{forced}} = \frac{0.86}{0.31} \simeq 2.8$$

5.8　BJT 當作放大器與開關

5.8.1　產生電壓放大器

　　圖 5.17(a) 為利用 BJT 來設計一電壓放大器，前提是 BJT 必須操作在主動區（active），即如圖 5.17(b) 所示之中間主動操作區才能設計理想之電壓放大器。

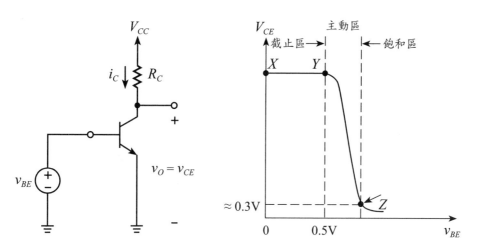

圖 5.17　(a) 簡單 BJT 放大器示意圖，(b) 其轉換特性圖（v_{CE}-v_{BE}）

　　圖 5.17(a) 所示屬於共射極操作組態（CE），而訊號分析如下：

$v_{CE} = V_{CC} - i_C R_C$

$i_C = I_S e^{v_{BE}/V_T}$

$v_{CE} = V_{CC} - R_C I_S e^{v_{BE}/V_T}$

圖 5.16(b) 即為上方第 3 式之 v_{BE}-v_{CE} 之關係圖。

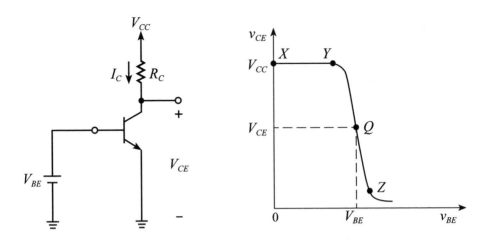

圖 5.18　BJT 放大器偏壓到主動區之 (a) 放大器偏低示意圖，以及 (b) 轉換特性
圖

圖 5.18 所示為在線路偏壓（直流）分析時需找到最佳線性操作點 Q，
然後才可以使訊號輸入被線性放大而不失真。即直流分析如下：首先只分
析直流訊號 V_{BE}，交流訊號 v_{be} 不輸入

$$V_{CE} = V_{CC} - R_C I_S e^{V_{BE}/V_T}$$

$$I_C = I_S e^{V_{BE}/V_T}$$

然後輸入改用 $v_{be}(t)$ 訊號

因為 $v_{BE} = V_{BE} + v_{be}(t)$

輸出 $v_{CE} = V_{CE} + v_{ce}(t)$

因希望放大之訊號不會失真（distortion），所以 BJT 必須偏壓在線性
區域，如圖 5.18 即在直流（DC）分析時，即偏壓要在 Q 點附近，以確保
之後訊號在被放大時後會保持相似之波形。

一旦 DC 分析後，就可以分析訊號，如圖 5.19(a) 所示為 BJT 放大電
路，以及全部訊號在偏壓點 Q 後之訊號放大情形如圖 5.19(b) 所示。

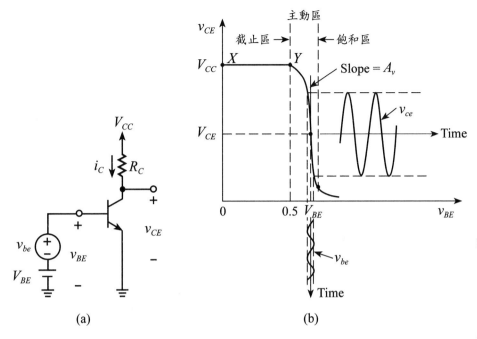

(a)　　　　　　　　　　(b)

圖 5.19　(a)BJT 放大器示意圖，(b) 轉換特性圖

相關圖 5.19 所示之偏壓電路分析如下：

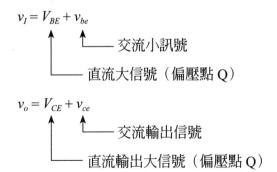

$v_I = V_{BE} + v_{be}$

　　　　　└── 交流小訊號

　　└── 直流大信號（偏壓點 Q）

$v_o = V_{CE} + v_{ce}$

　　　　　└── 交流輸出信號

　　└── 直流輸出大信號（偏壓點 Q）

偏壓電路分析

$$v_o = V_{CC} - i_C R_C \qquad 當 \ v_{CE} = V_{CEsat}$$

$$= I_S \, e^{\frac{v_{BE}}{V_T}} = I_S \, e^{\frac{v_I}{V_T}} \qquad \text{BJT 進入飽和區}$$

$$= V_{CC} - R_C I_S \, e^{\frac{v_I}{V_T}} \qquad I_{Csat} = \frac{V_{CC} - V_{CEsat}}{R_C}$$

$$\text{DC} \begin{cases} V_I = 0 - 0.5：截止區 \\[4pt] V_I = 0.5 - 0.75：主動區 \\[4pt] V_I > 0.75：飽和區 \end{cases}$$

$$\text{AC 在偏壓點} \quad V_I = V_{BEQ}$$
$$V_O = V_{CEQ} \qquad 下$$

$$\begin{cases} 輸入小訊號 \ v_i \\[4pt] 得到輸出放大信號 \ v_o \end{cases}$$

$$放大增益 \ Av = \frac{\Delta v_o}{\Delta v_i} = \text{Q 點切線斜率}$$

$$\begin{cases} i_C = I_S \, e^{\frac{v_{BE}}{V_T}} \\[6pt] v_o = V_{CC} - i_C \cdot R_C = V_{CC} - I_S R_C \cdot e^{\frac{v_{BE}}{V_T}} = V_{CC} - R_C I_S \, e^{\frac{v_I}{V_T}} \end{cases}$$

$$Av = \frac{\Delta v_o}{\Delta v_i} = \frac{dv_o}{dv_I}\bigg|_{v_I = V_{BEQ}} = -\frac{1}{V_T} I_S \, e^{\frac{v_I}{V_T}} \cdot R_C \bigg|_{v_I = V_{BEQ}}$$

$$= -\frac{1}{V_T} I_S \, e^{\frac{v_{BEQ}}{V_T}} \cdot R_C = -\frac{I_{CQ} \cdot R_C}{V_T} = -\frac{V_{RC}}{V_T}$$

$$Av = \frac{-(V_{CC} - V_{CEQ})}{V_T} \qquad （V_{CEQ} \ 在偏壓點 \ Q \ 之 \ V_{CE} \ 值）$$

$$Av_{max} = -\frac{V_{CC} - V_{CEsat}}{V_T} \qquad 最大之 \ Av$$

範例 5.15 ✐————————————————————————

考慮一 npn BJT 放大器電路如圖 5.19 所示，其中 $I_S = 10^{-15}$A，$R_C =$ 6.8kΩ，$V_{CC} = 10$V，

(a) 當 BJT 操作在 $V_{CE} = 3.2$V 時，試計算 V_{BE} 與 $I_C = $ ？

(b) 計算在 (a) 偏壓下之電壓增益 A_v，以及若輸入 $v_{be} = 5$mVsin(wt)，求 $v_{ce}(t) = $ ？

(c) 當 BJT 進入到飽和區邊緣時，求 v_{BE} 正振幅最大為何？（設 $v_{CE} = 0.3$V 在飽和區時）

(d) 當 BJT 進入截止區的 1%（即 $v_{CE} = 0.99V_{CC}$）時，計算 v_{BE} 的負振幅為多少？

解

(a)
$$I_C = \frac{V_{CC} - V_{CE}}{R_C}$$

$$= \frac{10 - 3.2}{6.8} = 1\text{mA}$$

V_{BE} 可由下式求得

$$1 \times 10^{-3} = 10^{-15} e^{V_{BE}/V_T}$$

$$V_{BE} = 690.8\text{mV}$$

(b)
$$A_v = -\frac{V_{CC} - V_{CE}}{V_T}$$

$$= -\frac{10 - 3.2}{0.025} = -272\text{V/ V}$$

$$\widehat{V}_{ce} = 272 \times 0.005 = 1.36 \text{ V}，v_{ce} = -1.36\text{V sin}(wt)$$

(c) $v_{CE} = 0.3$ V

$$i_C = \frac{10 - 0.3}{6.8} = 1.617\text{mA}$$

$$\Delta v_{BE} = V_T \ln\left(\frac{1.617}{1}\right)$$

$$= 12 \text{ mV}$$

(d) $v_{CE} = 0.99 V_{CC} = 9.9\text{V}$

$$i_C = \frac{10 - 9.9}{6.8} = 0.0147\text{mA}$$

i_C 電流由 1mA 降為 0.0147mA v_{BE} 電壓必須下降

$$\Delta v_{BE} = V_T \ln\left(\frac{0.0147}{1}\right)$$

$$= -105.5\text{mV}$$

範例 5.16

試求下圖的偏壓 Q 點，並求出基極電流在線性動作下的最大值（$\beta_{DC} = 200$）。

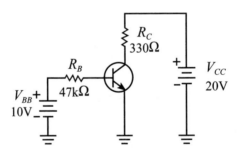

解

Q 點由 I_C 與 V_{CE} 定義，而利用你在第四章所學的來求出。

$$I_B = \frac{V_{BB} - V_{BE}}{R_B} = \frac{10\text{V} - 0.7\text{V}}{47\text{k}\Omega} = 198\mu\text{A}$$

$$I_C = \beta_{DC}I_B = (200)(198\mu\text{A}) = 39.6 \text{ mA}$$

$$V_{CE} = V_{CC} - I_C R_C = 20\text{V} - 13.07\text{V} = 6.93\text{V}$$

Q 點位於 $I_C = 39.6\text{mA}$ 及 $V_{CE} = 6.93\text{V}$ 處。

因為 $I_{C(cutoff)} = 0$，所以必須知道在線性動作下，電晶體集極電流可能的變化值，因此其 $I_{C(cutoff)}$ 上限需先求出。

$$I_{C(sat)} = \frac{V_{CC}}{R_C} = \frac{20\text{V}}{330\Omega} = 60.6\text{ mA}$$

直流負載線如圖所示。上述結果指出未達飽和之前，所能增加的數量，理想上會等於

$$I_{C(sat)} - I_{CQ} = 60.6\text{mA} - 39.6\text{mA} = 21\text{mA}$$

可是 I_C 在達到截止點之前卻可有 39.6mA 的變化量，因此 Q 點比較靠近於飽和點，其限制電流應為 21mA，該值即是集極電流的最大峰值變化量，實際值則因 $V_{CE(sat)}$ 不為零，會稍小一點。

最大的基極電流峰值變化量，如下求出：

$$I_{b(peak)} = \frac{I_{c(peak)}}{\beta_{DC}} = \frac{21\text{mA}}{200} = 105\mu\text{A}$$

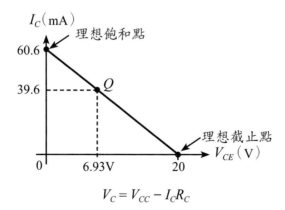

$$V_C = V_{CC} - I_C R_C$$

V_C 減 V_E，且使用 I_C 近似於 I_E 之條件，我們可得到

$$V_{CE} = V_{CC} - I_C R_C - (-V_{EE} + I_E R_E)$$

$$\simeq V_{CC} + V_{EE} - I_C (R_C + R_E)$$

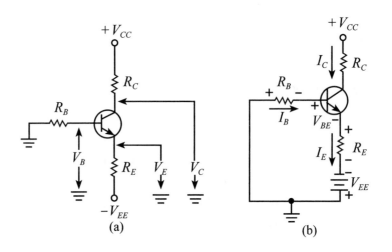

(a)　　　　　　　(b)

在 npn 電晶體射極偏壓，其兩端的電壓極性與 pnp 相反。

範例 5.17

如下圖，當電晶體 $\beta_{DC} = 100$ 和 $V_{BE} = 0.7\text{V}$；試求出此時的 I_E、I_C 及 V_{CE} 之值；並畫出其直流負載線。

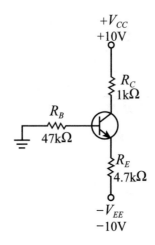

解

$$I_E = \frac{V_{EE} - V_{BE}}{R_E + R_B/\beta_{DC}} = \frac{10\text{V} - 0.7\text{V}}{4.7\text{k}\Omega + 47\text{k}\Omega/100}$$

$$= \frac{9.3\text{V}}{5.17\text{k}\Omega} = 1.80\text{mA}$$

$$I_C \simeq I_E = 1.80\text{mA}$$

$$V_{CE} \simeq V_{CC} + V_{EE} - I_C(R_C + R_E)$$

$$= 10\text{V} + 10\text{V} - 1.80\text{mA}\,(5.7\text{k}\Omega) = 9.74\text{V}$$

I_C 與 V_{CE} 為 Q 點在此電路之值，如圖 5-12 所示。而對於直流負載線的圖解說明如圖 5-13 所示，而 I_C 飽和電流之定義近似於：

$$I_{C(sat)} = \frac{V_{CC} - (-V_{EE})}{R_C + R_E} = \frac{10\text{V} - (-10\text{V})}{5.7\text{k}\Omega}$$

$$= \frac{20\text{V}}{5.7\text{k}\Omega} = 3.51\text{mA}$$

其 V_{CE} 在截止時的電壓

$$V_{CE(cutoff)} = V_{CC} - (-(V_{EE})) = 10\text{V} - (-10\text{V}) = 20\text{V}$$

在直流負載線中，如圖 5-13 所示，I_C 的理想值

$$\Delta I_{C(max)} = I_{C(sat)} - I_C = 3.51\text{mA} - 1.80\text{mA} = 1.71\text{mA}$$

在到達飽和之前，I_C 能小於 1.80mA 在到達截止之前，因此你可以看見，此電路的偏壓使得 Q 點稍微的接近於飽和點。

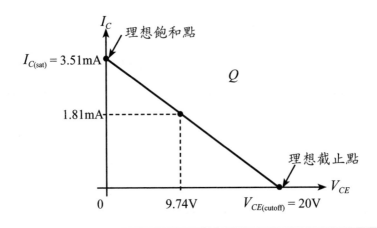

範例 5.18 ✐

如下圖，採用 $\beta_{DC} = 100$，$V_{BE} = 0.7$ 的電晶體電路。試求出 V_E，V_C 與 V_{CE}，並且注意電晶體圖形方向射極端供應正電源，而集極端供應負電源。

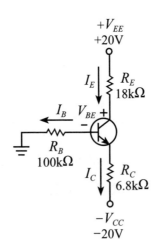

解

$$I_C \cong I_E = \frac{V_{EE} - V_{BE}}{R_E + R_B / \beta_{DC}}$$

$$= \frac{20V - 0.7V}{18k\Omega + 100k\Omega/100} = 1.02mA$$

$$V_C = -V_{CC} - I_C R_C$$

$$= -20\text{V} - (1.02\text{mA})(6.8\text{k}\Omega) = -13.1\text{V}$$

$$V_E = V_{EE} + I_E R_E$$

$$= 20\text{V} - (1.02\text{mA})(18\text{k}\Omega) = 1.64\text{V}$$

因此

$$V_{CE} = V_C - V_E = -13.1\text{V} - 1.64\text{V} = -14.7\text{V}$$

5.9　BJT 小訊號分析與模型

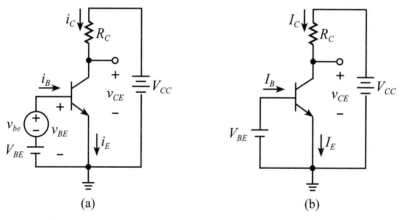

圖 5.20　(a) 結合 BJT 與相關電阻完成之放大器示意圖，(b) 只考慮直流輸入偏壓
　　　　　分析

　　圖 5.20(a) 所示為一般在操作 BJT 線路的方式，首先需給一直流偏壓，一旦確定 BJT 是確定在主動區，再將訊號輸入。直流分析時先將小訊號 v_{be} 拿掉，只分析直流 V_{BE} 之操作行為，如圖 5.20(b) 所示。相關分析如下：
　　考慮交流小訊號 v_{be} 加在直流 V_{BE} 偏壓上觀察輸出電流 i_C。

總值 = 直流 + 交流小訊號

$$\begin{bmatrix} v_{BE} = V_{BE} + v_{be} \\ v_{CE} = V_{CE} + v_{ce} \end{bmatrix} \quad \begin{bmatrix} 交流輸入訊號 = v_{be} 電壓 \\ 交流輸出訊號 = i_C 電流 \end{bmatrix}$$

$$\begin{bmatrix} i_B = I_B + i_b \\ i_C = I_C + i_c \\ i_E = I_E + i_e \end{bmatrix}$$

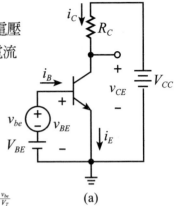

(a)

① 數學公式分析

由 $i_C = I_S\, e^{\frac{v_{BE}}{V_T}}\Big|_Q = I_S\, e^{\frac{v_{BE}}{V_T}} \cdot e^{\frac{v_{be}}{V_T}}\Big|_Q = I_{CQ} \cdot e^{\frac{v_{be}}{V_T}}$

因為 $v_{be} \ll V_T$（小訊號 $v_{be} < 25\text{mV}$） $\quad e^x = 1 + x + \dfrac{1}{2!}x^2 + \cdots$（Taylor's 展式）

$i_C = I_{CQ}\left(1 + \dfrac{v_{be}}{V_T}\right) = I_{CQ} + \dfrac{I_{CQ}}{V_T}v_{be} = I_{CQ} + i_c$

$$i_c \quad = \quad I_{CQ} \quad + \quad i_c \qquad \therefore \boxed{交流值\ i_c = \dfrac{I_{CQ}}{V_T}v_{be} = g_m v_{be}}$$

總值　　直流值　　交流值

g_m：轉移電導（Trans conductance）， $g_m = \dfrac{I_{CQ}}{V_T}$

圖解法，如圖 5.21 所示， g_m 為轉換特性在 Q 點之斜率

$$g_m = \frac{\Delta i_C}{\Delta v_{be}}\bigg|_{Q點} = \frac{\partial i_C}{\partial v_{be}}\bigg|_{Q點}$$

$$= \frac{1}{V_T} I_S\, e^{\frac{v_{BE}}{V_T}}\bigg|_Q$$

$$g_m = \frac{I_{CQ}}{V_T} = Q\ 點切線斜率$$

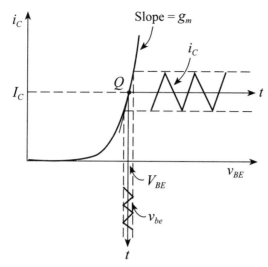

圖 5.21　考慮偏壓後的 BJT 小訊號的分析說明，其中 $i_C = g_m v_{be}$

5.9.1　不同端點輸入之分析

在不同端點輸入時，結果輸入電阻與輸出行為皆有不同。

1. 由 B 端輸入

小訊號各端點電壓電流關係

定義 $r_\pi = \dfrac{v_{be}}{i_b} = \dfrac{v_{be}}{\dfrac{i_C}{\beta}}$　　從 B 端看進去的小

　　　　　　　　　　　訊號電阻

$\because i_C = g_m v_{be}$

$$\boxed{r_\pi} = \frac{v_{be}}{\dfrac{g_m v_{be}}{\beta}} = \boxed{\frac{\beta}{g_m}} = \frac{\beta}{\dfrac{I_{CQ}}{V_T}} = \frac{\beta}{\dfrac{\beta I_{BQ}}{V_T}}$$

$$= \boxed{\frac{V_T}{I_{BQ}}}$$

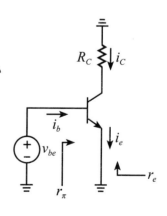

2.由 E 端輸入

從 E 端看入之小訊號電阻 r_e

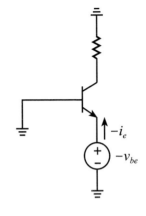

定義 $r_e = \dfrac{-v_{be}}{-i_e} = \dfrac{v_{be}}{i_e}$

$r_e = \dfrac{v_{be}}{i_e} = \dfrac{\alpha v_{be}}{i_C} = \dfrac{\alpha v_{be}}{g_m v_{be}} = \dfrac{\alpha}{g_m} \doteqdot \dfrac{1}{g_m}$

$\boxed{r_e = \dfrac{1}{g_m}}$ $\boxed{精確\ r_e = \dfrac{\alpha}{g_m}}$

3. $v_{be} = i_b r_\pi = i_e r_e$

$r_\pi = \dfrac{i_e}{i_b} r_e = \dfrac{(1+\beta)i_b}{i_b} r_e = (1+\beta) r_e$

$\boxed{r_\pi = (1+\beta) r_e}$

電壓增益

以集極端爲輸出

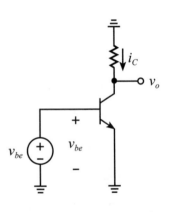

$Av = \dfrac{v_o}{v_{be}} = \dfrac{-i_C \cdot R_C}{v_{be}}$ （因 $i_C = g_m v_{be}$）

$\boxed{Av = \dfrac{-g_m v_{be} R_C}{v_{be}} = -g_m R_C}$ （因 $g_m = \dfrac{I_{CQ}}{V_T}$）

$\boxed{Av = -g_m R_C = -\dfrac{I_{CQ} R_C}{V_T}}$

5.9.2　小訊號模型

BJT 元件之小訊號模型（small signal mode）大致分爲 1. 混合 π 模型（Hybrid-π Model），以及 2.T 模型（T-Model）相關圖式如圖 5.22(a) 與圖 5.22(b) 所示，當無輸出電阻 r_o 時，小訊號模型稱爲**一階模型**。當有考慮輸出電阻 r_o 時，稱爲**二階模型**。

.小訊號模型「混合 π 模型」（Hybrid-π Model）

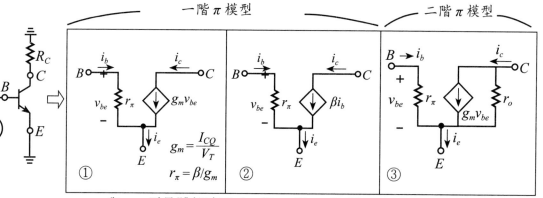

npn 與 pnp 電晶體都適用（一般 v_{be} 用 V_π 表示）

(a)

小訊號模型「T 模型」（T Model）

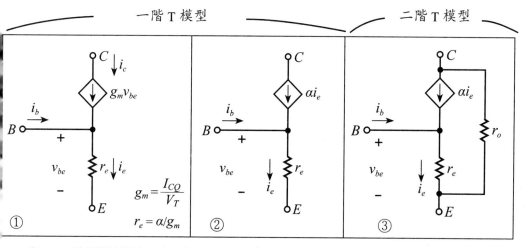

npn 與 pnp 電晶體都適用（一般 v_{be} 用 V_π 表示）

(b)

圖 5.22 (a)BJT 小訊號混合 π 模型與 (b) 小訊號 T 模型，其中沒有 r_o 電阻在 C-E 兩端為一階模型，有 r_o 電阻在 C-E 兩端為二階模型

5.10 單級 BJT 放大器

三種基本BJT放大器操作方式

BJT 放大電路通常由輸入與輸出端，可分為 1. 共射極、2. 共基極以及 3. 共集式三種操作方式，如圖 5.23 所示

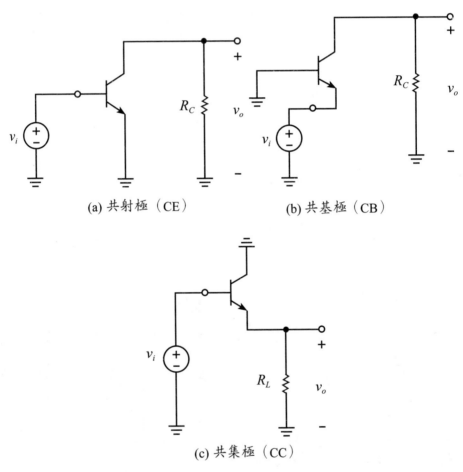

(a) 共射極（CE）   (b) 共基極（CB）

(c) 共集極（CC）

圖 5.23   基本 BJT 放大器線路操作方式

5.11　單級 BJT 放大器

BJT 有三種操作模式，如下說明：

5.11.1　共射極放大器（CE）（common emitter amplifier）

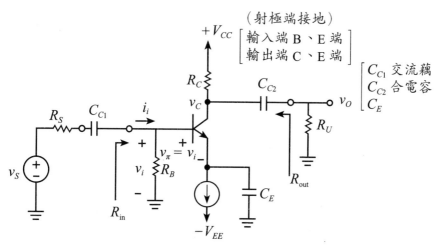

圖 5.24　BJT 共射極放大器線路組態

交流小訊號等效電路分析

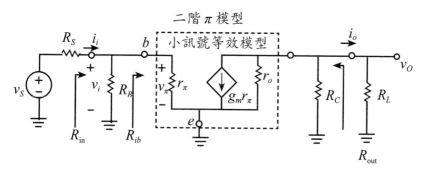

詳細分析：

① $R_{in} = \dfrac{v_i}{i_i} = R_B \mathbin{/\!/} R_{ib} = R_B \mathbin{/\!/} r_\pi$

$R_{ib} = r_\pi$　一般 $R_B \gg r_\pi$

$R_{in} = R_B \mathbin{/\!/} r_\pi \doteqdot r_\pi$

② $v_i = v_S \times \dfrac{R_{in}}{R_S + R_{in}} = v_S \times \dfrac{R_B /\!/ r_\pi}{R_S + (R_B /\!/ r_\pi)}$

$\quad \doteqdot v_S \cdot \dfrac{r_\pi}{R_S + r_\pi} (\text{IF} R_B \gg r_\pi)$

③ $v_\pi = v_i$

④ $v_o = -g_m V_\pi (r_o /\!/ R_C /\!/ R_U)$

⑤ $A_v = \dfrac{v_o}{v_i} = -g_m (r_o /\!/ R_C /\!/ R_U)$

⑥ $Av_o = \dfrac{v_o}{v_i}\bigg|_{R_L = \infty} = -g_m (r_o /\!/ R_C)$

$\quad \text{IF}(r_o \gg R_C) \, (一般 \, r_o \gg R_C)$

$\quad Av_o \doteqdot -g_m R_C$

⑦ $R_{out} = R_C /\!/ r_o$

$\quad$ 令輸入端電源 $v_s = 0$

$\quad R_{\text{out}} = \dfrac{v_x}{i_x}\bigg|_{v_S = 0} = R_C /\!/ r_o$

$\quad$ 一般 $r_o \gg R_C$

$\quad R_{out} \doteqdot R_C$

⑧ $A_v = Av_o \times \dfrac{R_U}{R_L + R_o}$

⑨ $G_v = \dfrac{v_o}{v_S} = \begin{bmatrix} \text{Overall Voltage} \\ \text{gain} \end{bmatrix}$

$\quad = \dfrac{v_i}{v_S} \times \dfrac{v_o}{v_i}$

$\quad = \dfrac{R_B /\!/ r_\pi}{R_S + (R_B /\!/ r_\pi)} \cdot (-g_m) \cdot (r_o /\!/ R_C /\!/ R_U)$

$\quad = -\dfrac{R_B /\!/ r_\pi}{R_S + (R_B /\!/ r_\pi)} \cdot g_m \cdot (r_o /\!/ R_C /\!/ R_U)$

$\quad \doteqdot -\dfrac{\beta}{R_S + r_\pi}(r_o /\!/ R_C /\!/ R_U) \quad \text{IF} R_B \gg r_\pi \quad \beta = g_m r_\pi$

$\quad \doteqdot -g_m(r_o /\!/ R_C /\!/ R_U) \quad \text{IF } R_s \ll r_\pi$

⑩ $i_{os} = \begin{bmatrix} 輸出端短路 \\ short-circuit \end{bmatrix}$ output 電流

$$i_{os} = -g_m V_\pi = -g_m i_i R_{in}$$

⑪ $A_{is} = \dfrac{i_{os}}{i_i}\bigg|_{R_L=0} = \dfrac{-g_m i_i R_{in}}{i_i}$

$$A_{is} = -g_m R_{in}$$

5.11.2 共射極放大器有R_E電阻（common-emitter amplifer with an emitter resistor）

詳細分析 有 R_E 時，使用 $T(b)$ 模型因沒有提到 r_o，使用 1 階 $T(b)$

※ 若是選用
1 階 π 模
型結果相
同但不易
分析

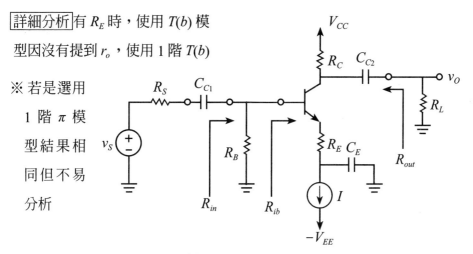

圖 5.25　BJT 共射極放大器有 R_E 電阻之線路組態

交流小訊號等效電路分析

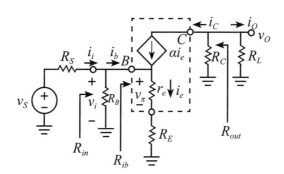

① 輸入端 $R_{in} = R_B \,/\!/\, R_{ib}$（Input Resistance）

$$R_{ib} = \frac{v_b}{i_b} = \frac{i_e(r_e + R_E)}{i_b}$$

$$\because i_e = (1 + \beta)\, i_b$$

$$\therefore R_{ib} = \frac{(1 + \beta)\, i_b(r_e + R_E)}{i_b}$$

$$R_{ib} = (1 + \beta)(r_e + R_E)$$

從 B 端看進去的電阻等於射極電阻乘以 $(1 + \beta)$ 倍

② 輸出端（Votage gain）$v_o = -i_C(R_C \,/\!/\, R_U)$

$$= -\alpha i_e(R_C \,/\!/\, R_U)$$

$$v_i = i_e(r_e + R_E)$$

$$A_v = \frac{v_o}{v_i} = \frac{-\alpha\, i_e(R_C \,/\!/\, R_U)}{i_e(r_e + R_E)}$$

$$= \frac{-\alpha(R_C \,/\!/\, R_U)}{r_e + R_E}$$

$$Av_o = \frac{v_o}{v_i}\bigg|_{R_L = \infty} = \frac{-\alpha R_C}{r_e + R_E}$$

$$\left(\because r_e = \frac{\alpha}{g_m}\right)$$

$$Av_o = \frac{-\alpha R_C}{\dfrac{\alpha}{g_m} + R_E} = \frac{-\alpha\, g_m R_C}{\alpha + g_m R_E}$$

$$Av_o \doteqdot \frac{-g_m R_C}{1 + g_m R_E} \quad (\because \alpha \to 1)$$

有 R_E 電阻 Av_o 減少 $(1 + g_m R_E)$

③ $R_{out} = R_C$（output resistance）

④ $A_{is} = \dfrac{i_{os}}{i_i}\bigg|_{R_L = 0} = 0 \quad i_{os} = -\alpha i_e\,，\, i_i = \dfrac{v_i}{R_{in}} = \dfrac{i_e(r_e + R_E)}{R_{in}}$

$$A_{is} = \frac{-\alpha\, i_e}{\dfrac{i_e(r_e + R_E)}{R_{in}}} = \frac{-\alpha\, R_{in}}{(r_e + R_E)} = \frac{-\alpha\,(R_B \,/\!/\, R_{ib})}{(r_e + R_E)}$$

一般 $R_B \gg R_{ib}$

$$A_{is} \approx \frac{-\alpha R_{ib}}{r_e + R_E} = \frac{-\alpha(1+\beta)(r_e + R_E)}{r_e + R_E} = -\alpha(1+\beta) = -\frac{\beta}{1+\beta} \times (1+\beta) = -\beta$$

$$\therefore A_{is} \approx \frac{i_{os}}{i_i} = -\beta \text{ （與直流特性 } I_C = \beta I_B \text{ 相同）}$$

⑤ The overall voltage gain from source to load $G_v = \dfrac{v_o}{v_S}$

$$G_v = \frac{v_o}{v_S} = \frac{v_o}{v_i} \times \frac{v_i}{v_S} = A_v \cdot \frac{v_i}{v_S} = -\frac{\alpha R_C /\!/ R_U}{r_e + R_E} \cdot \frac{R_{in}}{R_{in} + R_S}$$

其中 $R_{in} = R_B /\!/ R_{ib}$ R_B 一般都 $\gg R_{ib}$ 且 $R_{ib} = (1+\beta)(r_e + R_E)$

$$G_v \approx -\frac{\alpha R_C /\!/ R_U}{(r_e + R_E)} \cdot \frac{(1+\beta)(r_e + R_E)}{R_S + (1+\beta)(r_e + R_E)} = \text{而且 } \alpha(1+\beta) = \beta$$

$$G_v \approx -\frac{\beta(R_C /\!/ R_U)}{R_S + (1+\beta)(r_e + R_E)}$$

⑥ 看 $\dfrac{V_\pi}{v_i} = \dfrac{i_e r_e}{i_e(r_e + R_E)} = \dfrac{r_e}{r_e + R_E} = \dfrac{1}{1 + \dfrac{R_E}{r_e}}$ （$\because r_e = \dfrac{\alpha}{g_m}$）

$$\frac{V_\pi}{v_i} \approx \frac{1}{1 + g_m R_E}$$

⑦ 有 R_E 之 $R_{ib} = (1+\beta)(r_e + R_E)$

沒有 R_E 之 $R_{ib} = (1+\beta)(r_e)$

$$\frac{R_{ib}(\text{With } R_E)}{R_{ib}(\text{No } R_E)} = \frac{r_e + R_E}{r_e} \approx 1 + g_m R_E$$

BJT CE組態放大器特點整理（當有R_E電阻加進去時）

1. 輸入電阻 R_{ib} 增加爲（$1 + g_m R_E$）倍

   $$R_{ib}(\text{With } R_E) = R_{ib}(\text{No } R_E) \cdot (1 + g_m R_E)$$

2. 電壓增益（voltage gain）從 Base 端到 Collector 端減少爲 $\dfrac{1}{1 + g_m R_E}$ 倍

   $$A_v = \frac{v_o}{v_i} = \frac{v_c}{v_b} \quad A_v(\text{With } R_E) = A_v(\text{No } R_E)\left(\frac{1}{1 + g_m R_E}\right)$$

3. 在輸出未失眞的條件下 v_i 增加爲（$1 + g_m R_E$）倍

   $$\because \frac{v_\pi}{v_i} = \frac{r_e}{r_e + R_E} \approx \frac{1}{1 + g_m R_E} \quad v_i = v_\pi \cdot (1 + g_m R_E)$$

   表示要得到相同的輸出，輸入信號 v_i 需增爲（$1 + g_m R_E$）倍

4. Overall voltage gain 整體電壓增益較不受 β 變化影響

$$G_v \fallingdotseq \frac{\beta(R_C /\!/ R_U)}{R_S + (1+\beta)(r_e + R_E)}$$

5. R_E 是一個負回授電阻

5.11.3　共基極放大器（common-base（CB）amplifier）

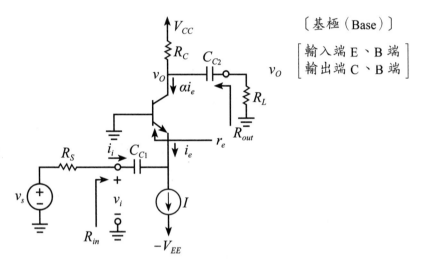

圖 5.26　BJT 共基極放大器線路組態

交流小訊號等效電路分析

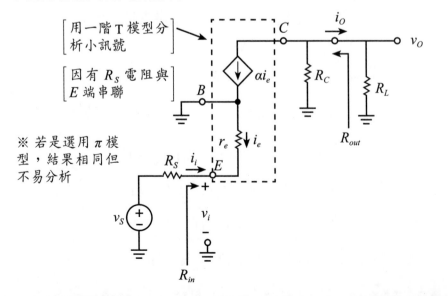

① $R_{in} = \dfrac{v_i}{i_i} = \dfrac{-i_e r_e}{-i_e} = r_e \quad \left(r_e = \dfrac{\alpha}{g_m} \right)$ （很小不適合做放大器）

② $A_v = \dfrac{v_o}{v_i} = \dfrac{-\alpha\, i_e \cdot (R_C /\!/ R_U)}{-i_e \cdot r_e} = \dfrac{\alpha\,(R_C /\!/ R_U)}{r_e} = g_m(R_C /\!/ R_U)$

③ $A_{v_o} = \dfrac{v_o}{v_i}\bigg|_{R_L = \infty} = g_m R_C$

④ $R_{out} = R_C$ （令 $v_s = 0$ 則 $v_i = 0$，$i_e = 0$，$\alpha i_e = 0$）

⑤ Short circuit current gain $A_{is} = \dfrac{i_o}{i_i}$ （when $R_L = 0$ short）

$A_{is} = \dfrac{-\alpha\, i_e}{-i_e} = \alpha \doteqdot 1$

$\dfrac{v_i}{v_S} = \dfrac{r_e}{R_S + r_e}$

⑥ Overall voltage gain $G_v = \dfrac{v_o}{v_S} = \dfrac{v_o}{v_i} \times \dfrac{v_i}{v_S}$

$G_v = A_v \cdot \dfrac{v_i}{v_S} = g_m(R_C /\!/ R_U) \cdot \dfrac{r_e}{R_S + r_e} = \dfrac{\alpha(R_C /\!/ R_U)}{R_S + r_e}$

$G_v = \dfrac{\text{在集極端所有的電阻}}{\text{在射極端所有的電阻}}$

整理共基極BJT放大器之特色

1. 輸入電阻（input resistance）$R_{in} = r_e$　很小（不適合當做「電壓放大器」，因當放大器 R_{in} 要大）

2. 短路電流增益（short circuit current gain）$A_{is} = \alpha \Rightarrow 1$

3. 開路電壓增益（open circuit voltage gain）$A_{vo} = g_m R_C$

4. 輸出電阻（output resistance）$R_{out} = R_C$　大

5. CB Amplifier 可做電流緩衝器（current buffer）

   將在未來多級串接放大器中說明。

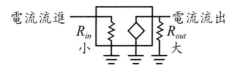

6. 共基極電流放大器應用說明：電流緩衝器（current buffer）

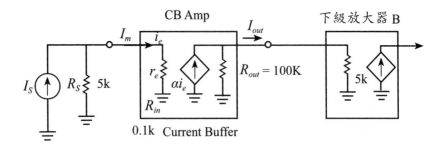

因 Current Buffer 特色：R_{in} = 很小（R_{in} = 0.1k）　R_{out} 很大（100k）

A_{is} = 1

$\therefore I_{in} \fallingdotseq I_s$

$I_{out} \fallingdotseq I_s$（當下一級放大器 B 未接）

$I_{out} = \dfrac{R_{out}}{R_{out} + 5k} I_S \fallingdotseq I_S$

重點：若電流源本身電源電阻很小（5kΩ），直接接到下級放大器 B，

則眞正進入放大器 B 的電流 $= I_S \times \dfrac{5k}{5k + 5k} = \dfrac{1}{2} I_S$。若有 Current

Buffer，可將 R_s 電阻由 5k 提高到 100kΩ，則再接下一級放大器

B，則下一級放大器 B 的眞正輸入電流 $= I_S \times \dfrac{100k}{100k + 5k} \fallingdotseq I_S$，

此爲電流緩衝器（current buffer）之功用。

5.11.4　共集極放大器（射極隨耦器）〔common-collector （CC）amplifier（or emitter follocoer）〕

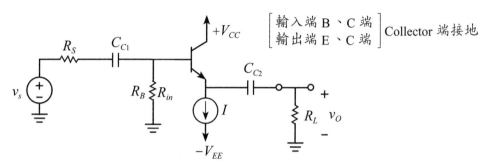

$$\left[\begin{matrix} 輸入端 \text{ B } 、\text{C } 端 \\ 輸出端 \text{ E } 、\text{C } 端 \end{matrix} \right] \text{Collector } 端接地$$

圖 5.27　BJT 共基極放大器線路組態

交流小訊號等效電路分析

因為 E 端為輸出有
串接一 R_L 電阻用
二階 T 模型，此處
若考慮 r_o 電阻分析
並不會太復雜。我
們加入 r_o 分析之。

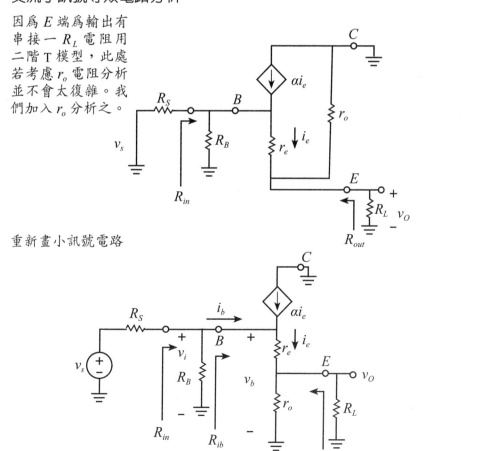

重新畫小訊號電路

① $R_{ib} = \dfrac{v_b}{i_b}$ $v_b = i_e(r_e + r_o \; /\!/ \; R_L) = (1 + \beta) \, i_b \, (r_e + r_o \; /\!/ \; R_L)$

$R_{ib} = \dfrac{v_b}{i_b} = (1 + \beta)(r_e + r_o \; /\!/ \; R_U)$

② $R_{in} = R_B \; /\!/ \; R_{ib}$（一般很大）

③ Overall Voltage Gain $G_v = \dfrac{v_o}{v_S} = \dfrac{v_o}{v_b} \cdot \dfrac{v_b}{v_i} \cdot \dfrac{v_i}{v_S}$

$v_o = i_e(r_o \; /\!/ \; R_L) = i_o(1 + \beta)(r_o \; /\!/ \; R_L)$

$v_b = i_e(r_e + r_o \; /\!/ \; R_L) = i_b(1 + \beta)(r_e + r_o \; /\!/ \; R_L)$

$v_i = v_b$

$v_i = v_S \cdot \dfrac{R_{in}}{R_S + R_{in}} = v_S \cdot \dfrac{R_B \; /\!/ \; R_{ib}}{R_S + R_B \; /\!/ \; R_{ib}}$

$$\boxed{G_v = \dfrac{v_o}{v_S} = \dfrac{r_o \; /\!/ \; R_U}{r_e + r_o \; /\!/ \; R_U} \cdot 1 \cdot \dfrac{R_B \; /\!/ \; R_{ib}}{R_S + R_B \; /\!/ \; R_{ib}}} \qquad \begin{bmatrix} \text{一般 } G_v < 1 \\ \text{且 } G_v \to 1 \\ \text{此種稱之} \\ \text{Emitter follower} \end{bmatrix}$$

共集極 BJT 放大器之特色說明

1. R_{in} 一般很大 $\begin{pmatrix} R_i \to \infty \\ R_{out} \to 0 \end{pmatrix}$

2. R_{out} 很小

3. G_v 電壓增益小於 1 趨近於 1

4. 一般放在多級放大器的最後一級

5. 一般稱射極隨藕器或電壓緩衝放大器（emitter follower or buffer amplifier）

表 5.4　雙載子電晶體單級放大器特性

	R_{in}	A_{vo}	R_o	A_v	G_v
共射極	$(\beta+1)\,r_e$	$-g_m R_C$	R_C	$-g_m(R_C\parallel R_L)$ $-\alpha\dfrac{R_C\parallel R_L}{r_e}$	$-\beta\dfrac{R_C\parallel R_L}{R_{sig}+(\beta+1)\,r_e}$
共射極含射極電阻	$(\beta+1)\,(r_e+R_e)$	$-\dfrac{g_m R_C}{1+g_m R_e}$	R_C	$\dfrac{-g_m(R_C\parallel R_L)}{1+g_m R_e}$ $-\alpha\dfrac{R_C\parallel R_L}{r_e+R_e}$	$-\beta\dfrac{R_C\parallel R_L}{R_{sig}+(\beta+1)(r_e+R_e)}$
共基極	r_e	$g_m R_C$	R_C	$g_m(R_C\parallel R_L)$ $\alpha\dfrac{R_C\parallel R_L}{r_e}$	$\alpha\dfrac{R_C\parallel R_L}{R_{sig}+r_e}$
共集極（射極隨耦器）	$(\beta+1)\,(r_e+R_L)$	1	r_e	$\dfrac{R_L}{R_L+r_e}$	$\dfrac{R_L}{R_L+r_e+R_{sig}/(\beta+1)}$ $G_{vo}=1$ $R_{\text{out}}=r_e+\dfrac{R_{sig}}{\beta+1}$

範例 5.19

如下圖 (a) 所示 BJT 電晶體放大器，假設 $\beta = 100$，試計算電壓增益 v_o/v_i

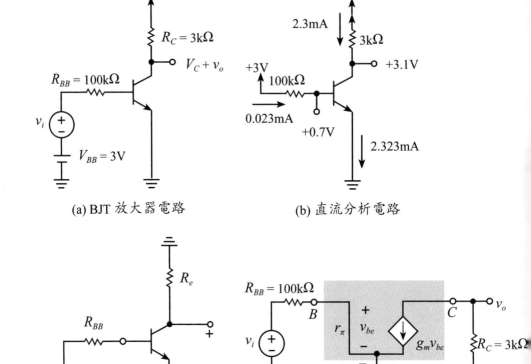

(a) BJT 放大器電路　　　　(b) 直流分析電路

(c) 小訊號分析電路

(d) 小訊號模型等效電路分析

解

1. 首先分析直流工作點，先令交流訊號 = 0

$$I_B = \frac{V_{BB} - V_{BE}}{R_{BB}}$$

$$\simeq \frac{3 - 0.7}{100} = 0.023\text{mA}$$

集極直流電流 I_C

$$I_C = \beta I_B = 100 \times 0.023 = 2.3 \text{ mA}$$

集極電壓

$$V_C = V_{CC} - I_C R_C \qquad \longrightarrow \qquad V_C > V_B \quad \therefore \text{ C-B 接面在逆}$$

$$= +10 - 2.3 \times 3 = +3.1\text{V} \qquad\qquad\qquad \text{向偏壓，BJT}$$

$$\qquad\qquad\qquad\qquad\qquad\qquad\qquad\qquad\qquad\qquad \text{操作在主動區}$$

2. 計算小訊號模型參數

$$r_e = \frac{V_T}{I_E} = \frac{25\text{mV}}{(2.3/0.99)\text{mA}} = 10.8\Omega$$

$$g_m = \frac{I_C}{V_T} = \frac{2.3\text{mA}}{25\text{mV}} = 92\text{mA/V}$$

$$r_\pi = \frac{\beta}{g_m} = \frac{100}{92} = 1.09\text{k}\Omega$$

3. 小訊號電路分析時，令直流電源為 0，如圖 (c) 電路所示。

4. 使用混合 π 模型的等效電路如圖 (d) 所示。

5. 如等效電路分析

$$v_{be} = v_i \frac{r_\pi}{r_\pi + R_{BB}}$$

$$= v_i \frac{1.09}{101.09} = 0.011 v_i$$

輸出電壓 v_o

$$v_o = -g_m v_{be} R_C$$

$$= -92 \times 0.011 v_i \times 3 = -3.04 v_i$$

電壓增益

$$A_v = \frac{v_o}{v_i} = -3.04\text{V/V}$$

範例 5.20

圖中，$\alpha = 0.99$，$V^+ = 10V$，$V^- = 10V$，$C_1 = C_2 = \infty$，$R_E = 10\ k\Omega$，$R_C = 5k\Omega$，試求

電壓增益 $\dfrac{v_o}{v_i}$ 之值。　　【92 海洋電機所】

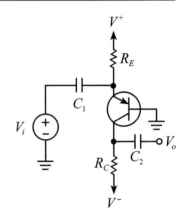

解

(1) $I_E = \dfrac{V^+ - V_{EB}}{R_E} = \dfrac{10V - 0.7V}{10k\Omega} = 0.93\text{mA}$

(2) $r_e = \dfrac{V_T}{I_E} = \dfrac{25\text{mV}}{0.93\text{mA}} = 26.882\Omega$

(3) $\dfrac{v_o}{v_i} = \alpha \times \dfrac{R_C}{r_e} = 0.99 \times \dfrac{5k\Omega}{26.88\Omega} = 184.14$ 倍

範例 5.21

有一 BJT 放大器電路如圖所示，其中

$\beta = 100$，$V_{BE} = 0.7V$

(a) 求 V_{CB} 與轉移電導 g_m

(b) 畫出小訊號等效電路

(c) 計算電壓增益 $A_v = \dfrac{V_O}{V_S}$ 與輸入電阻 R_{in}

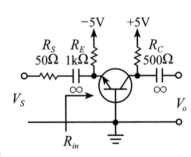

【89 清大電機所】

解

(1) ① 純直流分析，如右圖所示

　② 假設 Q 在 F-A

　③ i/p KVL：

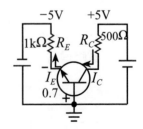

$\quad 5V = 0.7 + I_E \times R_E$，$I_E = \dfrac{4.3V}{1k} = 4.3\text{mA}$

　④ $I_C = I_E \times \dfrac{\beta}{1+\beta} = 4.3\text{m} \times \dfrac{100}{101} = 4.257\text{mA}$

⑤ o/p KVL：

$5\,V = I_C R_C + V_{CB}$

➡ $V_{CB} = 5 - 4.257mA \times 0.5k = 2.871V$

➡ V_{CB} 對 I_C 為逆向偏壓，$\therefore Q$ 在 F-A 無誤

⑥ $g_m = \dfrac{4.257mA}{25mV} = 0.17℧$

Ans：$V_{CB} = 2.871V$，$g_m = 0.17\Omega$

(2) 交流分析等效電路，如右圖所示

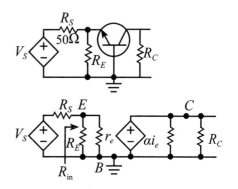

(3) ① $r_e = \dfrac{1}{g_m} = \dfrac{V_T}{I_E} = \dfrac{25mV}{4.3m} = 5.814\Omega$

② $R_{in} = R_E \,//\, r_E = 1000 \,//\, 5.814\Omega = 5.78\Omega$

③ $\dfrac{V_O}{V_S} = \dfrac{V_i}{V_S} \times \dfrac{V_O}{V_i}$

$= \dfrac{R_{in}}{R_S + R_{in}} \times \left[\dfrac{\alpha i_e \times [r_o \,//\, R_C]}{i_e \times r_e} \right]$

$= \dfrac{5.78}{50 + 5.78} \times \dfrac{\dfrac{100}{101} \times 500\Omega}{5.814}$

$= 8.823$ 倍

範例 5.22 ✦

如圖 BJT 電晶體放大器，求輸入電阻 R_i 與電壓增益 $A_v = \dfrac{v_o}{v_s}$。其中 BJT 的小訊號輸入源 v_s 為小訊號且 β 值很大，以及 BJT 操作在主動區（即使集極電壓低於基極 0.4V 時）。

【88 清大電子所】【88 成大電機所】

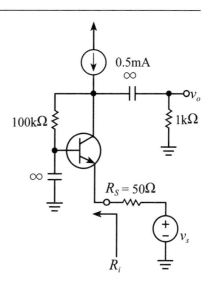

解

(1) 繪成直流分析電路，如右上圖所示。

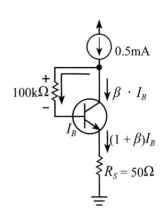

(2) $I_B + I_C = 0.5 \text{ mA} = I_B + \beta I_B$

∵ β 很大，∴ ➡ $I_C = 0.5 \text{ mA}$

(3) $r_e = \dfrac{V_T}{I_E} = \dfrac{25\text{mV}}{0.5\text{mA}} = 50\Omega$

(4) $\alpha = \dfrac{-\beta}{1+\beta} = -1$

(5) 繪出交流分析電路，如右下圖所示。

(6) $R_{in} = r_e = 50\Omega$

(7) $\dfrac{V_o}{V_s} = \dfrac{V_i}{V_s} \times \dfrac{V_o}{V_i}$

$= \dfrac{50}{50+50} \times \dfrac{-\alpha i_e \times (100\text{k} /\!/ 1\text{k})}{i_e \times r_e}$

$= \dfrac{1}{2} \times \dfrac{1000}{50} = 10$ 倍

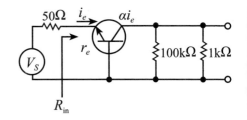

範例 5.23 ✐ —————————————————

如圖 BJT 電晶體放大器，若 $\beta = 100$，

$g_m = 40\text{mA/V}$，$r_o = \infty$，求電壓增益 $A_v = \dfrac{v_o}{v_s}$，

輸入電阻 R_i 與輸出電阻 R_o。

【87 清大工科所】

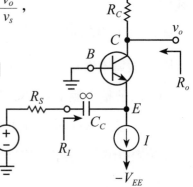

解

(1) 繪成交流分析電路，如圖所示。

$$\alpha = -\frac{\beta}{1+\beta} = -\frac{100}{101}$$

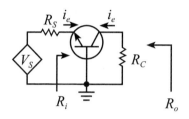 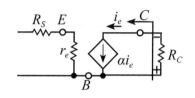

(2) $R_o = R_C // \left[\dfrac{r_o + R_s \ (1 + g_m r_o)}{\text{本身 下層 放大倍數}} \right] \doteq R_C$

(3) $R_{in} = r_e = \dfrac{1}{g_m} = \dfrac{1}{40\text{m}\mho} = 25\Omega$

(4) $\dfrac{v_o}{v_s} = \dfrac{v_i}{v_s} \times \dfrac{v_o}{v_i} = \dfrac{r_e}{R_S + r_e} \times \left[\dfrac{-\alpha i_e \times R_C}{i_e \times r_e} \right] = \dfrac{-\alpha R_C}{R_S + r_e} = \dfrac{-\left(-\dfrac{100}{101}\right) \times R_C}{R_S + 25}$

$\qquad = \dfrac{100}{101} \times \dfrac{R_C}{R_S + 25\Omega}$

範例 5.24

如圖 BJT 電晶體放大器，電晶

體的 $\beta = 100$，$V_{BE(ON)} = 0.7\text{V}$ 且

$r_o = \infty$。

(a) 求 I_E 直流偏壓電流

(b) 求輸入電阻 R_i

(c) 求輸出電阻 R_o

(d) 求小訊號電壓增益 $A_v = \dfrac{v_o}{v_s}$。

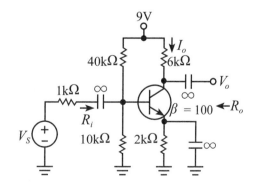

【92 台大電機所電子學（丁）】

解

(1) 直流分析：取戴維寧等效

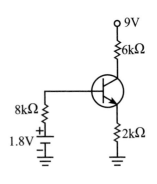

① 假設 BJT 在 F-A 區

② 求 I_B

➡ $1.8\,V = I_B \times 8k + 0.7 + 101 I_B \times 2k$

➡ $I_B = 5.24\,\mu A$

③ $I_C = \beta \times I_B = 0.524\,mA$

　　$I_E = I_C + I_B = 0.529\,mA$

④ check

　　$V_{CE} = V_{CC} - I_C \times R_C - I_E \times R_E$

　　　　$= 4.798V > 0.2V$

∴ BJT 在 F-A，無誤，$I_E = 0.529\,mA$

(2) ① $r_\pi = \dfrac{V_T}{I_B} = \dfrac{25mA}{5.24\mu A} = 4.77\,k\Omega$

② $R_i = 8k\Omega \,//\, [r_\pi] = 8k \,//\, 4.77k = 2.988\,k\Omega$

③ $R_o = R_c \,//\, r_o = 6k \,//\, \infty = 6k\Omega$

④ $\dfrac{V_o}{V_s} = \dfrac{V_i}{V_s} \times \dfrac{V_o}{V_i} = \dfrac{2.988k}{1k + 2.988k} \times \left(-\dfrac{\beta \times R_c}{r_\pi} \right)$

　　$= -94.244\,倍$

範例 5.25 ✐ ———————————————————

右圖為一 diode-connected transister，在常溫下，$I_c = 1mA$，$\beta_o = 100$，$r_o = 100k$，則此電路之交流小訊號電阻約為：(a)25kΩ 之電阻 (b)25Ω 之電阻　(c)100kΩ 之電阻　(d)100kΩ 之電阻與一電流源並聯　(e)2.5kΩ 電阻與一電流源並聯。　　　　　　【85 交大電子所】

答

(b)

解

$$r_e = \frac{V_T}{I_C} = \frac{25\text{mV}}{1\text{mA}} = 25\Omega$$

範例 5.26

如圖 BJT 放大器電路，v_s 爲小訊
號電壓源（平均值爲 0），假設 β
= 50

(a) 求輸入電阻 R_{in}

(b) 計算電壓增益 $A_v = \dfrac{v_o}{v_s}$

(c) 若 v_{be} 的小訊號最大限制在
5mV，v_s 的最大訊號爲何？

【89 交大電信所】

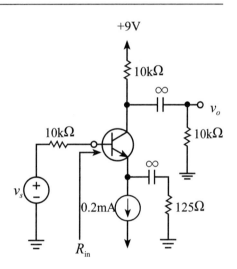

解

(1)① $I_E = 0.2$ mA

② $r_\pi = (1+\beta) \times \dfrac{V_T}{I_E} = 51 \times \dfrac{25\text{mA}}{0.2\text{mA}} = 6.375\,\text{k}\Omega$

③ $R_{in} = r_\pi + (1+\beta) \times R_E = 6.375\text{k}\Omega + 51 \times 0.125\text{k}\Omega = 12.75\text{k}\Omega$

(2) $\dfrac{V_O}{V_S} = \dfrac{-\beta \times (R_C /\!/ R_L)}{R_S + r_\pi + R_E \times (1+\beta)} = \dfrac{-50 \times (10\text{k} /\!/ 10\text{k})}{10\text{k} + 6.375\text{k} + 51 \times 0.125\text{k}} = -10.989$ 倍

(3) $\dfrac{v_{be}}{V_S} = \dfrac{r_\pi}{R_S + r_\pi + R_E(1+\beta)} \longrightarrow \dfrac{5\text{mV}}{V_S} = \dfrac{6.375\text{k}\Omega}{22.75\text{k}\Omega} \longrightarrow V_s \leq 17.843\text{mV}$

範例 5.27 ✐

下圖 (a) 為低頻小訊號 BJT 模型，若有一共射極 BJT 放大器，如圖 (b) 所示，

(a) 計算輸入電阻 R_i

(b) 計算電壓增益 $A_v = \dfrac{v_o}{v_s}$

(c) 若 $h_{fe}R_e \gg h_{ie}$ ，求電壓增益 $A_v = \dfrac{v_o}{v_s}$ 。　　【92 台科大電子所（丙）】

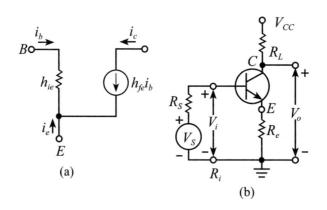

(a) (b)

解

(1) $R_i = h_{ie} + R_e \times (1 + h_{fe})$

(2) $\dfrac{V_o}{V_s} = \dfrac{-h_{fe} \times R_L}{R_s + h_{ie} + R_e \times (1 + h_{fe})}$

(3) $\dfrac{V_o}{V_s} = \dfrac{-h_{fe} \times R_L}{R_s + R_e \times (1 + h_{fe})} \doteqdot -\dfrac{R_L}{R_e}$

範例 5.28 ✐

如圖為 BJT 電晶體放大器，v_s 為小訊號電壓源（平均值 = 0）電晶體 β = 100，

(a) 計算 R_E 值，使得 $I_E = 1\text{mA}$

(b) 計算 R_C 電阻，可使得集極電壓 $V_C = +5\text{V}$

(c) 若 $R_L = 5\text{k}\Omega$ ，電晶體 $r_o = 100\text{k}\Omega$ ，劃出小訊號等效電路及整體放大器電壓增益 $A_v = \dfrac{v_o}{v_s}$ 。

【91 台科大電機所】

【90 交通電訊所】

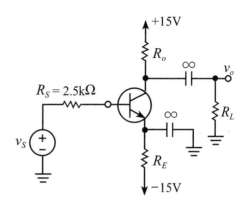

解

(a) KVL：$+15\text{V} = I_B \times R_s + V_{BE} + I_E \times R_E$

➡ $15\text{V} = \dfrac{1\text{mA}}{101} \times 2.5\text{k}\Omega + 0.7 + 1\text{mA} \times R_E$

➡ $R_E = 14.275\text{k}\Omega$

(b) ① $I_C = \alpha \cdot I_E = \dfrac{100}{101} \times 1\text{mA} = 0.99\text{mA}$

② $R_C = \dfrac{15\text{V} - 10\text{V}}{I_C} = \dfrac{10\text{V}}{0.99\text{mA}} = 10.1\text{k}\Omega$

(c)

$$\begin{array}{l}
R_S \quad B \rightarrow i_b \\
2.5\text{k}\Omega \\
V_S \quad r_\pi \quad \beta \times i_b \quad r_a = 100\text{k}\Omega \quad R_C \; 10.1\text{k}\Omega \quad R_L \; 5\text{k}\Omega
\end{array}$$

① $r_\pi = (1 + \beta) \times \dfrac{V_T}{I_E} = 101 \times \dfrac{25\text{mV}}{1\text{mA}} = 2.525\text{k}\Omega$

② $\dfrac{V_O}{V_S} = \dfrac{-\beta \times [r_o /\!/ R_C /\!/ R_L]}{R_S + r_\pi} = \dfrac{-100 \times [100\text{k} /\!/ 10.1\text{k} /\!/ 5\text{k}]}{2.5\text{k} + 2.525\text{k}}$

$= -65.73$ 倍

範例 5.29

有一單級 BJT 放大器電路如圖所示，其中 $R_B = 100\text{k}\Omega$，$R_E = 10\text{k}\Omega$，$R_C = 10\text{k}\Omega$，$R_S = R_L = 10\text{k}\Omega$，$V_{CC} = V_{EE} = 10\text{V}$，$\beta = 100$，$V_A = 100\text{V}$，$V_{BE(ON)} = 0.7\text{V}$，$V_T = 25\text{mV}$

(a) 計算直流電壓與電流 V_B，V_E，V_C 與 I_C

(b) 計算 R_i，R_o，$A_v = \dfrac{v_o}{v_s}$，$A_i = \dfrac{i_o}{i_i}$ 【88 中山光電所】

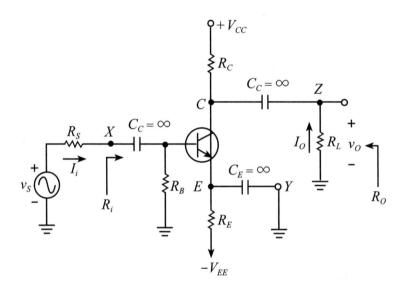

解

(a) $O - (-V_{EE}) = I_B R_B + 0.7 + I_E \times R_E$

$V_{EE} - 0.7 = I_B R_B + (1 + \beta)I_B R_E$

$9.3 = I_B (10\text{K} + 101 \times 10\text{K}) = I_B \times (102)\, 10\text{K}$

$I_B = \dfrac{9.3\text{V}}{102 \times 10\text{K}} = 0.009118\text{mA}$

$I_C = \beta I_B = 0.9118\text{mA}$

$I_E = I_B + I_C = 0.9209\text{mA}$

$V_E = -10\text{V} + I_E \times R_E = -10\text{V} + 9.209\text{V} = -0.791\text{V}$

$V_B = V_E + 0.7 = 0.091\text{V}$

$V_C = 10 - I_C R_C = 10 - 0.9118\text{mA} \times 10\text{K} = 0.882\text{V}$

∵ B-E 接面順向偏壓，B-C 接面為逆向偏壓，因此 BJT 確實在主動

區操作。

(b)小訊號等效電路如下（使用 2 階 π 模型）

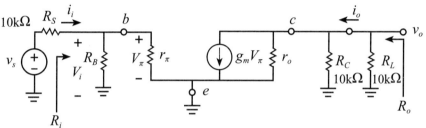

$g_m = \dfrac{I_C}{V_T} = \dfrac{0.9118\text{mA}}{25\text{mV}} = 0.0365\text{A/V} = 36.5\text{mA/V}$

$r_\pi = \dfrac{\beta}{g_m} = \dfrac{100}{0.0365} = 2.74\text{k}\Omega$

$r_o = \dfrac{|V_A|}{I_C} = \dfrac{100}{0.9118\text{mA}} = 109.67\text{k}\Omega$

$R_i = \dfrac{v_i}{i_i} = R_B//r_\pi = 100\text{K}//2.74\text{K} = 2.67\text{k}\Omega$

$R_o = r_o // R_C // R_L = 109.67\text{K} // 10\text{K} // 10\text{K} = 4.78\text{k}\Omega$

$A_v = \dfrac{v_o}{v_s} = \dfrac{-g_m v_\pi (r_o//R_C//R_L)}{v_\pi} \times \dfrac{V_\pi}{v_s} = -g_m (r_o//R_C//R_L) \times \dfrac{R_B//r_\pi}{R_S + (R_B//r_\pi)}$

$= -g_m R_O \times \dfrac{R_i}{R_S + R_i} = -36.5\text{mA/V} \cdot 4.78\text{K} \cdot \dfrac{2.67}{10\text{K} + 2.67}$

$= 174.47 \times 0.2107 = 36.76\text{V/V}$

$$A_i = \frac{i_o}{i_i} = \frac{g_m V_\pi \times \dfrac{r_o//R_C}{r_o//R_C + R_L}}{V_\pi \times \dfrac{1}{R_B//r_\pi}} = g_m \frac{r_o//R_C}{r_o//R_C + R_L} \times R_B//r_\pi$$

$$= 36.5\text{mA/V} \times \frac{109.67\text{K}//10\text{K}}{109.67\text{K}//10\text{K} + 10\text{K}} \times 2.67\text{K}$$

$$= 36.5\text{mA/V} \times \frac{9.164\text{K}}{9.164\text{K} + 10\text{K}} \times 2.67\text{K}$$

$$= 36.5\text{mA/V} \times 0.478 \times 2.67\text{K}$$

$$= 46.58\text{A/A}$$

5.12　BJT 放大電路之偏壓方式

5.12.1　不好的偏壓方式

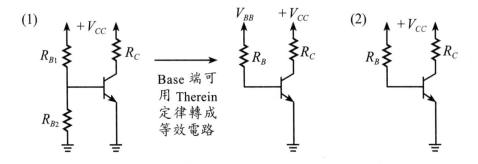

說明：電路 (1) 與電路 (2) 偏壓方式，都使電源電壓直接跨在 B-E
　　　Junction 上 $V_{BE} \fallingdotseq V_{BB} - I_B R_B$ or $V_{BE} = V_{CC} - I_B R_B$ 若 V_{BE} 有些微擾
　　　動變化，$V_{BE} = V_{BE} + \Delta V$ 則 $I_C = I_S e^{\frac{V_{BE}}{V_T}}$，IC 變化量增大，$V_C$ 電位
　　　不穩定。

較理想的偏壓方式（加R_E電阻）

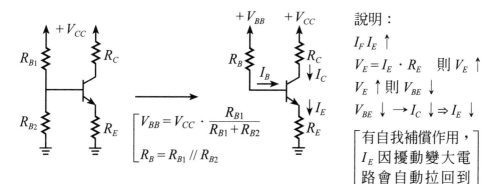

說明：

$I_F I_E \uparrow$

$V_E = I_E \cdot R_E$　　則 $V_E \uparrow$

$V_E \uparrow$ 則 $V_{BE} \downarrow$

$V_{BE} \downarrow \rightarrow I_C \downarrow \Rightarrow I_E \downarrow$

$\left[\begin{array}{l}\text{有自我補償作用，}\\ I_E \text{ 因擾動變大電}\\ \text{路會自動拉回到}\\ \text{原來的值}\end{array}\right]$

電路分析：$I_B = \dfrac{I_E}{H\beta}$　　$V_{BB} = V_{CC} \cdot \dfrac{R_{B1}}{R_{B1}+R_{B2}}$

$$R_B = R_{B1} /\!/ R_{B2}$$

$$V_{BB} = I_B \cdot R_B + V_{BE} + I_E \cdot R_E$$

$$I_E = \frac{V_{BB} - V_{BE}}{R_E + \dfrac{R_B}{H\beta}}$$

$$\fallingdotseq \frac{V_{BB} - V_{BE}}{R_E} \quad \left(I_F R_E > \frac{R_B}{1+\beta}\right)$$

I_E 電流與 β 值無關，較不受電壓擾動影響，偏壓方式較穩定，一般 R_E 稱作回授電阻

5.12.2　2個電源偏壓方式（two power supply bias arrangement）

電源 2 組 V_{CC} 與 V_{EE}

取 BE Junction L 迴路（KVL）

$$I_B R_B + V_{BE} + I_E R_E = V_{EE}$$

$$I_B = \frac{I_E}{H\beta}$$

$$I_E = \frac{V_{EE} - V_{BE}}{R_E + \dfrac{R_B}{H\beta}}$$

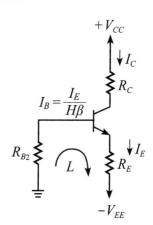

如果 $R_E \gg \dfrac{I_E}{H\beta}$ $V_{EE} \gg V_{BE}$

$$I_E = \frac{V_{EE}}{R_E}$$

一般電路偏壓時，若是共基極偏壓 CB Amplifier

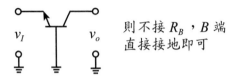

則不接 R_B，B 端
直接接地即可

5.12.3　集體與基極連接回授電阻，R_B的偏壓方式

$$V_{CC} = I_E R_C + I_B R_B + V_{BE}$$

$$I_B = \frac{I_E}{H\beta}$$

$$\boxed{I_E = \frac{V_{CC} - V_{BE}}{R_C + \dfrac{R_B}{1+\beta}}}$$ $V_{CB} = I_B R_B = \dfrac{I_E}{H\beta} \cdot R_B$

If $R_C \gg \dfrac{R_B}{H\beta}$ $V_{CC} \gg V_{BE}$

$$I_E = \frac{V_{CC}}{R_C}$$

習題

1. 如圖 BJT 偏壓電路，若 $\beta = \infty$，試求 V_O 與 I_E。

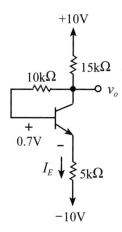

2. 如圖 BJT 偏壓電路，$\beta = 100$，$V_{BE} = 0.7\text{V}$，試求 V_E 與 V_C。

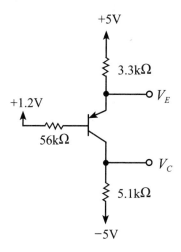

3. 如下 BJT 偏壓電路，BJT 操作在飽和區，若 $V_{BE} = 0.7\text{V}$，$V_{CEsat} = 0.2\text{V}$，計算 (a) 與 (b) 電路的各分支電流，I_B，I_C 與 I_E 為多少？

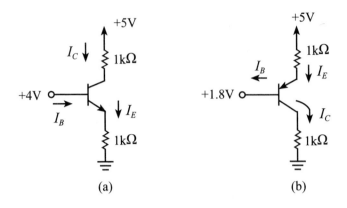

(a)   (b)

4. 如圖雙級 BJT 偏壓電路，若 $V_{BE} = 0.7\text{V}$，$\beta = \infty$，試計算所標示的端點
   電壓值。

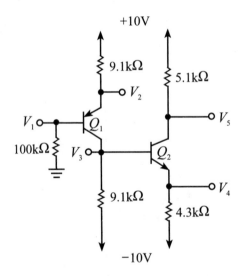

5. 如圖 3 級 BJT 偏壓電路，若 (1)$\beta = \infty$，及 Q_1, Q_2, Q_3 的射極偏壓電流
   分別為 2mA，2mA 及 4mA，另外，$V_3 = 0\text{V}$，$V_5 = -4\text{V}$，$V_\pi = 2\text{V}$，試
   計算與選定每一電阻值（標準電阻零件規格至小數點 1 位）；(2) 若 $\beta = 100$，計算 V_3，V_4，V_5，V_6 和 V_π。

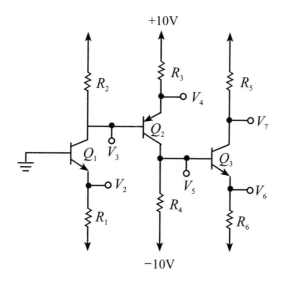

6. 如圖 (a)、(b) 為 BJT 偏壓電路，判斷 BJT 工作區域，若操作在飽和區，計算 β_{forced}（BJT $V_{BE(\text{on})} = 0.7\text{V}$，$V_{CE(sat)} = 0.2\text{V}$）

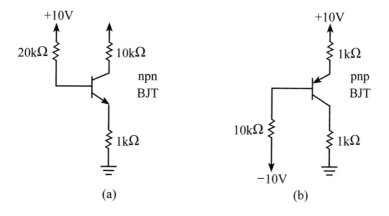

7. 如圖 BJT 放大器電路，調整 V_{BE} 直流偏壓使 $V_C = 2\text{V}$，且 BJT 之 $\beta = 100$，若輸入小訊號 $v_{be} = 0.005\sin\omega t\text{V}$，求 $i_C(t)$，$v_C(t)$，$i_B(t)$ 及電壓增益 $A_v = \dfrac{v_c}{v_{be}}$

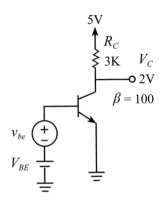

8. 如下圖共基極 BJT 放大器（common-base amplifer），電晶體 $\beta = 100$，畫出完整小訊號等效電路及計算輸入電阻 R_{in} 及電壓增益 $A_v = \dfrac{v_o}{v_s}$

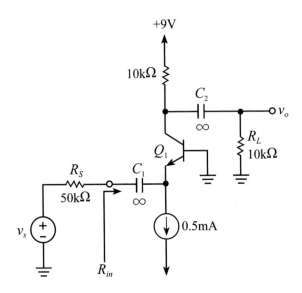

9. 如下圖 pnp BJT 電晶體放大器電路，$\beta = 200$，求 R_{in}，R_{ib} 及電壓增益 $A_v = \dfrac{v_o}{v_s}$

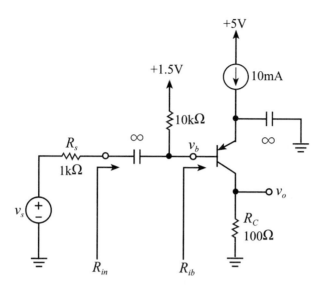

10.如圖 BJT 放大器電路所示，若 $\beta \to \infty$，$V_{BE(on)} = 0.7V$

(1) 計算電壓增益 $A_{v1} = \dfrac{v_{o1}}{v_i}$，$A_{v2} = \dfrac{v_{o2}}{v_i}$

(2) 若 v_{o1} 接地，求電壓增益 $A_v = \dfrac{v_{o2}}{v_i}$

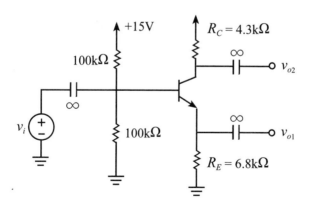

11.如圖共射極 BJT 放大器電路，BJT 之 $\beta = 100$，$V_A = 100V$，求 I_E 直流

偏壓電流，輸入電阻 R_{in}，電壓增益 $A_v = \dfrac{v_o}{v_s}$，電流增益 $A_i = \dfrac{i_o}{i_i}$

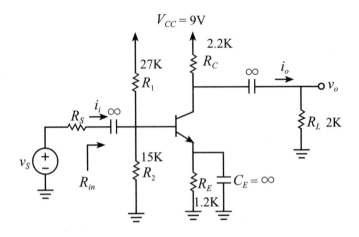

12.如圖 BJT 放大器電路，其中 $\beta = 100$，$V_{BE(\text{on})} = 0.7\text{V}$，求輸入電阻 R_{in} 及

電壓增益 $A_v = \dfrac{v_o}{v_s}$

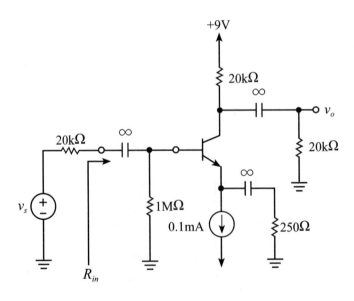

13.如圖 BJT 放大器電路，其中 $\beta = 100$，求輸入電阻 R_{in} 與電壓增益

$A_v = \dfrac{v_o}{v_s}$

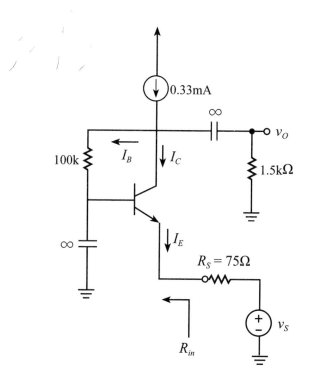

14.如圖 BJT 放大器電路，若 β 值分別為 40 及 200 的情形下，(1) 計算直流偏壓之 I_E，V_E 及 V_B　(2) 計算輸入電阻 R_{in}　(3) 計算電壓增益 $A_v = \dfrac{v_o}{v_s}$

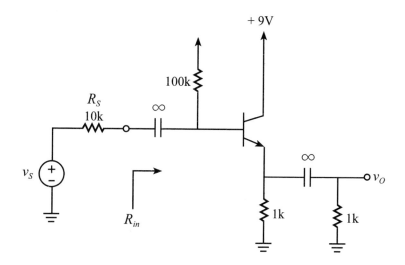

15.如圖 BJT 放大器電路，其中 $\beta = 50$，$V_A = 50V$

(1) 計算 g_m, r_π, r_o

(2) 計算電壓增益 $A_v = \dfrac{v_o}{v_s}$

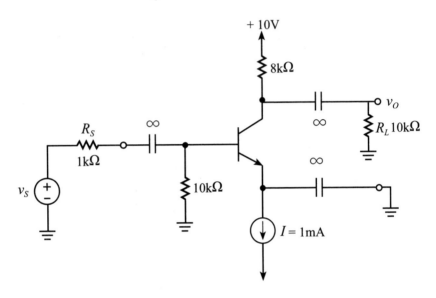

第六章 金氧半場效電晶體

6.1　MOSFET 元件結構與物理操作

6.1.1　元件結構

　　圖 6.1(a) 所示為 nMOSFET 之元件結構圖，圖 6.1(b) 所示為橫切面圖，MOSFET 由金屬、氧化層、半導體三層疊在一起形成金屬閘極（gate）並經由半導體製程在金屬閘極二邊形成源極（source）與汲極（drain）。由於源／汲極為 n 型，而基板為 p 型，在源／汲中間稱之為通道（channel），此通道會經由閘極之偏壓感應而形成 n 型，我們稱之為 n 通道 MOSFET。

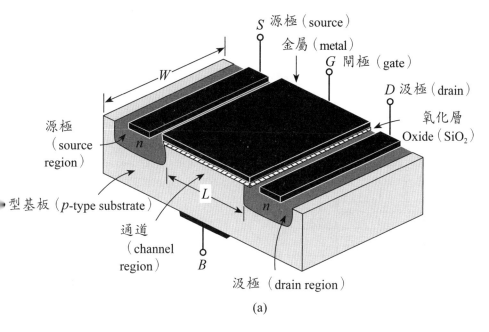

(a)

圖 6.1(a)　nMOSFET 元件結構圖

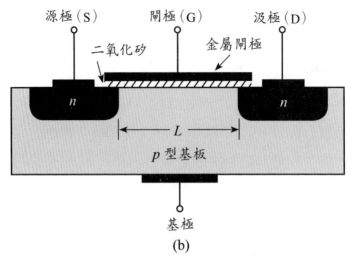

(b)

圖 6.1(b)　nMOSFET 元件的剖面圖

6.1.2　元件的物理操作

(1) 閘極操作電壓 $v_{GS} = 0$ 或 $v_{GS} > 0$，如圖6.2(a)所示。

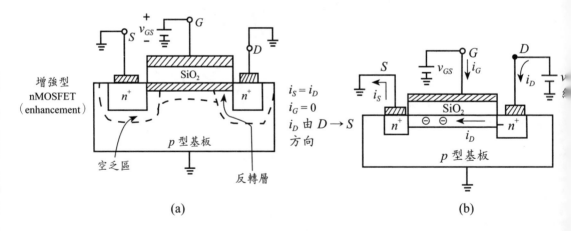

圖 6.2　nMOSFET 元件 (a) 操作時之空乏區物理特性，(b) 各端點電流方向示意圖

- $v_{GS} = 0$ 之空乏區如圖 6.2(a) 所示（左右二虛線）

- $v_{GS} > 0$ 之空乏區如圖 6.2(a) 所示（中間虛線）

- $v_{GS} > 0$，將 p 型基板之電洞（hole）推往向下，在 p-sub 表面形成空乏區（depletion region），然後再繼續吸引電子並累積電子在表面，形成**反轉層**（inversion layer）

- $v_{GS} >$ 某一定值，使得累積在 D-sub 表面之電子數夠多形成一個通道 channel，此定值稱之**臨界電壓**（threshold voltage）（V_t），也就是說橫跨在 SiO_2 氧化層 2 端之電壓差 $> V_t$ 才會有通道形成。

- 若此時外加一個 v_{DS} 電壓在汲極端，則電流 I_D 由汲極端流向源極端（電子流方向與電流方向相反），如圖 6.2(b) 所示為 nMOSFET 之操作示意圖。

當 $v_{GS} > V_t$

$$\Rightarrow \begin{bmatrix} 反轉電荷（inversion charge）形成反轉層 \\ 有\ n\ 型通道形成 \end{bmatrix}$$

　①電子流方向 $S \rightarrow D$

　② i_D 電流方向 $D \rightarrow S$

　③通道（channel）厚度與 $(v_{GS} - V_t)$ 成正比

(2)在 v_{DS} 很小時（small），反轉層通道（inrersion charge channel）相當於一個電阻，同時此電阻與 $(v_{GS} - V_t)$ 電壓有關，如圖6.3所示。

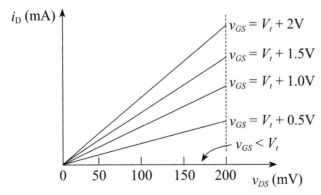

圖 6.3　nMOSFET 在 v_{DS} 很小時之電性行為

由以上說明要有通道形成需 $v_{GS} > V_t$ 才能形成,即增加 v_{GS} ($> V_t$) 去形成通道,稱之 Enhancement type MOSFET (增強型 MOSFET)

(3)when v_{DS} 增大時 (v_{GS} 固定不變) ,如圖6.4所示。

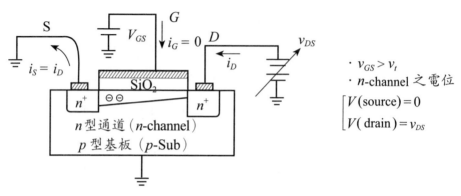

圖 6.4　nMOSFET 在 v_{DS} 很大時之電性操作示意圖

即當 v_{DS} 很大時,通道呈現「梯形狀」非長方形均勻分布,如圖 6.4 所示,放大通道示意圖,如圖 6.5 所示。

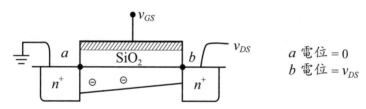

圖 6.5　nMOSFET 在 v_{DS} 很大時之操作示意放大圖

在 a 點形成通道深度之電壓 $= (v_{GS} - O - V_t)$

在 b 點形成通道深度之電壓 $= (v_{GS} - V_{DS} - V_t)$

$\Rightarrow$ 因 $(v_{GS} - Vt) > (v_{GS} - v_{DS} - V_t)$ 所以在 a 點之通道深度較大。

(4)何時通道在b點會消失？

即在 b 點之形成通道電壓 $(v_{GS} - v_{DS} - V_t) = 0$

則沒有通道形成（b 點）此現象稱之 pinched-off（夾止）。

（注意此處所說之形成通道電壓即為橫跨在 SiO_2 二氧化矽氧化層 2 端之跨壓減去 V_t）

MOSFET 通道（channel）變化、v_{DS} 與 i_D 之關係

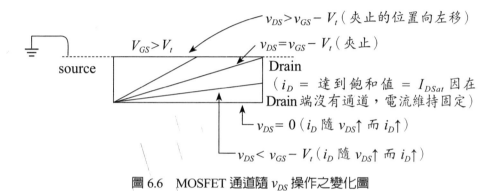

圖 6.6　MOSFET 通道隨 v_{DS} 操作之變化圖

所以，如圖 6.6 所示

$\begin{bmatrix} v_{DS} < v_{GS} - V_t：此區稱之三極體區（triode region）\\ v_{DS} \geq v_{GS} - V_t：此區稱之飽和區（saturation region）\end{bmatrix}$

$v_{Dsat} = v_{GS} - V_t$：MOS 夾止時之 Drain 電壓或 i_D 飽和之 Drain 電壓

相關之 $i_{DS} - v_{DS}$ 如圖 6.7 所示。

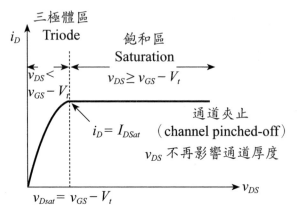

圖 6.7 nMOSFET 在不同 v_{DS} 操作下之 $i_{DS} - v_{DS}$ 圖

6.1.3 $i_D - v_{DS}$ 關係式推導

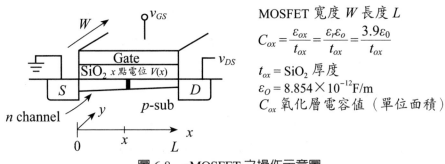

圖 6-8 nMOSFET 之操作示意圖

(1) n channel MOSFET

以圖 6.8 所示，$v_{DS} < v_{Dsat}$（通道未夾止）MOSFET 在三極體區（triode region）

在 x 點之電荷數 $Q_n(x)$（MOSFET width = W）

$Q_n(x) = CV$（at x 點之兩端跨壓）（x 方向 $dL = 1$，y 方向 W）

$Q_n(x) = C_{ox} \cdot W \cdot (V_{GS} - V(x) - V_t)$；（$V(x)x$ 點之電位）

流過 x 截面之電流 $= i_D$

$i_D = Q_n(x) \cdot v$　　　　　　v 為電荷向右移動的速度 velocity

$$v = \mu_n E = \mu_n \frac{dV(x)}{dx} \text{（}\mu_n \text{ 電子移動率 mobility）}$$

$i_D = C_{ox} W(V_{GS} - V(x) - V_t) \cdot \mu_n \dfrac{dV(x)}{dx}$

$i_D \, dx = \mu_n C_{ox} W(V_{GS} - V_t - V(x)) dV(x)$

兩邊取積分從 $O - L$

$\displaystyle \int_o^L i_D \, dx = \int_{V(o)=0}^{V(L)=V_{DS}} \mu n \, C_{ox} W(V_{GS} - V_t - V(x)) dV$

$i_D \cdot L = \mu_n C_{ox} W \left[(V_{GS} - V_t)V - \dfrac{1}{2}V^2 \right]\Big|_o^{V_{DS}}$　在三極體區

$i_D = \dfrac{W}{L} \mu_n C_{ox} \left[(V_{GS} - V_t)V_{DS} - \dfrac{1}{2}V_{DS}^2 \right]$　i_D 電流公式

at Saturation Region $V_{DS} = V_{Dsat} = V_{GS} - V_t$

$i_D = \dfrac{W}{L} \mu_n C_{ox} \left[(V_{GS} - V_t)V_{DS} - \dfrac{1}{2}V_{DS}^2 \right]$

$ = \dfrac{W}{L} \mu_n C_{ox} \left[(V_{GS} - V_t)(V_{GS} - V_t) - \dfrac{1}{2}(V_{GS} - V_t)^2 \right]$

$i_D = \dfrac{1}{2} \dfrac{W}{L} \mu_n C_{ox} (V_{GS} - V_t)^2$　在飽和區

　　　　　　　　　　　　　　　電流公式

其中 $\mu_n C_{ox}$ 為元件製程參數一般以 k'_n（for n MOSFET）

$k'_n = \mu_n C_{ox}$

(2) p channel MOSFET

如圖 6.9 所示，

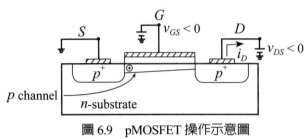

圖 6.9 pMOSFET 操作示意圖

pMOSFET 在正常操作之條件

channel carrier is hole 電洞

$\begin{bmatrix} v_{GS} < 0 \text{ 才能感應出電洞通道} \\ v_{DS} < 0 \\ V_t < 0 \text{ (臨界電壓)} \\ i_D \text{方向 (Source} \rightarrow \text{Drain)} \end{bmatrix}$

所以和 nMOSFET 比較

所有操作方式,即大小相等、

方向相反

當 V_G 小於 V_t 時,才會形
成 P 型通道,電流方向為
$S \rightarrow D$ 與 nMOS 之 i_D 比較
$i_D (\text{nMOS}) = -i_D(\text{pMOS})$

(3) 互補式 (complementary) MOS or CMOS

所謂 CMOS 技術是指使用「2 種」不同極性的 MOS 電晶體同時做在同一基板 (substrate) 上,如圖 6.10 所示,即 nMOS 與 pMOS 2 種元件來設計電路,目前業界大部分使用 CMOS 技術設計產品。

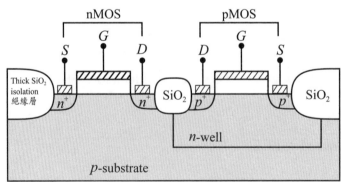

圖 6.10 CMOSFET 之物理剖面圖

在 *p*-substrate 上製作 nMOS 與 pMOS 元件設計 CMOS 積體電路產品
（CMOS integrated Circuit）

6.2　電流與電壓特性

MOSFET 的操作方式可分為在截止區（cut-off），三極體區（triode）
以及飽和（saturation）區，表 6.1 所示為相關之表示方式以及電流－電壓
關係式，詳細說明如下：

表 6.1　nMOSFET 的操作模式

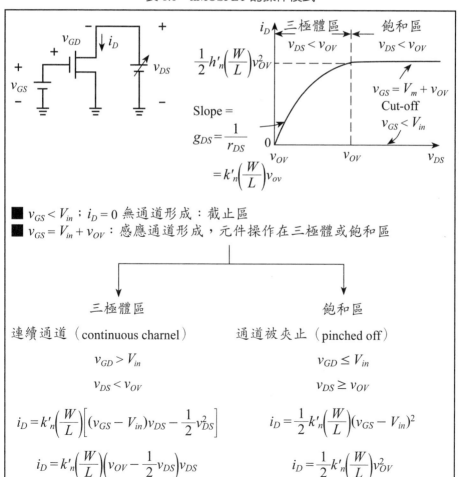

■ $v_{GS} < V_{in}$：$i_D = 0$ 無通道形成：截止區
■ $v_{GS} = V_{in} + v_{OV}$：感應通道形成，元件操作在三極體或飽和區

三極體區

連續通道（continuous charnel）

$$v_{GD} > V_{in}$$

$$v_{DS} < v_{OV}$$

$$i_D = k'_n\left(\frac{W}{L}\right)\left[(v_{GS} - V_{in})v_{DS} - \frac{1}{2}v_{DS}^2\right]$$

$$i_D = k'_n\left(\frac{W}{L}\right)\left(v_{OV} - \frac{1}{2}v_{DS}\right)v_{DS}$$

飽和區

通道被夾止（pinched off）

$$v_{GD} \leq V_{in}$$

$$v_{DS} \geq v_{OV}$$

$$i_D = \frac{1}{2}k'_n\left(\frac{W}{L}\right)(v_{GS} - V_{in})^2$$

$$i_D = \frac{1}{2}k'_n\left(\frac{W}{L}\right)v_{OV}^2$$

6.2.1 電路符號

圖 6.11 為增強型 nMOSFET 之線路符號表示，我們習慣由 P 型向 N 型箭頭方向表示。

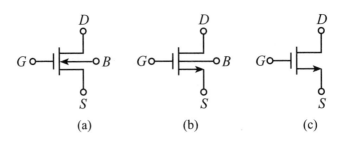

(a)   (b)   (c)

圖 6.11   nMOSFET 的各種線路符號表示圖

6.2.2 $i_{DS} - V_{DS}$ 特性（n型增強型 MOSFET，詳述於6.11章節）

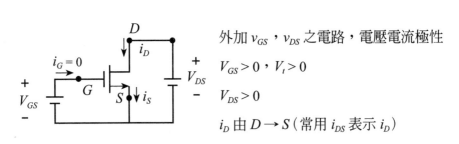

外加 v_{GS}，v_{DS} 之電路，電壓電流極性

$V_{GS} > 0$，$V_t > 0$

$V_{DS} > 0$

i_D 由 $D \to S$（常用 i_{DS} 表示 i_D）

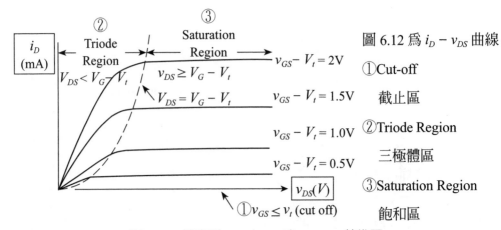

圖 6.12 為 $i_D - v_{DS}$ 曲線

①Cut-off

截止區

②Triode Region

三極體區

③Saturation Region

飽和區

圖 6.12   增強型 nMOSFET 之 $i_{DS} - v_{DS}$ 特性圖

各操作區說明

① 截止區（cut-off region）　$v_{GS} < V_t, i_D = O$

② 三極體區（triode region）　$v_{GS} > V_t, \dfrac{V_{DS} < v_{GS} - V_t}{(v_{GD} > V_t, v_{GD} = v_{GS} - V_{DS})}$

$i_D = k'_n \dfrac{W}{L}\left[(V_{GS} - V_t)V_{DS} - \dfrac{1}{2}V_{DS}^2\right], k'_n = \mu n C_{OX}$

IF v_{DS} small

$i_D \fallingdotseq k'_n \dfrac{W}{L}(v_{GS} - V_t)v_{DS}$

$$\boxed{\,r_{DS} \equiv \dfrac{v_{DS}}{i_D} = k'_n \dfrac{W}{L}(v_{GS} - V_t)]^{-1}\,}$$
r_{DS} 稱為線性通道電阻。

所以在 v_{DS} 小時 i_{DS} 與 v_{DS} 成線性關係，此時元件近似為一電阻，如圖 6.13 所示。

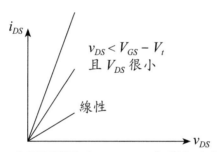

圖 6.13　nMOSFET 在三極體區（triode region）操作時之 $i_{DS} - v_{DS}$ 之微觀示意圖

③ 飽和區（saturation region）$v_{GS} > V_t, v_{DS} > V_G - V_t$

(channel pinched off)

$(v_{GD} < V_t, V_{GD} = v_{GS} - v_{DS})$

$i_D = \dfrac{1}{2}k'_n \dfrac{W}{L}(v_{GS} - V_t)^2$

此時 i_D 與 v_{DS} 無關，與 $(v_{GS} - V_t)$ 大小成平方有關，相關元件特性如圖 6.14 所示。

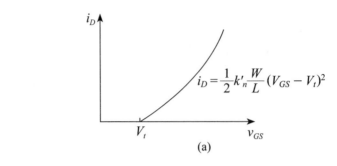

(a)

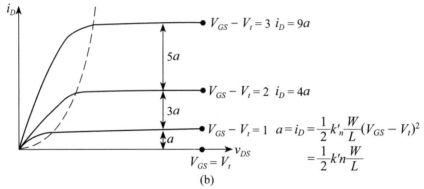

(b)

nMOS 在飽和區操作之大信號等效電路

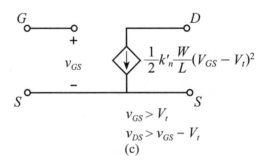

(c)

nMOS 各端點在操作時相對位階

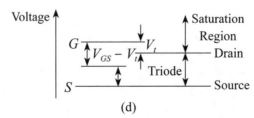

(d)

圖 6.14　增強型 nMOSFET 在飽和區操作之相關元件特性圖

6.2.3 通道長度調變

實際上 MOS 在飽和區操作時，當 v_{DS} 增大時，因 pinched-off 點向通道中間移動，使得有效通道長度縮小此效應稱之為通道長度調變效應（channel length modulation），如圖 6.15(a) 所示。

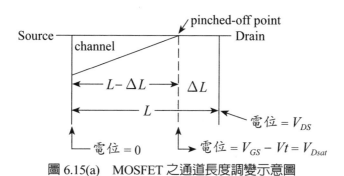

圖 6.15(a) MOSFET 之通道長度調變示意圖

此通道長度變小使得 i_D 隨 V_{DS} 增加而增大

$$i_D = \frac{1}{2}k'_n\frac{W}{L-\Delta L}(V_{GS}-V_t)^2$$

$$= \frac{1}{2}k'_n\frac{W}{L}\left(\frac{1}{1-\frac{\Delta L}{L}}\right)(V_{GS}-V_t)^2$$

$$\doteq \frac{1}{2}k'_n\frac{W}{L}\left(1+\frac{\Delta L}{L}\right)(V_{GS}-V_t)^2 \text{（泰勒展開）}$$

$$\doteq \frac{1}{2}k'_n\frac{W}{L}(V_{GS}-V_t)^2(1+\frac{\lambda'}{L}v_{DS})$$

$$\boxed{i_D \doteq \frac{1}{2}k'_n\frac{W}{L}(V_{GS}-V_t)^2(1+\lambda v_{DS})} \quad \begin{bmatrix} V_{DS} \uparrow 則\Delta L \uparrow \\ 則 i_D \uparrow \end{bmatrix}$$

$\lambda' = $ process parameter $\quad \lambda = \frac{\lambda'}{L}$ （單位$\frac{1}{V}$）

$$\lambda = \frac{1}{V_A} \quad V_A：\text{Early Voltage}$$

$$\boxed{i_D \doteq \frac{1}{2}k'_n\frac{W}{L}(V_{GS}-V_t)^2(1+\frac{1}{V_A}V_{DS})}$$

有V_A Voltage之$i_{DS} - V_{DS}$曲線，如圖6.15(b)。

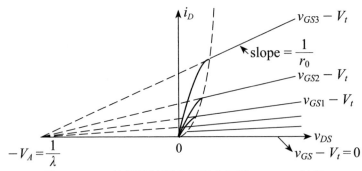

圖 6.15(b) 考慮通道長度調變之元件 $i_{DS} - V_{DS}$ 特性

Drain端輸出電阻（對小訊號而言）

$$i_D = \frac{1}{2}k'_n\frac{W}{L}(v_{GS} - V_t)^2\left(1 + \frac{v_{DS}}{V_A}\right)$$

$$r_o = \left[\frac{\partial i_D}{\partial v_{DS}}\bigg|_{v_{GS} = V_{GS}}\right]^{-1} = \left[\frac{1}{2}k'_n\frac{W}{L}(V_{GS} - V_t)^2 \cdot \frac{1}{V_A}\right]^{-1} = \frac{V_A}{I_D}$$

$$\therefore \boxed{r_o = \frac{V_A}{I_D}} (I_D \text{ 為 } v_{GS} = V_{GSQ} \text{ 下之直流電流值})$$

6.2.4 p 型通道（p channel）MOSFET特性

p 型 MOSFET 與 nMOSFET 之操作方式，即施予電壓相同但正負相反，相關電路符號如圖 6.16 所示。

電路符號
pMOS

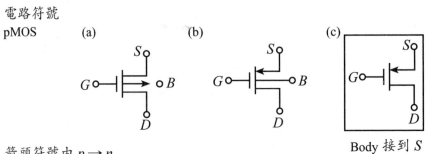

圖 6.16 pMOSFET 之相關元件符號

$i_D - v_{DS}$ 特性曲線（p 型增強型 MOSFET），如圖 6.17(a) 所示，特性如圖 6.17(b) 所示。

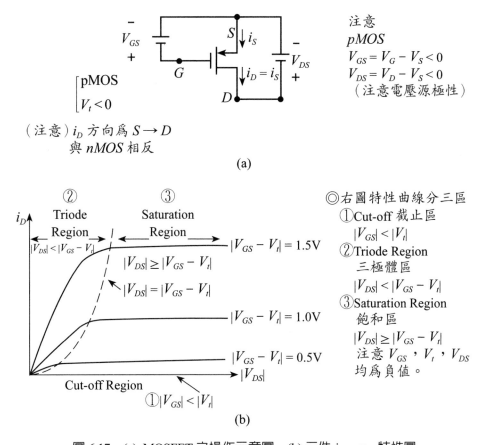

(a)

(b)

圖 6.17　(a)pMOSFET 之操作示意圖，(b) 元件 $i_{DS} - v_{DS}$ 特性圖

6.2.5 $\begin{bmatrix} n\text{MOS} \\ p\text{MOS} \end{bmatrix} i_D - V_{DS}$，**電流公式總比較，如圖6.18所示**

(1) 結構與電路符號

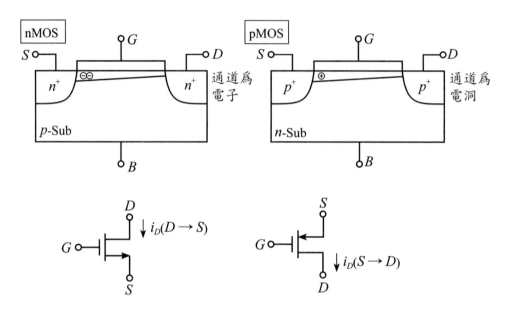

$$i_D(\text{pMOS}) = -i_D(\text{nMOS})$$
大小相同，方向相反

①$V_t > 0$（約 0.7）
　　$V_{GS} > 0$
　　$V_{DS} > 0$
②$V_{GS} > V_t$
　　才有 n 型通道形成
③$V_{DS} \geq V_{GS} - V_t$
　　nMOS Saturation
　　通道夾止

①$V_t < 0$（約 -0.7）　$|V_t| > 0$
　　$V_{GS} < 0$　　　　　　$V_{SG} > 0$
　　$V_{DS} < 0$　　　　　　$V_{SD} > 0$
②V_G 電位<u>小於 V_t</u>
　　才有 P <u>型通道</u> $\Rightarrow \boxed{V_{SG} > |V_t|}$
　　形成
③V_D 電位<u>小於</u>
　　<u>$|V_{GS} - V_t|$</u> $\Rightarrow \boxed{V_{SD} \geq V_{SG} - |V_t|}$
　　pMOS Saturation
　　通道夾止

(2) 電流公式

nMOS

$$
\begin{bmatrix}
i_D = \dfrac{W}{L}k'_n[(V_{GS}-V_t)V_{DS}-\dfrac{1}{2}V_{DS}^2] \\
\quad(三極體區) \\
i_D = \dfrac{1}{2}\dfrac{W}{L}k'_n(V_{GS}-V_t)^2 \\
\quad(飽和區)
\end{bmatrix}
$$

pMOS

$$
\begin{bmatrix}
i_D = \dfrac{W}{L}k'_p[(V_{GS}-V_t)V_{DS}-\dfrac{1}{2}V_{DS}^2] \\
\quad(三極體區) \\
i_D = \dfrac{1}{2}\dfrac{W}{L}k'_p(V_{GS}-V_t)^2 \\
\quad(飽和區)
\end{bmatrix}
$$

（兩者型態相同）注意 $\begin{bmatrix}V_{GS}\\V_{DS}\\V_t\end{bmatrix}$ 在 nMOS 爲正值，在 pMOS 爲負值

(3) $i_D - V_{DS}$ 特性曲線

$$
\begin{bmatrix}
\text{nMOS } i-V \text{ 在第一象限} \\
\text{pMOS } i-V \text{ 在第三象限}
\end{bmatrix}
$$

將 nMOS/pMOS 重疊在第一象限

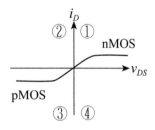

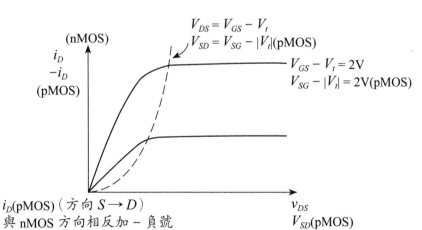

$V_{DS} = V_{GS} - V_t$
$V_{SD} = V_{SG} - |V_t|$(pMOS)

$V_{GS} - V_t = 2\text{V}$
$V_{SG} - |V_t| = 2\text{V}$(pMOS)

i_D(pMOS)（方向 $S \rightarrow D$）
與 nMOS 方向相反加 – 負號

v_{DS}
V_{SD}(pMOS)

(4) 電位比較〔以源極（Source）電位為基準點〕

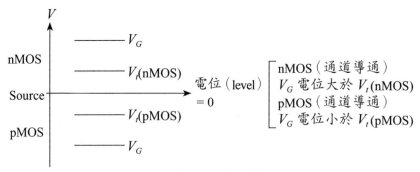

圖 6.18 nMOS 與 pMOS 之臨界電壓與端點操作電壓極性整理與比較

範例 6.1

請劃出 n-MOSFET 電晶體在各種 V_{gs} 電壓下的 $I_{ds} - V_{ds}$ 曲線，V_{gs} 電壓使用 $V_{gs1} > V_{gs2} > V_{gs3} > V_T$，並解釋說明曲線。　　【92 台科大電子所丙】

解

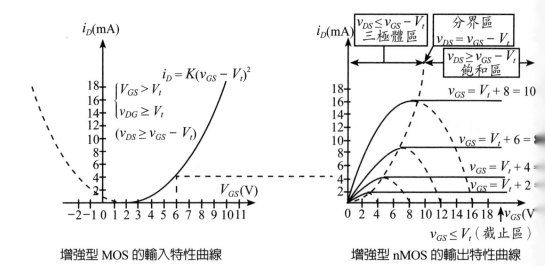

範例 6.2

有一 nMOS 電晶體，使用 $0.18\mu m$ 製程技術製作，其中通道長度與寬度分別為 $L = 0.18\mu m$，$W = 2\mu m$，氧化層電容 $C_{ox} = 8.6fF/\mu m^2$，電子移動率 $= 450cm^2/v.s$，臨界電壓 $V_{tn} = 0.5V$。

(a) 求 MOSFET 電晶體 $I_D = 100\mu A$ 操作在飽和區邊緣的 V_{GS} 與 V_{DS} 電壓

(b) 若 V_{GS} 保持定值，求 V_{DS} 使得電晶體 $I_D = 50\mu A$

(c) 分析 MOSFET 電晶體當做線性放大器（linear amplifier），讓電晶體操作在飽和區且 $V_{DS} = 0.3V$，並計算 v_{GS} 從 0.7V 改變 +0.01V 及 −0.01V 之 i_D 的變化量

解

計算製程轉移電導參數 k'_n

$$k'_n = \mu_n C_{ox}$$
$$= 450 \times 10^{-4} \times 8.6 \times 10^{-15} \times 10^{12} A/V^2$$
$$= 387\mu A/V^2$$

計算電晶體轉移電導參數 k_n

$$k_n = k'_n \left(\frac{W}{L}\right)$$
$$= 387\left(\frac{2}{0.18}\right) = 4.3 \, mA/V^2$$

(a) 依題目電晶體操作在飽和區

$$I_D = \frac{1}{2}k_n V_{OV}^2$$

因此

$$100 = \frac{1}{2} \times 4.3 \times 10^3 \times V_{OV}^2$$

得到

$$V_{OV} = 0.22V$$

因此

$$V_{GS} = V_m + V_{OV} = 0.5 + 0.22 = 0.72V$$

因電晶體操作在飽和區邊緣

$$V_{DS} = V_{OV} = 0.22V$$

(b) 因此 V_{GS} 保持在 0.72V，V_{DS} 減小使得 I_{DS} 從飽和區減少而進入到三極體線性區

$$I_D = k_n \left[V_{OV} V_{DS} - \frac{1}{2} V_{DS}^2 \right]$$

$$50 = 4.3 \times 10^3 \left[0.22 V_{DS} - \frac{1}{2} V_{DS}^2 \right]$$

整理 V_{DS}

$$V_{DS}^2 - 0.44 V_{DS} + 0.023 = 0$$

解方程式得 V_{DS}

$$V_{DS} = 0.06 \text{ V and } V_{DS} = 0.39V$$

因電晶體操作在三極體、線性區，所以 $V_{DS} = 0.39$ 不合，因此

$$V_{DS} = 0.06V$$

(c) $V_{GS} = 0.7$，$V_{OV} = 0.2V$，因 $V_{DS} = 0.3V$，電晶體操作在飽和區，因此

$$I_D = \frac{1}{2} k_n V_{OV}^2$$

$$= \frac{1}{2} \times 4300 \times 0.04$$

$$= 86 \text{ μA}$$

當 $v_{GS} = 0.7 + 0.01 = 0.71V$，則 $v_{OV} = 0.21V$

$$i_D = \frac{1}{2} \times 4300 \times 0.21^2 = 94.8 \text{ μA}，\Delta i_D = 94.8 - 86 = 8.8\text{μA}$$

當 $v_{GS} = 0.7 - 0.01 = 0.69V$，則 $v_{OV} = 0.19V$

$$i_D = \frac{1}{2} \times 4300 \times 0.19^2 = 77.6\,\mu\text{A}，\Delta i_D = 77.6 - 86 = -8.4\mu\text{A}$$

因此，$\Delta V_{GS} = + 0.01\text{V}$，$\Delta i_D = 8.8\mu\text{A}$

$\quad\quad \Delta V_{GS} = -0.01\text{V}$，$\Delta i_D = -8.4\mu\text{A}$

以上 2 個 ΔV_{GS} 的改變對 Δi_D 的變化量，幾乎相同，因 MOSFET 在近線性區操作，且 ΔV_{GS} 的變化量小，而得到的結果此爲小訊號放大器的原理，將在後面 6.6 節小訊號放大器章節內詳細說明。

範例 6.3 ✐ ────────────────────────────

以下敘述有關 MOSFET 電晶體基底效應（body effect）的描述何者不正確？

(a) 由於 V_{DS} 電壓造成電晶體通道長度調變所造成的。

(b) 對 p-MOSFET 電晶體，此效應使得電晶體的臨界電壓 V_{tp} 往更負的電壓增加。

(c) 轉移電導 g_{mb} 通常小於 g_m，因爲 V_{GB} 的電壓影響所致。

(d) 在 MOS 源極隨耦器（source follower）電路，此效應會減少輸出電阻（Rout）。

(e) 以上 (a)，(b)，(c) 與 (d) 描述都是正確的。

【92 台大電機所電子學 (B)】

答

(a)

解

by V_{SB}

範例 6.4 ✐————————————————————————————

有一 nMOS 電晶體，$V_{to} = 0.8V$，$2\phi_f = 0.7V$，$V = 0.4V^{1/2}$ 試計算當 $V_{SB} =$ 3V 時的臨界電壓 V_t 爲多少？

解

$$V_t = V_{to} + V(\sqrt{2\phi_f + 3} - \sqrt{2\phi_f})$$

$$= 0.8 + 0.4 \times (\sqrt{0.7 + 3} - \sqrt{0.7})$$

$$= 0.8 + 0.4 \times 1.087$$

$$= 0.8 + 0.435$$

$$\doteq 1.23V$$

6.2.6 基底偏壓—基底效應（Substrate Bias-Body Effect）

若基板（base）施加一負偏壓，即（$V_{BS} < 0$），將造成 nMOSFET 的截止電壓（V_t）之變化，此現象爲基底效應，如圖 6.19 所示。

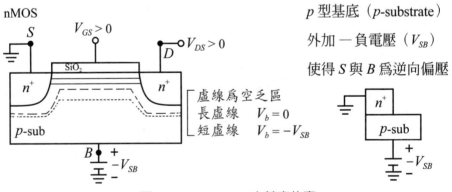

圖 6.19　nMOSFET 之基底效應

$$V_t = V_{t0} + \gamma \left[\sqrt{2\phi f + V_{SB}} - \sqrt{2\phi f} \right]$$

V_{t0} : $V_{SB} = 0$ 之 V_t 臨界電壓

$\gamma = \dfrac{\sqrt{qN_A 2\varepsilon_s}}{C_{ox}}$: 製程參數

$2\phi f \doteqdot 0.6$

使得空乏區（*p*-substrate）向下增大，同時使空乏區內向下之電場增加，使得 *n* 型通道深度因空乏區電場增加而變小。若要得到相同深度則 V_{GS} 要增大。也就是元件臨界電壓 V_t 因有 $-V_{SB}$ 而變大此爲基底效應（body effect）。

6.2.7　溫度效應（Temperature Effect）

溫度↑ : $V_t = V_t - 2\text{mV}/^\circ\text{C}$ ↓

　　　　 : $k'(= \mu_n C_{ox})$ ↓ ↓

　　　　　　 或$\mu_n C_{ox}$

⇒ 使得 MOS i_D 飽和電流 ↓

6.2.8　MOS元件崩潰與輸入保護（Breakdown and input Protection）

崩潰（breakdown）發生的地方

①Source 或 Drain 與 *p*-Substrate 爲一 pn 接面，有 pn 接面崩潰現象，崩潰電壓（breakdown voltage(V_{BD}) = 20V − 150V）。

②當 V_{DS} 很大時，*D* 端的空乏區接觸到 *S* 端的空乏區，此時 *S* 點的電子不經通道直接經空乏區之電場到達 *D* 端造成漏電稱爲擊穿崩潰（punch-through）。（$V_{BD} \doteqdot 20\text{V}$）

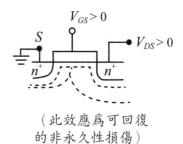

（此效應爲可回復的非永久性損傷）

③氧化層 SiO_2 崩潰（oxide breakdown）

V_{GS} 過大使氧化層漏電流變很大，此時稱氧化層崩潰。

崩潰電壓約為 30V

所以 MOSFET 閘極端要加保護電路保護防止靜電效應使閘極氧化層崩潰。

6.3 MOSFET 直流電路分析

此節為了計算之簡化假設通道調變之 $\lambda = 0$ 且令 $[V_{OV} = V_{GS} - V_t]$，$V_{Or} =$ over drive voltage 解題方法與 BJT 相同，先假設元件操作在飽和或三極體區，之後再驗證假設是否正確。

範例 6.5 ✎ ─────────────────────────

nMOS 參數 $V_t = 0.7V$，$k'_n = \mu_n C_{ox} = 100\mu A/V^2$，$L = 1\mu m$，$W = 32\mu m$，設計 R_D，R_S 使得 $I_D = 0.4mA$，$V_D = 0.5V$。

解

假設在飽和區

$$I_D = \frac{1}{2}\mu_n C_{ox}\frac{W}{L}(V_{GS} - V_t)^2$$

① $400\mu A = \frac{1}{2} \times 100 \times \frac{32}{1}(V_{GS} - V_t)^2$

$V_{OV}^2 = (V_{GS} - V_t)^2$

$V_{OV} = (V_{GS} - V_t) = 0.5V$

$V_{GS} = 0.5 + V_t = 1.2V$，$V_S = -1.2V$

$\therefore V_{DS} = 1.7V > (V_{GS} - V_t) = 0.5V$

$\therefore$ nMOS at（確實在飽和區）假設正確

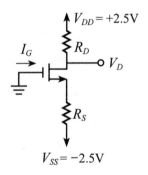

②$V_S = 0 - V_{GS} = -1.2V$

$$R_S = \frac{V_S - (-2.5V)}{I_D} = \frac{-1.2 + 2.5}{0.4\text{mA}} = \frac{1.3V}{0.4\text{mA}} = 3.25\text{k}\Omega$$

$$V_D = 0.5V \quad R_D = \frac{2.5 - V_D}{0.4\text{mA}} = \frac{2.0}{0.4} = 5\text{k}\Omega$$

注意 $I_G = 0$

範例 6.6

如圖 nMOSFET 偏壓電路，$V_t = 1V$，$\mu_n C_{ox} = 60\mu\text{A/V}^2$，
$W/L = 120\ \mu\text{m}/3\mu\text{m}$，$I_D = 0.3\text{mA}$，$V_D = +0.4V$，求 R_S 與
R_D 電阻值

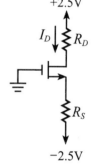

解

設 MOS 在飽和區

$$\text{ID} = \frac{1}{2}\mu_n C_{ox} \frac{W}{L}(V_{GS} - V_t)^2$$

$$0.3 = \frac{1}{2} \times 60 \times 10^{-3} \times \frac{120}{3}(V_{GS} - 1)^2$$

$$(V_{GS} - 1) = 0.5V$$

$$V_{GS} = 0.5V，V_S = -1.5V$$

$$R_S = \frac{-1.5V - (-2.5V)}{0.3\text{mA}} = \frac{1V}{0.3\text{mA}} = 3.3\text{k}\Omega$$

MOS 在飽和區 $\quad V_{GS} - V_t = V_{DS\ sat}$

$$V_{DS\ sat} = 0.5V \quad V_D = V_S + 0.5 = -1.5 + 0.5 = -1.0V$$

$$R_D = \frac{2.5 - (-1.0)}{0.3} = \frac{3.5}{0.3} = 7\text{k}\Omega$$

範例 6.7

nMOS 電晶體參數 $k_n = k'_n(W/L)$ 及臨界電壓 V_{tn}，忽略電晶體通道長度

調變效應，電晶體電路之閘極與汲極連接在一起即所謂的
2 極體連接電晶體（diode-connected transistor）如圖所示

解

$v_D = v_G$ 表示電晶體操作在飽和區

$$i_D = \frac{1}{2}k'_n\left(\frac{W}{L}\right)(v_{GS} - V_{tn})^2$$

$i = i_D$ 且 $v = v_{GS}$

因此
$$i = \frac{1}{2}k'_n\left(\frac{W}{L}\right)(v - V_{tn})^2$$

$k'_n\left(\frac{W}{L}\right) = k_n$

因此
$$i = \frac{1}{2}k_n(v - V_{tn})^2$$

範例 6.8

(a) 如圖 (a) 電路 $V_D = 0.8\text{V}$，nMOS $V_{tn} = 0.5\text{V}$，$\mu_n C_{ox} = 0.4\text{mA/V}^2$，$W/L = \dfrac{0.72\mu\text{m}}{0.18\mu\text{m}}$，且 $\lambda = 0$，求 $R = ?$

(b) 如圖 (b) 電路所示，$Q_1 = Q_2$ 為相同的電晶體，圖 (b) 電路為圖 (a) 電路的延伸，R 為圖 (a) 之電阻值，試計算 R_2 值使得 Q_2 操作在飽和區邊緣。

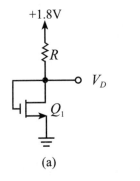

(a)

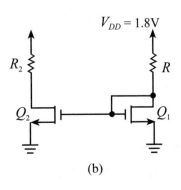

(b)

解

(a) $I_D = \dfrac{1.8 - 0.8}{R} = \dfrac{1}{2}\dfrac{W}{L}\mu_n C_{ox}(V_{gs} - V_{tn})^2$

$\quad I_D = \dfrac{1}{2} \times \dfrac{0.72\mu m}{0.18\mu m} \times 0.4\text{mA/V}^2 \times (0.8 - 0.5)^2$

$\qquad = \dfrac{1}{2} \times 4 \times 0.4 \times 0.09 = 0.072\text{mA}$

$\quad R = \dfrac{1}{0.072\text{mA}} = 13.9\text{k}\Omega$

(b) $\because V_G = 0.8\text{V}$，$V_{Dsat} = V_{GS} - V_{tn} = 0.8 - 0.5 = 0.3\text{V}$

$\quad R_2 = \dfrac{1.8 - 0.3}{0.072\text{mA}} = 20.8\text{k}\Omega$

範例 6.9

如圖 nMOS 偏壓電路，$V_D = 0.1\text{V}$，$V_{tn} = 1\text{V}$

及 $k'_n\left(\dfrac{W}{L}\right) = 1\text{mA/V}^2$，計算電晶體源極到汲

極間有效電阻值$r_{DS} = \dfrac{V_{DS}}{I_{DS}}$及 R_D 電阻值

解

$\because V_G = 5\text{V}$，$V_D = 0.1\text{V}$，$V_{GD} > V_{tn}$

所以電晶體操作在三極體區

因此 $\qquad I_D = k'_n\dfrac{W}{L}\left[(V_{GS} - V_{tn})V_{DS} - \dfrac{1}{2}V_{DS}^2\right]$

$\qquad\qquad I_D = 1 \times \left[(5 - 1) \times 0.1 - \dfrac{1}{2} \times 0.01\right]$

$\qquad\qquad\quad = 0.395 \text{ mA}$

因此 $\qquad R_D = \dfrac{V_{DD} - V_D}{I_D}$

$\qquad\qquad\quad = \dfrac{5 - 0.1}{0.395} = 12.4\text{k}\Omega$

源汲極間電阻 $r_{DS} = \dfrac{V_{DS}}{I_D}$

$$= \dfrac{0.1}{0.395} = 253\Omega$$

範例 6.10 ✦

如同範例 6.9 的電路，若 R_D 增為 2 倍，求 I_D 與 V_D。

解

即 $R_D = 2 \times 12.4\text{k}\Omega = 24.8\text{k}\Omega$

一樣 $V_G > V_D$ 且 $V_{GD} > V_t$ 電晶體在三極體區，

$$\begin{cases} I_D = k'_n\left(\dfrac{W}{L}\right)\left[(V_{GS} - V_{tn})V_{DS} - \dfrac{1}{2}V_{DS}^2\right] \\ I_D = \dfrac{5 - V_{DS}}{24.8\text{K}} \end{cases}$$

$$\therefore \dfrac{5 - V_{DS}}{24.8\text{K}} = 1\text{mA/V}^2\left[(5 - 1)V_{DS} - \dfrac{1}{2}V_{DS}^2\right]$$

$$5 - V_{DS} = 24.8\left[4V_{DS} - \dfrac{1}{2}V_{DS}^2\right]$$

$$12.4V_{DS}^2 - 99.2V_{DS} - V_{DS} + 5 = 0$$

$$12.4V_{DS}^2 - 100.2V_{DS} + 5 = 0$$

$$V_{DS}^2 - 8.08V_{DS} + 0.4 = 0 \Rightarrow V_{DS} = 0.05\text{V}$$

$$V_{DS} = 8.03\text{V（不合）}$$

$$I_{DS} = \dfrac{5 - 0.05}{24.8\text{K}} = 0.2\text{mA}$$

6.4 MOSFET 作放大器與開關大信號輸入 — 輸出轉移特性

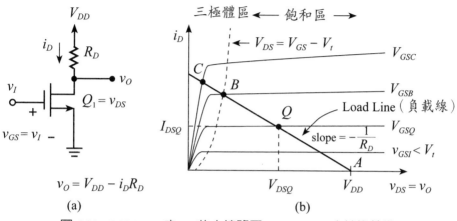

$v_O = V_{DD} - i_D R_D$

(a)   (b)

圖 6.20　MOSFET 之 (a) 放大線路圖，(b)$i_D - v_{DS}$ 之轉換特性

如圖 6.20(a) 所示，方程式 $i_D = \dfrac{v_{DD} - v_O}{R_D} = \dfrac{v_{DD} - v_{DS}}{R_D}$ ①

$$\frac{\partial i_D}{\partial V_{DS}} = -\frac{1}{R_D} \Leftarrow \text{slope}$$

方程式 $i_D = \dfrac{W}{L} k'_n [(V_{GS} - V_t)V_{DS} - \dfrac{1}{2}V_{DS}^2]$ ②

①與②式交點即為工作點 Q

如圖 6.20(b) 所示，$V_{GS} = V_{GSQ} = V_I$　工作點 = Q（飽和區）

$\qquad\qquad\qquad V_{GS} = V_{GSB} = V_I$　工作點 = B（邊界飽和區）

$\qquad\qquad\qquad V_{GS} = V_{GSC} = V_I$　工作點 = C（三極體區）

$\qquad\qquad\qquad (V_{GSQ} < V_{GSB} < V_{GSC})$

$\qquad\qquad\qquad V_I$ 由小變大則 nMOS 從飽和區→三極體區

若將 $i_D - v_{DS}$ 轉換成 $v_D - v_I$ 之轉換特性圖，即如圖 6.21 所示。

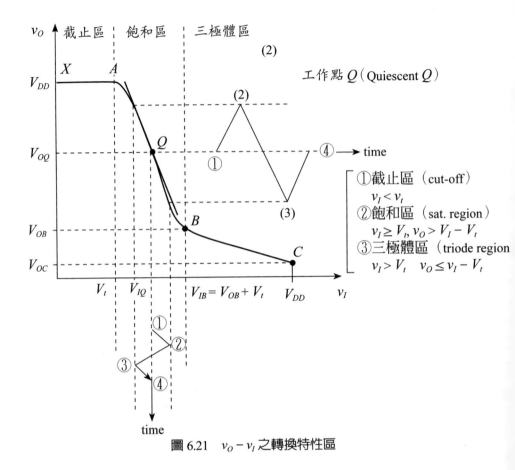

圖 6.21　$v_O - v_I$ 之轉換特性區

MOSFET 在飽和區當放大器使用

$$i_D = \frac{1}{2}\mu_n C_{ox} \frac{W}{L}(V_{GS} - V_t)^2 \; ; \; (v_{GS} = v_I)$$

$$i_D = \frac{1}{2}\mu_n C_{ox} \frac{W}{L}(v_I - V_t)^2$$

$$v_O = V_{DD} - i_D R_D = V_{DD} - \frac{1}{2}R_D \mu_n C_{ox} \frac{W}{L}(v_I - V_t)^2$$

$$A_v \equiv \frac{v_O}{v_I}\bigg|_{v_I = v_{IQ}} = -R_D \mu_n C_{ox} \frac{W}{L}(v_{IQ} - V_t)$$

$$A_v = -\frac{R_D 2I_{DQ}}{(V_{IQ} - V_t)} = -\frac{2(V_{DD} - V_{OQ})}{V_{IQ} - V_t} = -\frac{2V_{RD}}{VOV}$$

$$\begin{cases} V_{RD} = V_{DD} - V_{OQ} \\ V_{OV} = V_{IQ} - V_t \end{cases}$$

MOSFET 在三極體區相當於一個電阻，如圖 6.22 所示。

$$v_I \geq V_t \text{ , } v_O \leq v_I - V_t$$

$$i_D = \mu_n C_{ox} \frac{W}{L} \left[(v_I - V_I)v_o - \frac{1}{2}v_o^2 \right]$$

$$v_o = V_{DD} - i_D R_D$$

$$v_o = V_{DD} - R_D \mu_n C_{ox} \frac{W}{L} \left[(v_I - V_t)v_o - \frac{1}{2}v_o^2 \right]$$

IF v_O is small v_o^2 is small

$$v_o = V_{DD} - R_D \mu_n C_{ox} \frac{W}{L} (v_I - V_t)v_o$$

$$v_o = \frac{V_{DD}}{1 + R_D \mu_n C_{ox} \frac{W}{L} (v_I - V_t)}$$

其中 $r_{DS} = \frac{v_o}{i_D} \Big|_{v_o}$ is small $= \frac{1}{\mu_n C_{ox} \frac{W}{L} (v_I - V_t)}$

$$\therefore v_o = \frac{V_{DD}}{1 + R_D \times \frac{1}{r_{DS}}} = V_{DD} \times \frac{r_{DS}}{r_{DS} + R_D}$$

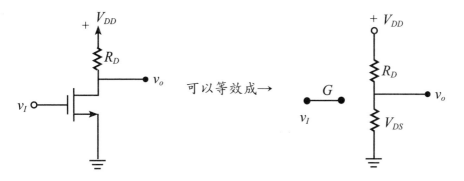

圖 6.22 MOSFET 在三極體區操作之示意圖

因此 MOSFET 在截止區與三極體的操作類似開關的動作（Switch）。

直流工作點（直流偏壓點）Q_1，Q_2，Q_3，如圖 6.23 所示。

Q_1 point, MOS 當放大器 v_O 負波形將會被截掉，輸出波形失眞。

Q_2 point, MOS 當放大器 v_Q 正波形將會被截掉，輸出波形失眞。

Q_3 point 爲最佳工作點在 V_{DD} 與 $(V_{GS} - V_t)$ 之中點

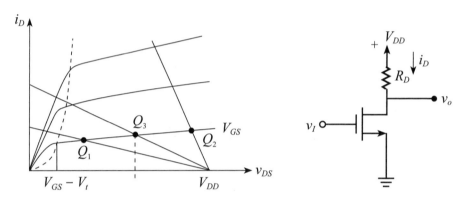

圖 6.23　nMOS 放大線路在不同值流偏壓點之操作情形

範例 6.11

如圖 MOS 電晶體放大器，$V_{DD} = 1.8V$，$R_D = 17.5k\Omega$，電晶體 $V_t = 0.4V$，$k_n = 4 \text{ mA/V}^2$ 及 $\lambda = 0$，試計算電壓轉移曲線（Voltage transfer curre）的 A，B 的座標值，以及 $V_{DS}|_C$ 的值（設 $V_{GS}|_C = V_{DD}$）

解

(a) 在截止／飽和區邊界的條件，看電晶體截止的 V_{GS} 與 V_D 電壓決定 A 點電壓值

$V_{GS} = V_t = 0.4V$，$v_O = V_{DD} = 1.8V$

(b) 在飽和區與三極體區邊界的條件

$$V_{GD} = V_{GS} - V_O = V_t = 0.4V$$

$$\Rightarrow V_{GS} - V_{DS} = 0.4V \Rightarrow V_{GS} - [V_{DD} - I_D \times R_D] = 0.4$$

$$I_D = \frac{1}{2} k_n (V_{GS} - V_t)^2 \quad \therefore V_{GS} - [V_{DD} - \frac{1}{2} k_n (V_{GS} - V_t)^2 \times R_D] = 0.4$$

$$\therefore V_{GS} - [1.8 - \frac{1}{2} \times 4 \times 17.5(V_{GS} - 0.4)^2] = 0.4$$

$$V_{GS} - 1.8 + 35(V_{GS}^2 - 0.8V_{GS} + 0.16) = 0.4$$

$$35V_{GS}^2 - 27V_{GS} + 3.4 = 0 \text{，} V_{GS}^2 - 0.771V_{GS} + 0.0971 = 0$$

$$V_{GS} = \frac{0.771 \pm \sqrt{0.771^2 - 4 \times 0.0971}}{2} = \frac{0.771 \pm 0.454}{2}$$

$$= 0.613V \text{ or } 0.1585V（不合）$$

$$I_D = \frac{1}{2} K_n (0.613 - 0.4)^2 = \frac{1}{2} \times 4 \times (0.213)^2 = 0.0907mA = 90.7\mu A$$

$$V_O = V_{DS} = V_{GS} - V_t = 0.613 - 0.4 = 0.213V$$

(c) 計算 $V_{DS}|_C$ 值，因 $V_{GS}|_C = V_{DD} = 1.8V \quad \therefore V_{GS} - V_t = 1.4V$

$$I_D = k_n((V_{GS} - V_t) \cdot V_{DS} - \frac{1}{2} V_{DS}^2) \quad \because V_{DS} \text{ 很小可忽略}$$

$$\therefore I_D = k_n (V_{GS} - V_t) V_{DS} \quad \therefore V_{DS} = I_D \times \frac{1}{k_n(V_{GS} - V_t)}$$

$$\therefore 電晶體通道電阻 = r_{DS} = \frac{V_{DS}}{I_D} = \frac{1}{k_n(V_{GS} - V_t)} = 179\Omega$$

$$V_O|_C = V_{DS}|_C = V_{DD} \times \frac{r_{DS}}{R_D + r_{DS}} = 1.8V \times \frac{0.179K}{17.5K + 0.179K}$$

$$= 18.2mV$$

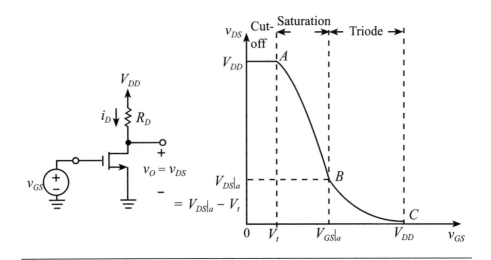

6.5 MOS 放大器電路之偏壓

四種 MOS 放大器偏壓（biasing）方式，如圖 6.24 所示。

(1) 固定V_{GS}偏壓（fixing V_{GS}）

$$I_D = \frac{1}{2}\mu_n C_{ox}\frac{W}{L}\ (V_{GS} - V_t)^2$$

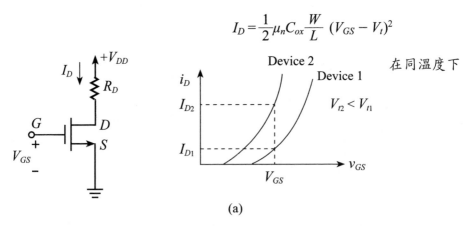

(a)

圖 6.24　MOS 放大器不同之操作偏壓方式，(a)～(e) 為不同的偏壓方式，（請詳見下頁說明）。

此種偏壓方式固定 V_{GS}，當溫度上升時 $T \uparrow$ 則 $V_t \downarrow$（因 -2mv/oc）

且 $\mu n Cox \downarrow \downarrow$

$$T \uparrow \Rightarrow I_D = \frac{1}{2}\mu_n C_{ox}\left(\frac{W}{L}\right)(V_{GS} - V_t) \downarrow$$

所以此種偏壓方式並非一個穩定的偏壓方式

(2) 固定V_G電壓加R_S電阻的偏壓方式（最佳偏壓電路）

如圖 6.24(b) 所示

$$V_G = V_{GS} + I_D R_S$$

$$I_D = \frac{1}{2}\mu_n C_{ox}\frac{W}{L}(V_{GS} - V_t)^2$$

若 $I_D \uparrow$ 則 $V_{GS} = V_G - I_D R_S \downarrow$

則 $I_D = \frac{1}{2}\mu_n C_{ox}\frac{W}{L}(V_{GS} - V_t)^2 \downarrow$

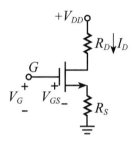

（續）圖 6.24(b) 標準 MOS 放大器閘極偏壓線路

加入 R_S 電阻有穩定 I_D 的功能

此種偏壓方式最常使用，R_S爲一負回授電阻。

圖 6.24(c) 左邊爲另一種常用閘極偏壓電路型式

(3) 使用Drain-Gate回授電阻偏壓方式

如圖 6.24(d) 所示

R_G usually MΩ, $I_G = 0$

$$V_{GS} = V_{DS} = V_{DD} - I_D R_D$$

$$V_{DD} = V_{GS} + I_D R_D$$

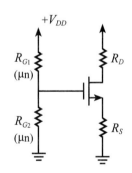

（續）圖 6.24(c) MOS 放大器閘極電阻分壓線路（另一種型式）

同時　$V_{GS} - V_t < V_{DS}$ 必在 Sat Region

若 $I_D \uparrow$ 則 $V_{GS} = V_{DD} - I_D R_D \downarrow$

$$I_D = \frac{1}{2}k_n'\frac{W}{L}(V_{GS} - V_t)^2 \downarrow$$

有穩定 I_D 的功能，R_G 爲負回授電阻

此種偏壓方式爲最簡單及常使用之電路

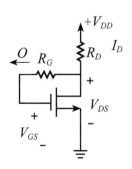

（續）圖 6.24(d) MOS 放大器閘 — 汲極回授電阻偏壓線路

(4) 使用定電流源的偏壓方式

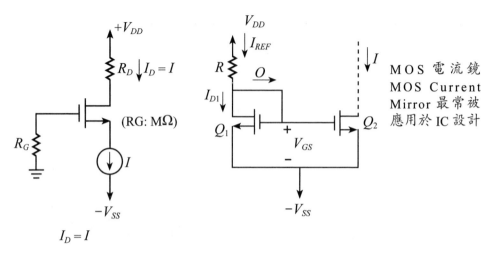

$$I_D = I$$

續圖 6.24(e) MOS 放大器使用 MOS 電流鏡的偏壓線路

$$
\begin{cases}
I_{D1} = \dfrac{1}{2} k'_n \left(\dfrac{W}{L}\right)(V_{GS} - V_t)^2 \\[3mm]
I_{D1} = I_{REF} = \dfrac{V_{DD} + V_{SS} - V_{GS}}{R}
\end{cases}
$$

若已知 R 可求出 V_{GS}

因 Q_1 與 Q_2 有相同的 V_t 電壓，但 $\dfrac{W}{L}$ 不同

則 $\dfrac{I}{I_{REF}} = \dfrac{\left(\dfrac{W}{L}\right)_2}{\left(\dfrac{W}{L}\right)_1}$

範例 6.12 ✎

如圖 MOS 電晶體偏壓電路，(a) 試設計此偏壓電路的 R_{G1}，R_{G2}，R_D 與 R_S 值，使 MOS 的 $I_D = 0.5$mA，其中電晶體的 $V_t = 1$V，$k'_n \dfrac{W}{L} = 1$mA/V^2，$\lambda = 0$。(b) 若 V_t 由 1V 改變為 1.5V 時，計算 I_D 的變化量。

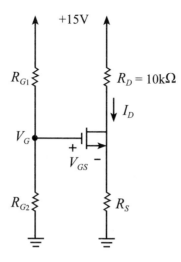

解

(a) 設計 $I_D R_D$ 與 $I_D R_S$ 分別為電源 V_{DD} 的 1/3 壓降

$\therefore V_D = +10\text{V}$，$V_S = +5\text{V}$，$I_D = 0.5\text{mA}$

所以

$$R_D = \frac{V_{DD} - V_D}{I_D} = \frac{15 - 10}{0.5} = 10\text{k}\Omega$$

$$R_S = \frac{V_S}{R_S} = \frac{5}{0.5} = 10\text{k}\Omega$$

計算 $V_{OV} = V_{GS} - V_t$ 電壓值

$$I_D = \frac{1}{2}k'_n(W/L)V_{OV}^2$$

$$0.5 = \frac{1}{2} \times 1 \times V_{OV}^2 \Rightarrow V_{OV} = 1\text{V}$$

因此

$$V_{GS} = V_t + V_{OV} = 1 + 1 = 2\text{V}$$

因此 $V_S = 5\text{V}$

所以 $\qquad\qquad V_G = V_S + V_{GS} = 5 + 2 = 7\text{V}$

可設定 R_{G1} 與 R_{G2} 的電阻值，可簡單選用，因 $I_G = 0A$

所以 $R_{G1} = 7M\Omega$

$\qquad R_{G2} = 8M\Omega$

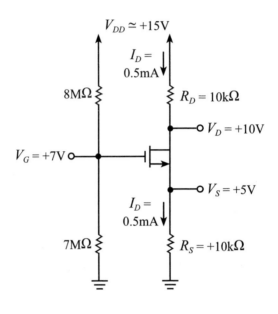

(b) 若 $V_t = 1.5V$，則

$$I_D = \frac{1}{2} \times 1 \times (V_{GS} - 1.5)^2$$

$$V_G = V_{GS} + I_D R_S$$

$$7 = V_{GS} + 10I_D$$

所以

$$I_D = 0.455mA$$

I_D 改變量

$$\Delta I_D = 0.455 - 0.5 = -0.045mA$$

I_D 改變量百分比 $= \dfrac{-0.045}{0.5} \times 100 = -9\%$

範例 6.13 ✎ ―――――――――――――――――――――――――

如範例 6.12 的 MOS 電路，V_{GS} 偏壓電路相同，且 $V_t = 1V$ ，$k'_n W/L = 1$

mA/V^2，$\lambda = 0$

(a) 求當 $I_D = 0.5mA$ 時之 V_{GS} 電壓

(b) 若 V_t 改變爲 1.5V 時，計算 I_D 電流的變化量百分比

解

(a) $I_D = \dfrac{1}{2} k'_n W/L (V_{GS} - V_t)^2 \Rightarrow 0.5 = \dfrac{1}{2} \times 1 \times (V_{GS} - V_t)^2$

　∴ $V_{GS} = 2V$

(b) $I_D = \dfrac{1}{2} k'_n W/L (V_{GS} - V_t)^2$

　　$= \dfrac{1}{2} \times 1 \times (2 - 1.5)^2 = 0.125mA$

$\dfrac{\Delta I_D}{I_D} = \dfrac{0.5 - 0.125mA}{0.5mA} = 0.75 = 75\%$

範例 6.14 ✎ ―――――――――――――――――――――――――

設計 一MOS 偏壓電路（如圖所示），電

晶體的 $V_t = 1V$ ，$k'_n W/L = 1mA/V^2$，$\lambda = 0$ ，

$I_D = 0.5mA$ ，及 $V_D = +2V$

(a) 試計算與設計 R_D ，R_S 可選用的零件

　電阻值。

(b) 計算選定零件電阻值之 I_D ，V_D 及 V_S

　值。

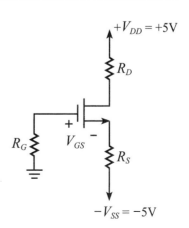

解

(a) $I_D = 0.5\text{mA} = \dfrac{5-2}{R_D}$，$R_D = \dfrac{3}{0.5\text{mA}} = 6\text{k}\Omega$

選用電阻零件 6.2kΩ

$$I_D = \frac{1}{2} k'_n \frac{W}{L} (V_{GS} - V_t)^2 = 0.5\text{mA}$$

$$\therefore \frac{1}{2} \times 1 \times (V_{GS} - 1)^2 = 0.5\text{mA} \quad V_{GS} = 1 + 1 = 2\text{V} \quad V_S = -2\text{V}$$

$$I_D = \frac{V_S - (-5)}{R_S} = 0.5\text{mA}$$

$R_S = \dfrac{-2+5}{0.5\text{mA}} = 6\text{k}\Omega$　選用電阻零件 6.2kΩ

(b) $I_D = \dfrac{1}{2} \times 1 \times (V_{GS} - 1)^2$ 且 $V_{GS} = -V_S = -(-5 + I_D R_S) = 5 - I_D R_S$

$2I_D = (5 - I_D R_S - 1)^2 = (4 - 6.2 I_D)^2 = 38.44 I_D^2 - 49.6 I_D + 16$

$38.44 I_D^2 - 51.6 I_D + 16 = 0$

$I_D^2 - 1.342 I_D + 0.416 = 0$

$I_D = (1.342 \pm \sqrt{1.342^2 - 4 \times 0.416}) \div 2 = (1.342 \pm 0.37) \div 2$

$I_D = 0.86\text{mA}$（不合）或 0.49mA，因此 $I_D = 0.49\text{mA}$

$V_S = -5\text{V} + I_D R_S = -5 + 0.49 \times 6.2 = -1.96\text{V}$

$V_D = +5\text{V} - I_D R_D = 5 - 0.49 \times 6.2 = +1.96\text{V}$

R_G 可選用 1MΩ 到 10MΩ 都可以

範例 6.15

如右圖中，$I_D = 0.4\text{mA}$，試求 R，V_D 之值。nMOS transistor 參數如下：$V_t = 2\text{V}$，$\mu_n C_{ox} = 20\mu\text{A/V}^2$，$L = 10\mu\text{m}$，$W = 100\mu\text{m}$。　　　【92 海洋電機所】

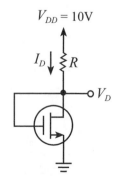

解

(1) $K_n = \dfrac{1}{2} C_{ox} \mu_n \dfrac{W}{L} = \dfrac{1}{2} \times 20\mu \dfrac{A}{V^2} \times \dfrac{100\mu}{10\mu} = 100\mu \dfrac{A}{V^2}$

(2) $V_{DS} = V_{GS}$，MOS 必在夾止區

➡ 公式：$I_{DS} = K[V_{GS} - V_t]^2 = 100\mu \dfrac{A}{V^2} \times [V_{GS} - 2]^2 \cdots\cdots$①

➡ $0.4\text{mA} = 0.1\text{m}\dfrac{A}{V^2} \times (V_{GS} - 2)^2$

➡ $V_{GS} = 4V$，$0V$（不合）

(3) $V_{DS} = V_{GS} = 4V$

(4) $R = \dfrac{V_{DD} - V_{DS}}{I_{DS}} = \dfrac{10 - 4}{0.4\text{mA}} = 15\text{k}\Omega$

範例 6.16

有一 n-MOSFET 電晶體，$V_t = 1V$，$K = 0.5\text{mA/}$
V^2 且 $\lambda = 0$，偏壓電路如圖所示 (a) 求 I_D 電流，
(b) 求 V_D 電壓。　　　　【85 台科大電機所】

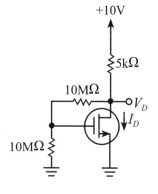

解

(1)① 假設 MOS 在夾止區內

➡ $I_D = K \times [V_{GS} - V_t]^2 = 0.5\text{m}\dfrac{A}{V^2}[V_{GS} - 1]^2$
$\cdots\cdots$①

② 電子電路

$\begin{cases} V_{GS} = \dfrac{1}{2} V_D \cdots\cdots ② \\ 10V = \left(I_D + \dfrac{V_D}{10M + 10M}\right) \times 5k + V_D \doteqdot 5I_D + V_D \cdots\cdots ③ \end{cases}$

③ 解聯立 $\begin{cases} ① I_D = 0.5 \times [V_{GS} - 1]^2 \\ ② 10 = 5I_D + V_D = 5I_D + 2V_{GS} \end{cases}$

$$\implies V_{GS}^2 - 1.2V_{GS} - 3 = 0$$

$$\implies V_{GS} = 2.45V \,,\, -1.25V \,(不合)$$

④ $I_D = 0.5 \text{ m}\dfrac{\text{A}}{\text{V}^2} \times (2.45 - 1)^2 = 1.029 \text{ mA}$

或 $10V = 5 \times I_D + V_D \implies I_D = 1.026\text{mA}$

(2) ① $V_D = 2V_{GS} = 4.87V$

② check：

$V_{DS} > V_{GS} - V_t$ 成立，所以 MOS 在夾止區。

範例 6.17 ✐————————————————————————

如右圖使用 2 個 MOS 電晶體 Q_1 與
Q_2，電晶體通道相等，但寬度 $W_2/W_1 =$
5，設計如下電路使得 $I_D = 0.5\text{mA}$，其
中 $V_{DD} = -V_{SS} = 5\text{V}$，$k'_n\left(\dfrac{W}{L}\right)_1 = 0.8 \text{ mA}$，
$V_t = 1\text{V}$，$\lambda = 0$

(a) 計算 R

(b) 求 Q_1 與 Q_2 的閘極電壓 V_{G1} 與 V_{G2}

(c) 計算最低汲極電壓 V_{D2} 使得 Q_2 仍在飽和區

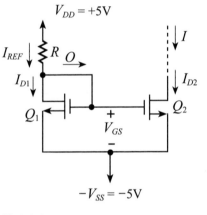

解

此電路為定電流源電路，

因 $V_{GS1} = V_{GS2}$ 因此 I_{D2} 與 I_{D1}

與電晶體 $\dfrac{W}{L}$ 成正比

$$\dfrac{I_{D2}}{I_{D1}} = \dfrac{I}{I_{REF}} = \dfrac{(W/L)_2}{(W/L)_1}$$

$$I_{REF} = I \times \frac{(W/L)_1}{(W/L)_2}$$

$$I_{REF} = 0.5\text{mA} \times \frac{1}{5} = 0.1\text{mA}$$

$$0.1\text{mA} = \frac{1}{2} k'_n \left(\frac{W}{L}\right)_1 (V_{GS} - V_t)^2 = \frac{1}{2} \times 0.8 \times (V_{GS} - V_t)^2$$

$$(V_{GS} - V_t)^2 = 0.1 \div 0.4 = 0.25,\ V_t = 1\text{V}$$

$$\therefore V_{GS} = 1.5\text{V}$$

$$V_G = -5 + V_{GS} = -5\text{V} + 1.5\text{V} = -3.5\text{V}$$

$$R = \frac{5 - (-3.5)}{0.1\text{mA}} = 85\text{k}\Omega$$

$$V_{DS2} \geq V_{GS} - V_{th}, Q_2 \quad V_{DSmin} = V_{GS} - V_{th} = 1.5\text{V} - 1\text{V} = 0.5\text{V}$$

$$\therefore V_{Dmin} = -V_{SS} + V_{DSmin} = -5\text{V} + 0.5\text{V} = -4.5\text{V}$$

範例 6.18 ✎ —————————————————————

設計一MOS 電流鏡（current mirror）電路如下圖所示 Q_2 的 $I_D = I_O$，Q_3

的 $I_D = \dfrac{I_O}{2}$ 　　　　　　　　　　　　　【90 成大電機所】

解

　令 $K_1 = K_2 = 2K_3$，即可。

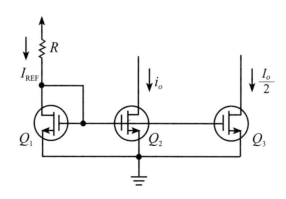

範例 6.19 ✐

如圖 MOS 電路，若 M_1 與 M_2 電晶體相同，且 $\mu_n C_{ox} = 20\mu A/V^2$ 試計算電路的偏壓電流 I_{bias} 【89 成大電機所】

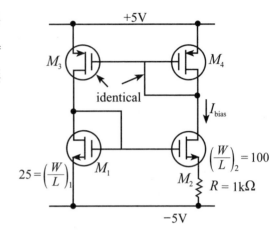

解

(1) 沒有標示 pMOS 之條件，所以 M_3 與 M_4 之電流鏡部分，無從著手，但可得知 $I_{D3} = I_{D4}$ ➡ $I_{D1} = I_{D2} = I_{D3} = I_{D4} = I_{Bias}$

(2) $K_{n1} = \dfrac{1}{2} C_{ox}\mu_n \dfrac{W_1}{L_1} = \dfrac{1}{2} \times 20\mu \dfrac{A}{V^2} \times 25 = 250\mu \dfrac{A}{V^2}$

(3) $K_{n2} = \dfrac{1}{2} C_{ox}\mu_n \dfrac{W_2}{L_2} = \dfrac{1}{2} \times 20\mu \dfrac{A}{V^2} \times 100 = 1000\mu \dfrac{A}{V^2}$

(4) $V_{GS1} = V_{GS2}\} + I_{Biss} \times R$

➡ $\sqrt{\dfrac{I_{DS1}}{K_1}} + V_{t1} = \sqrt{\dfrac{I_{DS2}}{K_1}} + V_{t2} + I_{Bias} \times 1k$

➡ $\sqrt{\dfrac{I_{Bias}}{250\mu}} = \sqrt{\dfrac{I_{Bias}}{1000\mu}} + I_{Bias} \times 1$

➡ $2\sqrt{\dfrac{I_{Bias}}{1000\mu}} = \sqrt{\dfrac{I_{Bias}}{1000\mu}} + I_{Bias}$

➡ $\sqrt{\dfrac{I_{Bias}}{1000\mu}} = I_{Bias}$

➡ $I_{Bias} = 1000\mu A$，$0\mu A$（不合）

(5) $I_{Bias} = 1mA$

範例 6.20 ✎

如圖電流源 MOS 電路，電晶體參數 $\mu_n C_{ox} = 40\mu\text{A/V}^2$，$V_{th} = 1\text{V}$，$\lambda = 0$，$V^+ =$ 5V，$V^- = 0\text{V}$，$V_{GS2} = 1.85\text{V}$，試設計電路之電晶體 W/L，使得 $I_{REF} = 0.25\text{mA}$，$I_o = 0.1\text{mA}$　　【91 清華電機所丙】

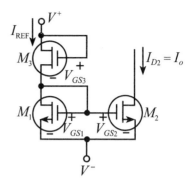

解

(1)$V_{GS2} = V_{GS1} = 1.85\text{V}$

(2)M_1 在夾止區內

➡ $I_{D1} = K_1 \times (V_{GS1} - V_{t1})^2$

➡ $0.25\text{mA} = \dfrac{1}{2} \times \mu_n C_{ox} \dfrac{W_1}{L_1} \times (1.85\text{V} - 1\text{V})^2$

➡ $\dfrac{W_1}{L_1} = 17.301$

(3) $V_{GS3} = V^+ - V_{GS1} = 5\text{V} - 1.85\text{V} = 3.15\text{V}$

➡ M_3 在夾止區

➡ $I_{D3} = K_3 \times (V_{GS3} - V_i)^2$

➡ $0.25\text{mA} = \dfrac{1}{2} \times 40\mu\dfrac{\text{A}}{\text{V}^2} \times \dfrac{W_3}{L_3} \times (3.15 - 1)^2$

➡ $\dfrac{W_3}{L_3} = 2.704$

(4)M_2 在夾止區

➡ $I_{D2} = \dfrac{1}{2} \times 40\mu\dfrac{\text{A}}{\text{V}^2} \times \dfrac{W_2}{L_2} \times (V_{GS2} - V_{t2})^2$

➡ $0.1\text{mA} = 20\mu\dfrac{\text{A}}{\text{V}^2} \times \dfrac{W_2}{L_2} \times (1.85 - 1)^2$

➡ $\dfrac{W_2}{L_2} = 6.92$

範例 6.21

如圖爲一基本電流鏡電路

(a) 當 $L_2 = L_1$，$W_2 = 5W_1$ 時，計算 I_O/I_{REF} 比值

(b) 若 Q_1 與 Q_2 相同，$k'_n W/L = 40\mu A/V^2$，$V_t = 0.8V$，$V_A = 20V$

當 $I_O = I_{REF} = 10\mu A$ ，計算輸出電壓 V_O

(c) 連續 (b) 的問題，若 V_O 增加 +2V，則 I_O 電流增加量爲多少

(d) V_O 的最低可能輸出電壓值爲多少。　　【91 清華電機所乙】

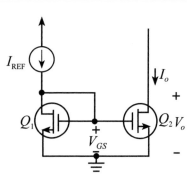

解

(1) $\dfrac{I_o}{I_{REF}} = \dfrac{k_2 \times [V_{GS2} - V_{t2}]^2 \times \left(1 + \dfrac{V_o}{V_A}\right)}{k_1 \times [V_{GS1} - V_{t1}]^2 \times \left(1 + \dfrac{V_{GS1}}{V_A}\right)} = \dfrac{\dfrac{1}{2} \times k_n^2 \times \dfrac{W_2}{L_2}}{\dfrac{1}{2} \times k_n^2 \times \dfrac{W_1}{L_1}} = \dfrac{5}{1}$

(2) ① $k_{n1} = k_{n2} = \dfrac{1}{2} \times k_n^2 \times \dfrac{W}{L} = 20\mu \dfrac{A}{V^2}$

　② $I_{D1} = k_{n1} \times (V_{GS1} - V_{t1})^2 \times \left(1 + \dfrac{V_{GS1}}{V_A}\right)$

　➡ $10\mu A = 20\mu \dfrac{A}{V^2} \times (V_{GS1} - 0.8)^2 \times \left(1 + \dfrac{V_{GS1}}{20}\right)$

　➡ $V_{GS1}^3 + 18.4\, V_{GS1}^2 - 31.36\, V_{GS1} + 12.8 = 0$

　➡ $V_{GS1} = 1.48V$

　③ $\therefore V_o = V_{DS2} = V_{GS1} = V_{DS1} = 1.48V$ 時，可以獲 1 比 1 反射。

(3) $\dfrac{I_{REF}}{I_o} = \dfrac{k_1 (V_{GS1} - V_{t1})^2 \times \left(1 + \dfrac{V_{DS1}}{V_A}\right)}{k_2 (V_{GS2} - V_{t2})^2 \times \left(1 + \dfrac{V_O}{V_A}\right)}$

　➡ $\dfrac{10\mu A}{I_o} = \dfrac{1 + \dfrac{1.48}{20}}{1 + \dfrac{3.48}{20}}$

$\blacktriangleright I_o = 12.61 \, \mu A$

(4) $V_{DS2} > V_{GS2} - V_{t2} = 1.48\text{V} - 0.8\text{V} = 0.68\text{V}$

確保 Q_2 在夾止區 $\blacktriangleright$ V_{DS2}   0.68 V 以上

範例 6.22 ✍

如圖電流鏡電路，$L_1 = L_2 = W_1 = 6\mu m$，

$V_t = 1\text{V}$，$\mu_n C_{ox} = 20\mu A/V^2$，$V_A = 50\text{V}$，

$I_{REF} = 10\mu A$

(a) 計算 V_{GS} 電壓

(b) 當輸出電流 $I_O = 100\mu A$，且 $V_O = V_{G2}$ 時，計算 W_2 值

(c) 計算 V_O 電壓增加 5V 時，I_o 電流為

何？ 【87 清大電機所】

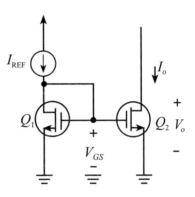

解

(1) ① $K_1 = \dfrac{1}{2}\mu_n \times C_{ox} \times \dfrac{W}{L} = \dfrac{1}{2} \times 20\mu \dfrac{A}{V^2} \times \dfrac{6\mu m}{6\mu m} = 10\mu \dfrac{A}{V^2}$

   ② Q_1 在夾止區：

   $\blacktriangleright I_{D1} = K_1 \times (V_{GS1} - V_t)^2 = 10 \times (V_{GS1} - 1)^2 = 10\mu A$

   $\blacktriangleright V_{GS1} = 2\text{V}$，0V（不合）

(2) $\dfrac{I_o}{I_{REF}} = \dfrac{100\mu A}{10\mu A} = \dfrac{\dfrac{W_2}{L_2}}{\dfrac{W_1}{L_1}} = \dfrac{W_2}{W_1}$

   $\blacktriangleright \dfrac{10}{1} = \dfrac{W_2}{6\mu m}$

   $\blacktriangleright W_2 = 60\mu m$

(3) $\dfrac{I_o}{I_{REF}} = \dfrac{100\mu A \times \left(1 + \dfrac{5}{50}\right)}{10\mu A \times \left(1 + \dfrac{2}{50}\right)} = \dfrac{I_o}{10\mu A} = \dfrac{100 \times 1.1}{10 \times 1.04}$

$$\rightarrow I_o = 105.77\mu A$$

範例 6.23

如圖爲一定電流源的 MOSFET 電路，

$V_{DD} = 5V$，$I_{REF} = 100\mu A$ 設計此電路，

以得到 $I_o = 100\mu A$，其中 Q_1 與 Q_2 相等，

$L_1 = L_2 = 10\mu A$，$W_1 = W_2 = 100\mu m$，V_t

$= 1V$，$k'_n = 20\mu A/V^2$

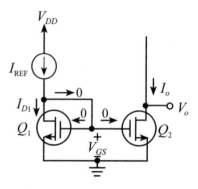

(a) 計算 R 值

(b) V_o 最低電壓爲何？

(c) 若設計 $I_o = 200\mu A$，只改變 W_2，則 W_2 爲何？ 【90 交通電訊所】

解

(1) ① $k_{n1} = k_{n2} = \dfrac{1}{2}k'_n \times \dfrac{W}{L} = \dfrac{1}{2} \times 20\mu\dfrac{A}{V^2} \times \dfrac{100\mu m}{10\mu m} = 100\mu\dfrac{A}{V^2}$

② Q_1 必在夾止區：

$I_{D1} = k_1 \times (V_{GS1} - V_{t1})^2$

$\rightarrow 100\mu A = 100\mu\dfrac{A}{V^2} \times (V_{GS1} - 1)^2$

$\rightarrow V_{GS1} = 2V$，$0V$（不合）

③ $R = \dfrac{V_{DD} - V_{GS1}}{I_{REF}} = \dfrac{5V - 2V}{100\mu A} = 30k\Omega$

(2) 必須保證 Q_2 在夾止區

$V_o = V_{DS2} > V_{GS2} - V_{t2} = 2V - 1V$

$\rightarrow V_o \geq 1V$ 以上

(3) 將 Q_2 之 W_2 提高 1 倍 $\rightarrow W_2 = W_1 \times 2 = 200\mu m$

6.6 MOS 小訊號操作與模型

6.6.1 直流偏壓點、極電流 i_D、電壓增益（voltage gain）

如圖 6.25 所示，當直流偏壓以及小訊號輸入同時輸入時，

$$\begin{cases} i_D = I_D + i_d & \text{總值 = 直流工作點 + 交流小訊號} \\ v_D = V_D + v_d & \text{當放大器 MOS 需在飽和區} \\ v_{GS} = V_{GS} + v_{gs} & V_{DS} \geq V_{GS} - Vt \end{cases}$$

$$\begin{cases} v_D = V_{DD} - i_D R_D = V_{DD} - I_D R_D - i_d R_D \\ v_d = -i_d R_D \end{cases}$$

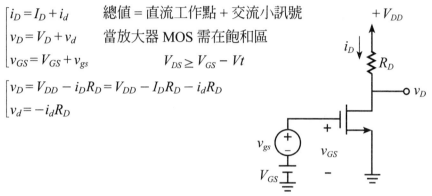

圖 6.25　MOS 放大器之小訊號輸入

汲極電流總值 i_D（飽和區）

$$i_D = \frac{1}{2} k_n' \left(\frac{W}{L}\right)(V_{GS} - V_t)^2 = \frac{1}{2} k_n' \left(\frac{W}{L}\right)(V_{GS} + v_{gs} - V_t)^2$$

$$= \frac{1}{2} k_n' \left(\frac{W}{L}\right)(V_{GS} - V_t)^2 + \underbrace{k_n' \left(\frac{W}{L}\right)(V_{GS} - V_t) v_{gs}}_{\text{與輸入小訊號 } v_{GS} \atop \text{成線性關係}} + \underbrace{\frac{1}{2} k_n' \left(\frac{W}{L}\right) v_{gs}^2}_{\text{與輸入小訊號 } v_{GS} \atop \text{成平方（非線性）}}$$

$$= I_D + i_D$$

為了使輸出的小訊號電流（i_d）與輸入小訊號電壓（v_{gs}）成「線性關係」。

$$v_{Gs} \text{ 要很小} \quad \frac{1}{2} k_n' \left(\frac{W}{L}\right) v_{gs}^2 \ll k_n' \left(\frac{W}{L}\right)(V_{GS} - V_t) v_{gs}$$

$$\Rightarrow \quad v_{GS} \ll 2(V_{GS} - V_t)$$

$$i_D = k_n' \left(\frac{W}{L}\right)(V_{GS} - V_t)\, v_{gs} = g_m v_{gs}\,, \ g_m = \frac{i_d}{v_{gs}} = k_n'\left(\frac{W}{L}\right)(V_{GS} - V_t)$$

g_m：轉移電導（trans conductance）

$$\boxed{\begin{aligned} g_m &= \frac{i_d}{v_{gs}} = k_n'\left(\frac{W}{L}\right)(V_{GSQ} - V_t) \\ &= \sqrt{2k_n' \frac{W}{L} I_{DQ}} \\ &= \frac{2I_{DQ}}{V_{GSQ} - V_t} \end{aligned}}$$ （Q 是指在直流工作點 Q 下之直流值）

範例 6.24 ✐

請寫出 MOSFET 操作在飽和區的小訊號轉移電導 g_m 的表示式，使用 (1) I_D 及 W/L，(2)I_D，V_{GS} and V_t 等符號來表示。

【92 台大電機所電子學 (B)】

解

$$(1)\, g_m = 2\sqrt{K \times I_{DS}} = 2\sqrt{\frac{1}{2} C_{ox}\mu_n \frac{W}{L} \times I_{DS}} = \sqrt{2 \times C_{ox}\mu_n \frac{W}{L} \times I_{DS}}$$

$$= 2I_{DS} \times \mu_n \times C_{ox} \times \frac{W}{L}$$

$$(2)\, g_m = 2K(V_{GS} - V_t) = 2 \times \frac{I_D}{V_{GS} - V_t}$$

MOSFET 放大器的小訊號放大原理說明，如圖 6.26 所示。

小訊號放大的觀念：　輸入訊號（Input）v_{gs} 電壓　　　　　$i_d = g_m v_{GS}$
　　　　　　　　　　　輸出訊號（Output）i_d 電流

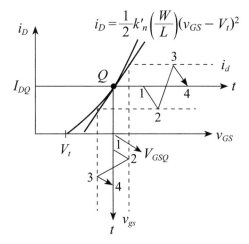

在 Q 點的切線斜率（slope）

$$斜率 = \frac{\partial i_D}{\partial v_{GS}}\bigg|_{at}　Q 點 = g_m = \frac{i_d}{v_{gs}}$$

$$g_m = \frac{\partial i_D}{\partial v_{GS}}\bigg|_{at}$$

$$Q 點 = k'_n\left(\frac{W}{L}\right)(V_{GSQ} - V_t)$$

$$= \sqrt{2k'_n\left(\frac{W}{L}\right)I_{DQ}}$$

$$= \frac{2I_{DQ}}{(V_{GSQ} - V_t)}$$

圖 6.26　nMOS 放大器之小訊號 i_{DS} −

v_{DS} 放大特性圖

與前面推導結果相同

說明爲 i_d 與 v_{gs} 要成線性關係，因 $i_d = g_m v_{gs}$ 即爲線性關係則輸出之小

訊號電流與輸入小訊號電壓 v_{gs} 波形不會失眞，有相同的波形。

電壓增益 $Av = \dfrac{v_d}{v_{gs}} = \dfrac{-i_d R_D}{v_{gs}} = -g_m R_D$

小訊號電壓增益爲負值

表示輸出與輸入成反相

$$\left[\begin{array}{l} \because v_D = V_D + v_D \\[4pt] = V_{DD} - i_D \cdot R_D \\[4pt] = V_{DD} - I_D R_D - i_D R_D \\[4pt] = V_D - id R_D \end{array}\right]$$

從 Drain 端（即輸出端）看入的小訊號電阻 r_o

若 MOS 沒有通道長度調變（channel length modulation）

$$\lambda = 0 = \frac{1}{V_A}　\quad V_A = \infty$$

若 MOS 有通道長度調變（channel length modulation）

$$\lambda = \frac{1}{V_A}　\quad r_o = \frac{v_d}{i_d}\bigg|_{at\,Q\,點} = \left[\frac{\partial i_o}{\partial v_D}\right]^{-1}$$

$$= \left\{\frac{\partial}{\partial v_D}\left[\frac{1}{2}k'_n\left(\frac{W}{L}\right)(v_{GS} - V_t)^2\left(1 + \frac{v_D}{V_A}\right)\right]\bigg|_{at\,Q\,點}\right\}^{-1}$$

$$r_o = \frac{V_A}{I_{DQ}}$$ ，即需考慮 r_o 值。

6.6.2 MOS小訊號等效電路模型（nMOS，pMOS均適用）

一階模型（沒有r_o電阻），如圖6.27所示，6.27(a)為π模型，6.27(b)為T模型。

π 模型   T 模型

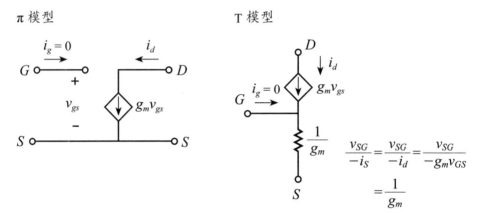

圖 6.27   MOSFET 放大器小訊號等效電路模型

小訊號模型可以互相轉換，如圖 6.28 為 MOSFET 之小訊號模型 (a)π 模型以及 (b)、(c) 與 (d) 為 T 模型之間的互相轉換線路。

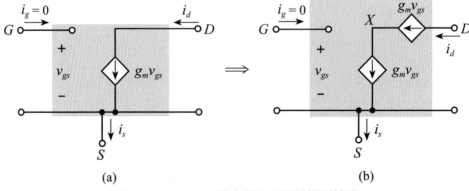

(a)   (b)

圖 6.28   MOSFET 放大器之小訊號模型轉換

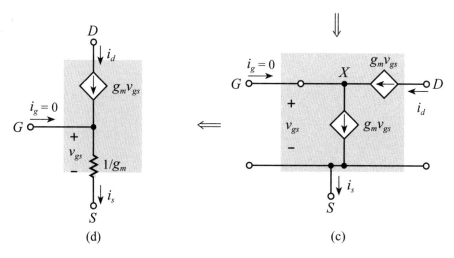

圖 6.28　MOSFET 之小訊號模型轉換（續）

　　表 6.2 為 nMOS 電晶體小訊號模型之整理，相關轉移電導與輸出電阻如表內說明。

表 6.2　nMOS 小訊號模型

nMOS 電晶體
轉換電導 g_m：
$g_m = \mu_n C_{ox} \dfrac{W}{L} V_{OV} = \sqrt{2\mu_n C_{ox} \dfrac{W}{L} I_D} = \dfrac{2I_D}{V_{OV}}$
輸出電阻 r_o（考慮通道長度調變）：
$r_o = V_A / I_D = 1/\lambda I_D$
pMOS 電晶體相關 g_m，r_o 和 nMOS 相似，除了 $\|V_{OV}\|$，$\|V_A\|$ 需加上絕對值外，μ_n 改為 μ_p，其餘相同。

二階模型（考慮有r_o電阻），如圖6.29所示。

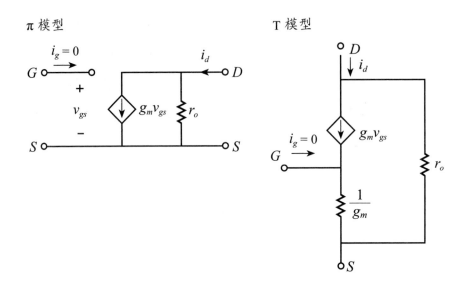

圖 6.29　考慮r_o之 MOSFET 放大器的小訊號模型（二階模型）

圖 6.30 說明 nMOS 與 pMOS 小訊號等效模型之 i_D 電流方向均從 $D \to S$ 與 BJT 說明相同。

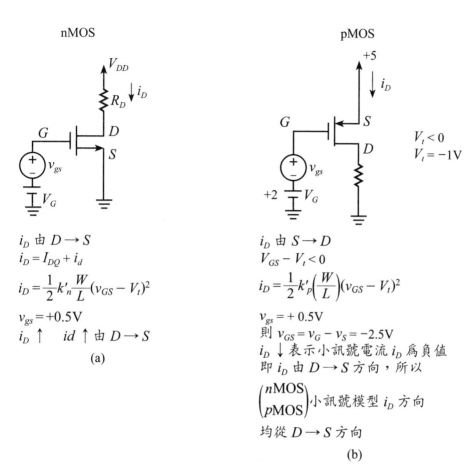

nMOS

i_D 由 $D \to S$

$i_D = I_{DQ} + i_d$

$i_D = \dfrac{1}{2} k'_n \dfrac{W}{L} (v_{GS} - V_t)^2$

$v_{gs} = +0.5\text{V}$

$i_D \uparrow \quad id \uparrow$ 由 $D \to S$

(a)

pMOS

$V_t < 0$
$V_t = -1\text{V}$

i_D 由 $S \to D$

$V_{GS} - V_t < 0$

$i_D = \dfrac{1}{2} k'_P \left(\dfrac{W}{L}\right) (v_{GS} - V_t)^2$

$v_{gs} = +0.5\text{V}$

則 $v_{GS} = v_G - v_S = -2.5\text{V}$

$i_D \downarrow$ 表示小訊號電流 i_D 爲負值

即 i_D 由 $D \to S$ 方向，所以

$\begin{pmatrix} n\text{MOS} \\ p\text{MOS} \end{pmatrix}$ 小訊號模型 i_D 方向

均從 $D \to S$ 方向

(b)

圖 6.30　(a)nMOS 與 (b)pMOS 放大器之電流分析比較

6.6.3　有基底效應的小訊號模型（若 B 與 S 端有加 $-V_{SB}$ 反向偏壓時）（Modeling of Body Effect）

$i_D = \dfrac{1}{2} k'_n \left(\dfrac{W}{L}\right) (v_{GS} - V_t)^2$

$V_t = V_{to} + \gamma(\sqrt{2\phi f + V_{SB}} - \sqrt{2\phi f})$

因有 V_{SB} at p-sub，所以 V_{SB} 電壓會影響 i_D 電流大小。同理小訊號 v_{bs} 也會影響小訊號 i_D 電流大小，如圖 6.31 所示。

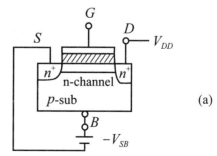

(a)

圖 6.31　nMOS 有基底效應之 (a)MOS 結構

(b) 元件符號，以及 (c) 小訊號模型

$$\begin{cases} i_d = g_{mb}v_{bs} : g_{mb} : \text{Body transconductance 基底轉移電導} \\[2mm] g_{mb} = \dfrac{\partial i_D}{\partial v_{BS}}\bigg|_{at} Q \text{ 點} = \dfrac{\partial i_D}{\partial V_t} \cdot \dfrac{\partial V_t}{\partial v_{BS}} = \dfrac{k'_n\left(\dfrac{W}{L}\right)(v_{GS} - V_t)}{g_m} \cdot (-1) \cdot \dfrac{\partial V_t}{\partial v_{BS}} \\[4mm] \quad = \chi \cdot g_m \\[2mm] x = -\dfrac{\partial V_t}{\partial v_{BS}} = \dfrac{\partial V_t}{\partial v_{SB}} = \dfrac{\gamma}{2\sqrt{2\phi f + V_{SB}}} \qquad \gamma = 0.1 \sim 0.3 \text{ 之間} \end{cases}$$

◎所以有 Body Bias-V_{SB} 之小訊號等效模型（nMOS，pMOS 均適用）

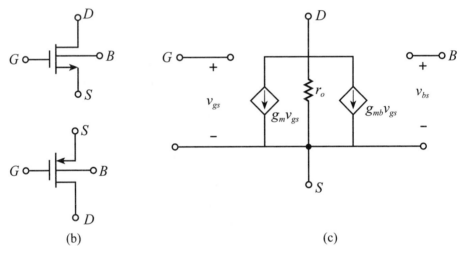

（續）圖 6.31　nMOS 有基底效應之 (b) 元件符號 (c) 小訊號模型

範例 6.25

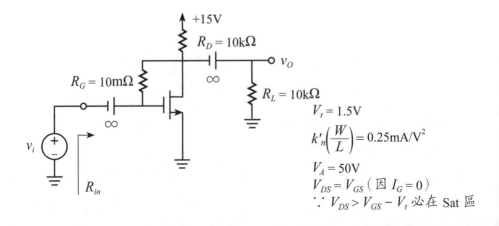

$V_t = 1.5\text{V}$

$k'_n\left(\dfrac{W}{L}\right) = 0.25\text{mA/V}^2$

$V_A = 50\text{V}$

$V_{DS} = V_{GS}$（因 $I_G = 0$）

∵ $V_{DS} > V_{GS} - V_t$ 必在 Sat 區

求：
① $A_v = \dfrac{v_o}{v_{in}}$

② R_{in}

③ 輸入之小訊號最大振幅

解

直流分析

$$I_D = \frac{1}{2}k'_n\left(\frac{W}{L}\right)(V_{GS} - V_t)^2\left(1 + \frac{V_{DS}}{V_A}\right)$$

$\because I_G = 0,\ I_D = I_S \quad V_D = 15 - I_D R_D$

$$V_D = 15 - 10I_D$$

為簡化算法一般在求工作點 Q 時可忽略 V_A 不考慮

$$I_D \doteqdot \frac{1}{2}k'_n(W)(V_{GS} - V_t)^2 = 0.125\ \text{mA/V}^2(15 - 10I_O - 1.5)^2$$

$8I_D = 182.25 - 270I_D + 100I_D^2,\ 100I_D^2 - 278I_D + 182.25 = 0$

$I_D = 1.06\text{mA} \quad V_D = 15 - 10 \times 1.06 = 4.4\text{V}$

$(V_{DS} > V_{GS} - V_t = 4.4 - 1.5)$

小訊號參數

$$g_m = \frac{2I_{DQ}}{V_{GS} - V_t} = \sqrt{2k'_n\frac{W}{L}I_{DQ}} = \frac{2 \times 1.06}{4.4 - 1.5} = 0.73\text{mA/V}$$

$$r_O = \frac{V_A}{I_{DQ}} = \frac{50}{1.06\text{mA}} = 47\text{k}\Omega$$

小訊號等效電路

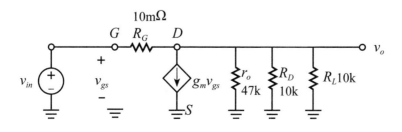

近似解法：

∵ $R_G = 10m\Omega$　neglecting 忽略

$$v_O = - g_m v_{gs} \times (r_0//R_D//R_L)$$

$$= -0.73\text{mA } v_{gs} \cdot (47k//10k//10k)$$

$$Av = \frac{v_o}{v_{in}} = \frac{v_o}{v_{gs}} = -0.73\text{mA/v}(45k\Omega) = -3.3\,\text{V/V}\ \text{（近似解）}$$

精確解法：

利用 Miller 定理

$$Z_1 = \frac{Z}{1-K},\ Z_2 = \frac{Z}{1-\dfrac{1}{K}}$$

小訊號等效電路

$$RG_2//r_0//R_D//R_L = 4.497k\Omega$$

$$R_{G1} = \frac{10M}{1-(-3.3)} = 2.33M\Omega$$

$$R_{G2} = \frac{10M}{1-\dfrac{1}{-3.3}} = 7.67M\Omega$$

範例 6.26 ✐————————————————————

$$Av = \frac{v_0}{v_{in}} = \frac{v_0}{v_{gs}}$$

$$= -g_m(R_{G2}//r_O//R_D//R_L) = -0.73\text{mA/V} \cdot 4.497\text{k} \doteq -3.3\text{V/V}$$

$$R_{in} = R_{G1} = 2.33\text{M}\Omega$$

求輸入之小訊號最大振幅

解

$$v_{DSmin} \geq v_{GS} - V_t$$

$$V_{DSQ} + v_O \geq V_{GSQ} + \hat{V}_i - 1.5 \qquad V_{DSQ} = 4.4\text{V} = V_{GSQ}$$

$$4.4 + (-3.3V/V) \cdot \hat{V}_i \geq 4.4 - 1.5 + \hat{V}_i$$

$$4.4 - 4.4 + 1.5 \geq 4.3\,\hat{V}_i$$

$$4.3\,\hat{V}_i \leq 1.5$$

$$\hat{V}_i \leq 0.349\text{V}$$

———————————————————————————————

範例 6.27 ✐————————————————————

如圖 (a) 電路為 MOSFET 放大器，假設電流源 I 與 R_D 電阻使 MOSFET 電晶體操作在飽和區，忽略通道長度調變，計算輸入電阻 R_{in} 及電壓增益 $A_v = \dfrac{v_o}{v_i}$

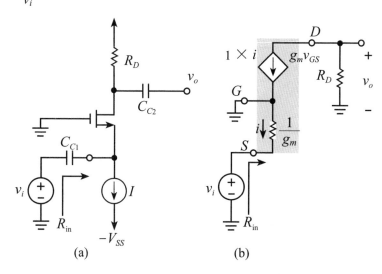

(a)   (b)

使用小訊號等效 T 模型，等效電路如圖 (b) 所示，

輸入電阻

$$R_{in} = \frac{v_i}{-i} = 1/g_m$$

且

$$v_o = -iR_D = \left(\frac{v_i}{1/g_m}\right)R_D = g_m R_D v_i$$

因此

$$A_v \equiv \frac{v_o}{v_i} = g_m R_D$$

此電晶體放大器為共閘極放大器

範例 6.28 ✦

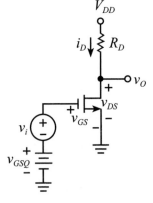

如圖 MOS 電晶體放大器電路，$V_{GSQ} = 2.12\text{V}$，

$V_{DD} = 5\text{V}$，$R_D = 2.5\text{k}\Omega$，$V_{tm} = 1\text{V}$，$K_n = 0.80\text{mA/}$

V^2，$\lambda = 0.02\text{V}^{-1}$ 且電晶體操作在飽和區，計

算小訊號電壓增益 $A_v = \dfrac{v_o}{v_i}$

解

偏壓點 I_D 電流

$$I_{DQ} \cong K_n(V_{GSQ} - V_{TN})^2 = (0.8)(2.12 - 1)^2 = 1.0 \text{ mA}$$

V_{DS} 電壓

$$V_{DSQ} = V_{DD} - I_{DQ}R_D = 5 - (1)(2.5) = 2.5\text{V}$$

因此

$$V_{DSQ} = 2.5\text{V} > V_{DS}(\text{sat}) = V_{GS} - V_{TN} = 1.82 - 1 = 0.82\text{V}$$

因電晶體在飽和區

$$g_m = 2K_n(V_{GSQ} - V_{TN}) = 2(0.8)(2.12 - 1) = 1.79\text{mA/V}$$

輸出電阻

$$r_o = [\lambda I_{DQ}]^{-1} = [(0.02)(1)]^{-1} = 50 \text{ k}\Omega$$

輸出電壓

$$v_o = -g_m V_{gs}(r_o \| R_D)$$

電壓增益

$$A_v = \frac{v_o}{v_i} = -g_m(r_o \| R_d) = -(1.79)(50 \| 2.5) = -4.26 \text{ V/V}$$

範例 6.29 ✐

一 MOSFET 電晶體，汲極與閘極短路，使用 T 模型小訊號等效電路，

求汲／源極 2 端的小訊號電阻為 $r_{out} = \left(\dfrac{1}{g_m}\right)//r_o$

解

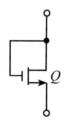
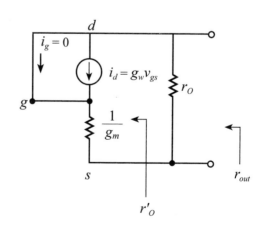

$\because i_g = 0$

$$r'_o = \frac{v_{ds}}{i_d} = \frac{v_{gs}}{g_m v_{gs}} = \frac{1}{g_m}$$

$$\therefore r_{out} = \frac{1}{g_m} //r_o$$

範例 6.30 ✐

如圖共源極 nMOS 線路 $V_{DD} = 3.3\text{V}$，$R_D =$ 10kΩ，W/L = 50，$\lambda = 0.025\text{V}^{-1}$，$V_{TN} = 0.4\text{V}$，$k'_n = 100\mu\text{A/V}^2$ 假設電晶體偏壓點電流 $I_{DQ} =$ 0.25mA，請求出 (a) 確認電晶體是操作在飽和區，(b) 求出元件之小訊號模型參數 g_m 以及 r_o，(c) 求出小訊號訊號增益 A_V。

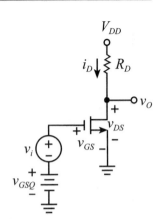

解

(a) 先不看小訊號，即 $v_i = 0$，假設元件操作在飽和區

即 $I_{DQ} = \dfrac{1}{2} k'_n \left(\dfrac{W}{L}\right)(V_{GSQ} - V_{TN})^2 = 0.25\text{mA}$

$$\Rightarrow (V_{GSQ} - V_{TN})^2 = \dfrac{0.25 \times 2}{\left(\dfrac{W}{L}\right)} \times \dfrac{1}{k'_n} = 0.01\text{mA} \times \dfrac{1}{0.1\text{mA}}V^2$$

$$\Rightarrow (V_{GSQ} - V_{TN})^2 = 0.1\text{V}^2 \text{, } V_{GSQ} - V_{TN} \approx 0.316\text{V}$$

所以 $V_{GSQ} \sim 0.716\text{V}$

$V_{DSQ} = V_{DS} - I_{DSQ} \cdot R_D = 3.3\text{V} - 0.25\text{mA} \times 10\text{k}\Omega \doteq 0.8\text{V}$

所以電晶體是操作在飽和區

因為 $V_{GSQ} - V_{TN} < V_{DSQ}$

(b) $g_m = 2 \cdot \left[\dfrac{1}{2}k'_n\left(\dfrac{W}{L}\right)\right][V_{GSQ} - V_{TN}] \doteq 1.58\text{mA/V}$

$r_o = [\lambda I_{DQ}]^{-1} = [0.025\text{V}^{-1} \times 0.25\text{mA}]^{-1} = 16\text{k}\Omega$

(c) $A_v = \dfrac{v_o}{v_i} = -g_m(r_o /\!/ R_D) = -1.58 \times \left(\dfrac{160 \times 10}{160 + 10}\right) \simeq -14\text{V/V}$

6.7 單級 MOSFET 放大器

MOS 小訊號分析技巧

1. 無 r_O 電阻用一階模型

2. 有 r_O 電阻用二階模型

3. 有 R_S 電阻（不考慮 r_O）用 T 模型

6.7.1 MOSFET放大器之接法與操作

基本上有三種接法讓 MOSFET 形成一放大器，圖 6.32 所示，以接地方式可以分爲 (a) **共源極**（common source），(b) **共閘極**（common gate），以及 (c) **共汲極**（common drain）。

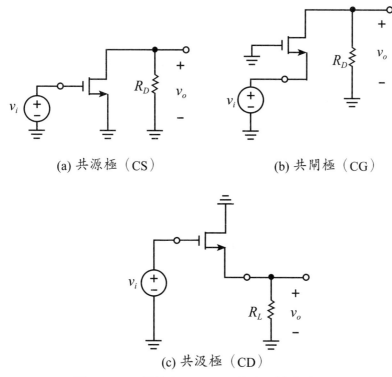

(a) 共源極（CS）   (b) 共閘極（CG）

(c) 共汲極（CD）

圖 6.32 三種基本 MOSFET 放大器線路接法

　　一旦定好何種 MOSFET 放大器形式，就可以確定輸入端與輸出端，例如共源極，即是以源極接地，輸入端就可以是閘極，輸出端就為汲極，就可以求出輸入電阻 R_i，輸出電阻 R_o 以及電壓增益值 $A_V = \dfrac{v_o}{v_i}$。

6.7.2　MOSFET放大器

　　所以一旦 MOSFET 放大器決定好，我們就要將此放大器用等效電路來描述它，如圖 6.33 所示，加上可能之訊號 v_{sig} 與電源電阻 R_{sig}，以及接上負載 R_L，即可求出我們需要之 R_{in}、R_{out} 以及增益值 $A_V = \dfrac{v_o}{v_i}$。

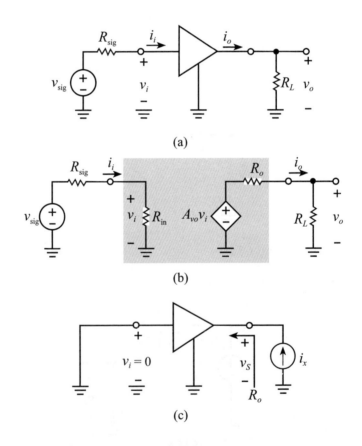

圖 6.33　MOSFET 放大器連接線路組態與小訊號等效電路圖

6.7.3 nMOS共源極放大器〔Common Source（CS）Amplifier〕

(A) 沒有 R_S 電阻之 nMOS 共源極放大器線路，如圖 6.34 所示。

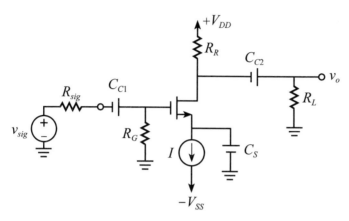

圖 6.34　nMOS 之共源極放大器

直流分析

┌ 輸入訊號：$G - S$ 端

└ 輸出訊號：$D - S$ 端

$$I_D = I$$

$$g_m = \frac{2I_D}{V_{GS} - V_t} = \sqrt{2k'\frac{W}{L}I_D}$$

$$r_o = \frac{V_A}{I_{DQ}}$$

小訊號分析

考慮 r_o 電阻使用二階 π 模型，如圖 6.35 所示。

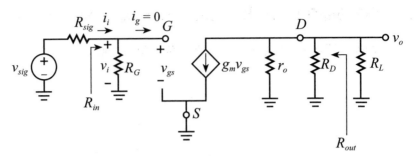

圖 6.35　nMOS 共源極放大器之小訊號分析

$i_g = 0$

$R_{in} = R_G$

$v_i = v_{sig} \times \dfrac{R_G}{R_{sig} + R_G}$

$v_O = -g_m v_{gs}(r_O // R_D // R_L)$

$A_V = \dfrac{v_o}{v_i} = \dfrac{v_o}{v_{gs}} = -g_m(r_o // R_D // R_L)$

$G_V = \dfrac{v_i}{v_{sig}} = \dfrac{v_o}{v_i} \times \dfrac{v_i}{v_{sig}} = -g_m(r_o // R_D // R_L) \cdot \dfrac{R_G}{R_{sig} + R_G}$

$Rout = r_O // R_D$

(B) 考慮有 R_s 電阻之 nMOS 共源極放大器線路，如圖 6.36 所示。

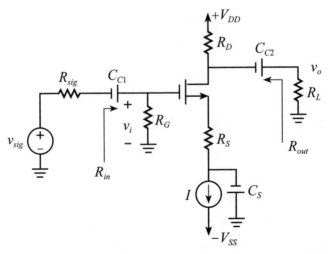

圖 6.36　考慮有 R_s 時之 nMOS 共源極放大線路

小訊號分析

有 R_S 電阻用 T 模型，r_o 不考慮，如圖 6.37 所示。

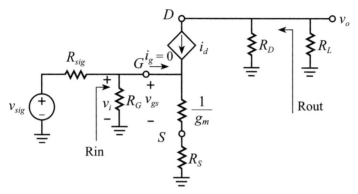

圖 6.37　有 R_S 之 nMOS 共源極放大器之小訊號分析

① $R_{in} = R_G$

② $A_v = \dfrac{v_o}{v_i} = \dfrac{-i_d(R_D//R_L)}{i_d\left(\dfrac{1}{g_m} + R_s\right)} = -\dfrac{g_m(R_D//R_L)}{1 + g_m R_S}$

③ $G_v = \dfrac{v_o}{v_{sig}} = \dfrac{v_o}{v_i} \times \dfrac{v_i}{v_{sig}} = -\dfrac{g_m(R_D//R_L)}{1 + g_m R_S} \times \dfrac{R_G}{R_{sig} + R_G}$

$R_{out} = R_D$ 令 $v_{sig} = o$ 則 v_{gs} 則 $id = 0$ 相依電流源 open。

共源極 MOS 放大器有 R_S 電阻的特性說明整理：

① R_S 為回授電阻。

② 有 R_S 電阻：電壓增益 A_v or G_v 降爲 $\dfrac{1}{1 + g_m R_S}$ 倍。

③ 有 R_S 電阻：放大器增益穩定度提高。

6.7.4　nMOS共閘極放大器〔Common Gate（CG）Amplifier〕

共閘極放大器線路如圖 6.38 所示。訊號輸入端爲 S 與 G 端，輸出端

為 D 與 G 端。

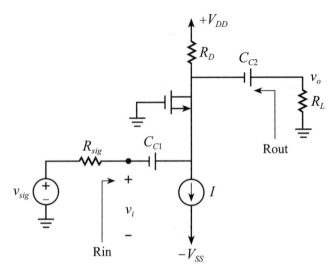

圖 6.38　nMOS 共閘極放大器線路

小訊號分析（不考慮 r_o）

因為小訊號從 S 端進入，用 T 模型較易分析，如圖 6.39 所示。

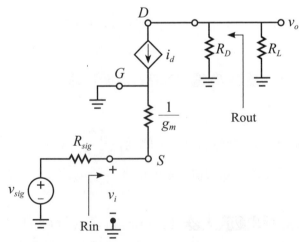

圖 6.39　nMOS 共閘極放大器線路之小訊號分析

$$R_{in} = \frac{1}{g_m} \text{（約} \sim 1k\Omega\text{）}$$

$$v_i = -id\frac{1}{g_m} = v_{sig} \times \frac{\dfrac{1}{g_m}}{R_{sig} + \dfrac{1}{g_m}} = v_{sig} \cdot \frac{1}{1 + g_m Rsig}$$

$$A_v = \frac{v_0}{v_i} = \frac{-id(R_D//R_L)}{-id\dfrac{1}{g_m}} = g_m(R_D//R_L)$$

$$G_v = \frac{v_o}{v_{sig}} = \frac{v_o}{v_i} \times \frac{v_i}{v_{sig}} = g_m(R_D//R_L) \cdot \frac{\dfrac{1}{g_m}}{R_{sig} + \dfrac{1}{g_m}}$$

$$= g_m(R_D//R_L) \cdot \frac{1}{1 + g_m R_{sig}}$$

$$R_{out} = R_D$$

R_{sig} 要小則 G_v or A_v 增益才不會太小。

將閘極端的輸入信號，改成諾頓（Norton）電流源，討論 $A_i = \dfrac{i_o}{i_i}$ 電流增益情形，如圖 6.40 所示。

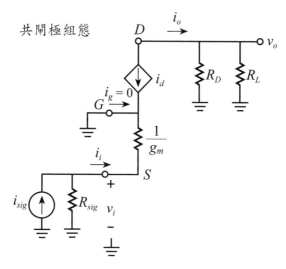

圖 6.40 考慮輸入電流源之 nMOS 共閘級組態放大器線路小訊號分析

$$A_i = \frac{i_o}{i_i} = \frac{i_d}{i_d} = 1$$

$$i_i = i_{sig} \times \frac{R_{sig}}{R_{sig} + \dfrac{1}{g_m}} \qquad \text{一般} R_{sig} >> \frac{1}{g_m}$$

$$\therefore i_i = i_{sig}$$

$$\therefore i_o \fallingdotseq i_{sig}$$

6.7.5　nMOS共汲極放大器（The Common Drain Amplifier）

當輸入訊號在閘 — 汲極 2 端，而輸出訊號在源 — 汲極 2 端，此種放大器線路稱為共汲極放大器，如圖 6.41(a) 所示。

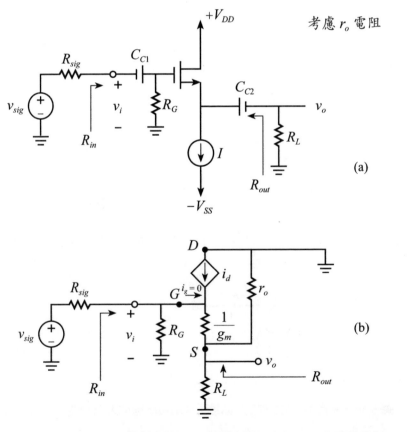

圖 6.41　nMOS 共源極放大器之 (a) 線路組態，以及 (b) 小訊號分析

小訊號分析

考慮 r_o 電阻，同時因為源極端為輸出，因此小訊號等效電路使用二階 T 模型較易分析，如圖 6.41(b) 所示。

重新整理 r_o 接地之線路

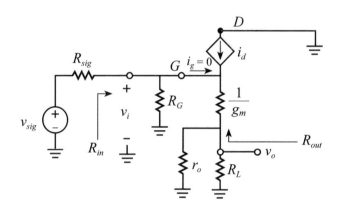

$R_{in} = R_G$

$$V_i = V_{sig} \cdot \frac{R_G}{R_{sig} + R_G}$$

$$v_o = v_i \times \frac{r_o//R_L}{r_o//R_L + \dfrac{1}{g_m}}$$

$$A_v = \frac{v_o}{v_i} = \frac{r_o//R_L}{r_o//R_L + \dfrac{1}{g_m}}$$

$$G_v = \frac{v_o}{v_{sig}} = \frac{r_o//R_L}{r_o//R_L + \dfrac{1}{g_m}} \times \frac{R_G}{R_G + R_{sig}}$$

當 $\left[\begin{array}{l} r_O \gg R_L \\[4pt] (r_O//R_L) \gg \dfrac{1}{g_m} \\[6pt] R_G \gg R_{sig} \end{array} \right.$ 則 $G_v \doteq 1$

$$Av_o = \left.\frac{v_o}{v_i}\right|_{R_L = \infty} = \frac{r_o}{r_o + \dfrac{1}{g_m}} \quad \text{一般} r_o \gg \frac{1}{g_m}$$

$$Av_o \doteq \frac{r_o}{r_o} = 1 \quad \because v_o \approx v_i \;(\text{when } R_L = \infty)$$

所以 CD Stage Amplifier 稱做 Source follower（源極隨耦器）

求 R_{out} 輸出電阻：令 $v_{sig} = 0$　　　取電阻回路先求 R_{out}

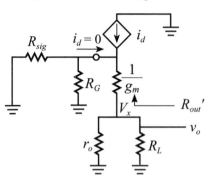

$$V_x = -i_d \cdot \frac{1}{g_m} + -i_g \times (R_{sig} /\!/ R_G)$$

$$\because i_g = 0$$

$$\therefore \frac{v_x}{-i_d} = R_{out}' = \frac{1}{g_m}$$

$$R_{out} = r_O /\!/ R_{out}' = r_O /\!/ \frac{1}{g_m}$$

6.7.6　源極隨耦器

　　圖 6.42 所示爲增益爲 1 之源極隨耦器（source follower），一般做爲暫存器，所以不可消耗輸入訊號 v_s，即 R_{in} 要大於 R_{sig} 很多，才可以將 v_{sig} 訊號全部傳送輸入到放大器中。

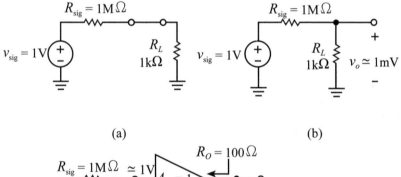

(a)　　　　　　　　　　　　　　　　(b)

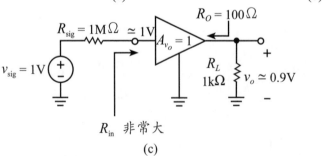

(c)

圖 6.42　單一增益爲 1 之源極隨耦器

另外輸出電阻要很小，才可以將訊號完全輸出至下一級，即 R_o 要小於 R_L 才好。

表 6.3　MOSFET 3 種組態小訊號放大器比較

	CS	CG	CD
Av 極性	負	正	正
Av 大小	大	大 [a]	1 [b]
R_{in}	大	小	大
R_{out}	小	大	小

註 (a)：$A_i = 1$ 電流隨耦器
(b)：$A_v = 1$ 源極隨耦器

範例 6.31

如圖共源極 MOS 電晶體放大器，電晶體 $V_t = 1\text{V}$，$k'_n(W/L) = 1\text{mA/V}^2$，$C_{gs} = 0.6\text{pF}$，$C_{gd} = 0.4\text{pF}$，忽略通道調變效應（$\lambda = 0$）以基底效應。

(a) 計算直流偏壓電流 I_D

(b) 計算中頻帶的小訊號電壓增益 $A_v = \dfrac{v_o}{v_s}$
　　輸入阻抗 Z_{in} 與輸出阻抗 Z_{out}（中頻帶操作不用考慮電容效應）

(c) 計算輸出導納（admittance）$Y_{out} = 1/Z_{out}$（考慮 C_{gs} 與 C_{gd} 的效應）

【91 台大電機所】

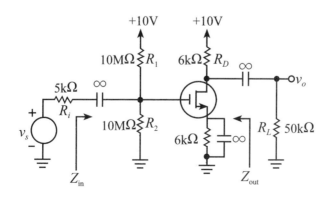

解

$(1)①$ $K_n = \dfrac{1}{2}K'_n\left(\dfrac{W}{L}\right) = 0.5\text{m}\dfrac{\text{A}}{\text{V}^2}$

　② 假設 MOS 在夾止區

　　　$I_D = K_n \times (V_{GS} - V_t)^2 = 0.5 \times (V_{GS} - 1)^2 \cdots\cdots ①$

　③ 電子電路：

　　　$V_{GS} = V_G - V_S = 10 \times \dfrac{10\text{M}}{10\text{M} + 10\text{M}} - I_{DS} \times 6 = 5 - 6I_{DS} \cdots\cdots ②$

　④ 解聯立 $\Longrightarrow 3V^2_{GS} - 5V_{GS} - 2 = 0 \Longrightarrow V_{GS} = 2\text{V} , -\dfrac{1}{3}\text{V}(\text{不合})$

　⑤ $I_{DS} = 0.5\text{m}\dfrac{\text{A}}{\text{V}^2} \times (2 - 1)^2 = 0.5\text{mA}$

　⑥ check:

　　　$V_{DS} = 10\text{V} - I_{DS} \times (6\text{k} + 6\text{k}) = 4\text{V}$

　　　$V_{DS} > V_{GS} - V_t$，成立，所以 MOSFET 在夾止區內。

$(2)①$ $g_m = 2\sqrt{K \times I_D} = 2 \times \sqrt{0.5\text{m} \times 0.5\text{m}} = 1\text{m}\mho$

　② $\dfrac{V_o}{V_s} = \dfrac{v_g}{v_s} \times \dfrac{v_o}{v_g} = \dfrac{10\text{M} \mathbin{//} 10\text{M}}{5\text{k} + 10\text{M} \mathbin{//} 10\text{M}} \times [-g_m \times (R_D \mathbin{//} R_L)]$

　　　$= \dfrac{5000}{5 + 5000} \times [-1\text{m}\mho \times (6\text{k} \mathbin{//} 50\text{k})] = \dfrac{500}{5005} \times (-5.357)$

　　　$= -5.352 \text{ 倍}$

　③ $Z_{\text{in}} = R_1 \mathbin{//} R_2 = 5\text{M}\Omega$

　④ $Z_{\text{out}} = R_D = 6\text{k}\Omega$

$(3)①$ $C_{M2} = \left(1 - \dfrac{1}{K}\right) \times C_{gd} = \left(1 - \dfrac{1}{-5.357}\right) \times 0.4\text{pF} = 1.187C_{gd} = 0.475\text{pF}$

　② $Z_{\text{out}} = \dfrac{1}{SC_{M2}} \mathbin{//} R_D = \dfrac{R_D}{1 + SR_D C_{M2}}$

　③ $Y_{\text{out}} = \dfrac{1}{Z_{\text{out}}} = \dfrac{1 + SR_D C_{M2}}{R_D} = \dfrac{1}{R_D} + SC_{M2} = \dfrac{1}{6\text{k}\Omega} + S \times 1.187 \times C_{gd}$

　　　$= \dfrac{1}{6\text{k}\Omega} + 0.475 \times 10^{-12} \times S$

範例 6.32 ✎────────────────────

如圖 nMOS 電晶體放大器，$R_D = 50k\Omega$ ，若輸出小訊號高峰值 0.5V 的

小訊號，試計算

(a) 若電壓增益 $A_v = \dfrac{v_o}{v_{gs}} = 5V/V$，$g_m = ?$

(b) 若 $V_t = 0.9V$，$V_{DD} = 3V$，試計算 V_{DS} 與 V_{GS} 值以確保 MOS 操作在飽

和區

(c) 若綜合 (a) 與 (b) 的情況下，求 I_D 直流值與輸入小訊號 v_{gs} 為多少？

【91 中正電機所】

解

(1) $A_v = -g_m \times R_D$

➡ $g_m = \dfrac{A_V}{R_D} = \dfrac{5}{50k\Omega} = 0.1m\mho$

(2) ① $V_{GS} > V_t$ ➡ $V_{GS} > 0.9V$

② 令 $V_{DS} = \dfrac{1}{2}V_{DD} = 1.5V$

$V_o = V_{DS} \pm 0.5V$ ➡ $v_{DS} = 1.5V \pm 0.5V$

則 $v_{DS} = 1.5V \pm 0.5V = 2V \sim 1V$

③ $I_D = \dfrac{V_{DD} - V_{DS}}{R_D} = \dfrac{3V - 1.5V}{50k\Omega} = 0.03mA$

④ $v_{gs} = \dfrac{v_o}{A_V} = \dfrac{\pm 0.5V}{5\text{ 倍}} = \pm 0.1V$

⑤ 確保在夾止區內：

$V_{DS} > V_{GS} - V_t$

➡ $1.5 > V_{GS} - 0.9$

➡ $V_{GS} < 2.4V$

➡ $2.4V > V_{GS} > 0.9V$

(3) ① $I_D = 0.03mA$

② $v_{GS} = V_{GS} + v_{gs} = (0.9V \sim 2.4V) \pm 0.1V$

範例 6.33

如圖 MOS 電晶體放大器，$V_t = 2V$，$K_n(W/L)$

$= 1mA/V^2$，$V_{GS} = 4V$，$V_{DD} = 10V$，$R_D = 3.6$

$k\Omega$，$v_i = v_{gs}$

(a) 求直流偏壓電流 I_D 與電壓 V_D 值

(b) 計算 g_m

(c) 計算電壓增益 $A_v = \dfrac{v_o}{v_i}$

(d) 若 $\lambda = 0.01V^{-1}$，求 r_o 及 $A_v = \dfrac{v_o}{v_i}$

【91 台科大電機所】【90 中正電機所】

【89 中正電機所】

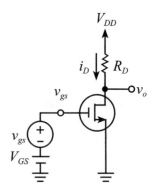

解

(1) ① $K = \dfrac{1}{2}K'_n(W/L) = 0.5m\dfrac{A}{V_2}$

② 假設 MOS 在夾止區內

➡️ $I_{DS} = K \times (V_{GS} - V_t)^2 = 0.5 \times (4 - 2)^2 = 2 \ mA$

③ $V_{DS} = V_{DD} - I_D \times R_D = 10V - 2mA \times 3.6k\Omega = 2.8V$

check $V_{DS} > V_{GS} - V_t$，∴ MOS 在夾止區內

④ $V_D = V_{DS} = 2.8V$，$I_D = 2mA$

(2) $g_m = 2K \times (V_{GS} - V_t) = 2 \times 0.5m\dfrac{A}{V^2} \times (4V - 2V) = 2m\mho$

(3) $\dfrac{v_o}{v_i} = -g_m \times R_D = -2m\mho \times 3.6k\Omega = -7.2$ 倍

(4) ① $\lambda = 0.01V^{-1}$ ➡️ $V_A = 100V$

② $r_o = \dfrac{V_A}{I_D} = \dfrac{100V}{2mA} = 50k\Omega$

③ $\dfrac{v_o}{v_i} = -g_m \times (R_D // r_o) = -2m\mho \times (3.6k // 50k) = -6.716$ 倍

範例 6.34 ✏ ────────────────────────

如圖共源極 MOS 放大器，$R_S =$
2.2kΩ，$R_1 = 56$kΩ，$R_2 = 33$kΩ，
$R_D = 4.7$kΩ，電晶體的 $g_m = 2$mA/
V，$r_o = 100$kΩ，$V_{DD} = 10$V（設
$C_{c1} \to \infty$）

(a) 計算交流小訊號電壓增益

$$A_v = \frac{v_o}{v_i}$$

(b) 計算電路輸入與輸出電阻 R_{in} 與 R_{out}

(c) 說明 R_{in} 與 R_{out} 為何在放大器電路中為一重要參數。

【90 台科大電機所】

解

(1) $\dfrac{V_o}{V_i} = \dfrac{v_g}{v_i} \times \dfrac{v_o}{v_g}$

$\qquad = \dfrac{R_1 /\!/ R_2}{R_3 + R_2 /\!/ R_2} \times [-g_m \times (R_D /\!/ r_o)]$

$\qquad = \dfrac{56\text{k} /\!/ 33\text{k}}{2.2\text{k} + 56\text{k} /\!/ 33\text{k}} \times [-2\text{m}\mho \times (4.7\text{k} /\!/ 100\text{k})]$

$\qquad = \dfrac{20.764}{2.2 + 20.764} \times [-2 \times 4.489]$

$\qquad = -8.118$ 倍

(2) ① $R_i = R_1 /\!/ R_2 = 20.764$kΩ

　　② $R_o = R_D /\!/ r_o = 4.489$kΩ

(3) 要考慮前一級與下一級之間的阻抗匹配問題。

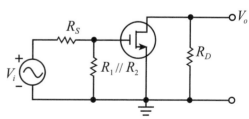

────────────────────────────────────

範例 6.35 ✏ ────────────────────────

右圖為一簡化的 nMOS 放大電路，其中 V_{GS} 與 V_{DD} 為直流偏壓電源，

不考慮通道長度調變（Channel-length modulation）效應：

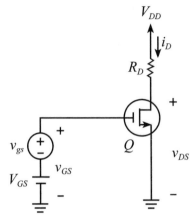

(1) $g_m = \dfrac{\partial i_D}{\partial v_{GS}}$，試證在放大區內 g_m 與直流偏壓電流 I_D 的平方根成正比。

(2) 請利用 g_m 繪出此放大器的小訊號等效電路，並計算小訊號電壓增益 A_v。

(3) $K_n = 1\text{mA/V}^2$，$V_t = 2\text{V}$，$V_{GS} = 5\text{V}$，$V_{DD} = 20\text{V}$，若 v_{gs} 的振幅為 $\pm 0.5\text{V}$，請設計 R_D 值使得 Q 可以維持在飽和區內操作。

(4) 請根據您所設計的 R_D 與 A_v 值，估算 v_{DS} 的變化範圍。

【88 台科大電子所】

解

(1) ① $I_D = K \cdot (V_{GS} - V_t)^2$

    ② $g_m = \dfrac{\partial i_D}{\partial v_{GS}} = 2K \cdot (V_{GS} - V_t)$

        $= 2 \times K \times \sqrt{\dfrac{I_D}{K}} = 2 \times \sqrt{K \times I_D}$

      $\therefore g_m \propto \sqrt{I_D}$

(2)

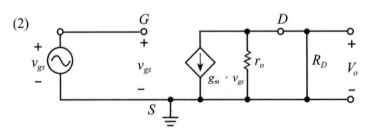

    $A_v = -g_m \times (r_o \mathbin{/\mkern-5mu/} R_D) \doteqdot -g_m \times R_D$

(3) ① $I_{DQ} = K \cdot (V_{GS} - V_t)^2 = 1\text{m}\dfrac{A}{V^2} \times (5-2)^2 = 9\text{mA}$

② $g_m = 2 \times \sqrt{K \times I_D} = 2 \times \sqrt{1m\dfrac{A}{V^2} \times 9mA} = 6m\mho$

③ $V_{DSQ} = V_{DD} - I_{DQ} \times R_D = 20 - 9 \times R_D$

④ $v_o = (-g_m \times R_D) \times v_i = \mp 3 \cdot R_D$

⑤ $v_{DS} > v_{GS} - V_t \rightarrow (20 - 9R_D) + (\mp 3R_D) \geq 5V \pm 0.5 - 2$

　　$\Longrightarrow R_D < 1.375k\Omega$，$R_D \leq 2.92k\Omega$，取 $1.375k\Omega$

(4)① $A_v = -g_m \times R_D = -6m\,\mho \times 1.375k\Omega = -8.25$ 倍

　　② $V_{DSQ} = 20 - 9 \times 1.375 = 7.625V$

　　③ $v_{DS} = V_{DSQ} + v_o = 7.625V \pm (8.25) \times (0.5V) = 3.5V \sim 11.75V$

範例 6.36

下圖中，MOSFET 為 Enhancement type 其相關參數為 $k_n = 1mA/V^2$，$V_{th} = 0.8V$，若 $I_{DQ} = 0.5mA$，且 $R_1 + R_2 = 200k\Omega$，試求：(1) V_{GSQ}，(2) V_{DSQ}，(3) g_m，(4) R_1 及 R_2，及 (5) $A_V = \dfrac{v_o}{v_i}$。　　【86 台科大電子所】

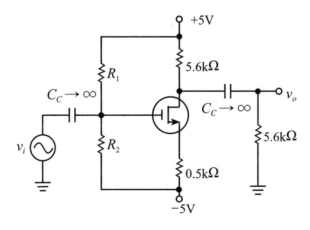

解

(1)① $V_{DS} = 10V - I_D \times (5.6k + 0.5k) = 6.95V$

② 假設 MOS 在夾止區

$$\longrightarrow I_D = K \times [V_{GS} - V_t]^2$$

$$\longrightarrow 0.5\text{mA} = 1\text{m}\frac{\text{A}}{\text{V}^2} \times [V_{GS} - 0.8]^2$$

$$\longrightarrow V_{GS} = 0.8 \pm 0.707 = 1.507\text{V} \text{,} 0.093\text{V （不合）}$$

③ check $V_{DS} > V_{GS} - V_t$ 成立，所以 MOS 的確在夾止區

(2) $V_{DSQ} = 6.95\text{V}$

(3) $g_m = 2 \times \sqrt{K \times I_D} = 2\sqrt{1\text{m}\frac{\text{A}}{\text{V}^2} \times 0.5\text{mA}} = 1.414\text{m}\mho$

(4) ① $V_{GS} = V_G - V_s$

$$\longrightarrow 1.507 = \frac{\dfrac{+5\text{V}}{R_1} + \dfrac{-5\text{V}}{R_2}}{\dfrac{1}{R_1} + \dfrac{1}{R_2}} - (0.5\text{mA} \times 0.5\text{k} - 5\text{V})$$

$$\longrightarrow R_1 - R_2 = 129.72\text{k}\Omega \cdots\cdots ①$$

② $R_1 + R_2 = 200\text{k}\Omega \cdots\cdots\cdots ②$

$$\longrightarrow R_1 = 164.86\text{k}\Omega \text{,} R_2 = 35.14\text{k}\Omega$$

(5) $A_v = -g_m \times (R_D \mathbin{/\!/} R_L)$

$$= -1.414\text{m} \quad \times (5.6\text{k} \mathbin{/\!/} 5.6\text{k})$$

$$= -3.96 \text{ 倍}$$

範例 6.37 ✏

如圖為一共源極 MOSFET 放大器，$k'_n = 100\mu\text{A/}$ V^2，$W = 20\mu\text{m}$，$L = 10\mu\text{m}$，$V_t = 1\text{V}$

(a) 計算 M_1 電晶體在飽和區的偏壓條件

(b) 計算最大的小訊號電壓增益 $A_v = \dfrac{v_o}{v_i}$ 為多少？

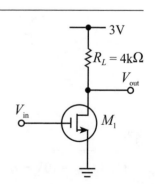

(c) 說明直流電壓 V_{GS} 增加，對放大器的影響

(d) 若 M_1 改用 BJT Q_1 電晶體，$I_S = 1 \times 10^{-15}$A，忽略 I_B 電流（$I_B = 0$A）計算輸入偏壓範圍，使得 Q_1 操作在主動區（提示：$\ln2 = 0.69$，$\ln3 = 1.1$，$\ln5 = 1.6$，$\ln7 = 1.9$，$\ln10 = 2.3$）　【90 清大電機、通訊所】

解

(1) ① $K_n = \dfrac{1}{2} K'_n \times \dfrac{W}{L} = \dfrac{1}{2} \times 100\mu \dfrac{A}{V^2} \times \dfrac{20\mu}{1\mu} = 1\text{m} \dfrac{A}{V^2}$

　② $v_{DS} = 3\text{V} - I_D \times 4$

　③ $I_D = K \times [V_{GS} - V_t]^2 = 1\text{m} \dfrac{A}{V^2} \times (V_{GS} - 1)^2 = (V_{GS} - 1)^2 \text{mA}$

　④ $V_{DS} > V_{GS} - V_t$

　　➡ $3\text{V} - (V_{GS} - 1)^2 \times 4 \geq V_{GS} - 1$

　　➡ $V_{GS} \leq 0\text{V}$ 或 $V_{GS} \leq \dfrac{7}{4}\text{V}$，選 $V_{GS} \leq \dfrac{7}{4}\text{V}$

(2) ① $g_m = 2K_n(V_{GS} - V_t) = 2 \times 1\text{m} \dfrac{A}{V^2} \times \left(\dfrac{7}{4} - 1\right) = 1.5\text{m}\mho$

　② $A_v = -g_m \times R_L = -1.5\text{m}\mho \times 4\text{k}\Omega = -6$ 倍

(3) ① V_{GS} 增加 ➡ 可以增加 I_{DQ} ➡ 可以增加 g_m ➡ 可以增加 A_v

　② 但 V_{GS} 過渡提高，會使 MOSFET 離開夾止區而進入三極體。

(4) ① $I_C < I_{C(\text{sat})} = \dfrac{3\text{V} - 0.2\text{V}}{4\text{k}} = 0.7\text{mA}$

　② $I_C = I_S e^{\frac{V_{BE}}{V_T}}$

　　➡ $V_{BE} = V_T \cdot \ln\dfrac{I_C}{I_S} = 25\text{mA} \cdot \ln\dfrac{0.7\text{m}}{10^{-15}} = 0.682\text{V}$

　　➡ $V_{BE} \leq 0.682\text{V}$

範例 6.38

試推導右圖所示電路之電壓增益 $A_v \, (= v_o / v_i)$，

設兩電晶體之輸出電阻均為 r_o。

【86 成大電機所】

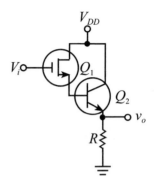

解

(1) $\dfrac{V_o}{V_i} = A_{V1} \times A_{V2}$

(2) $A_{V2} = \dfrac{v_{e2}}{v_{B2}} = \dfrac{(R /\!/ r_o) \times (1 + \beta)}{r_{\pi 1} + (R /\!/ r_o) \times (1 + \beta)}$

(3) $A_{V1} = \dfrac{v_{S1}}{v_i} = \dfrac{g_m \times [r_\pi + (R /\!/ r_o) \times (1 + \beta)]}{1 + g_m \times [r_{\pi 1} + (R /\!/ r_o) \times (1 + \beta)]}$

(4) $\dfrac{v_o}{v_i} = \dfrac{g_m \times [r_\pi + (R /\!/ r_o) \times (1 + \beta)]}{1 + g_m[r_{\pi 1} + (R_o /\!/ r_o) \times (1 + \beta)]} \times \dfrac{(R /\!/ r_o) \times (1 + \beta)}{r_{\pi 1} + (R /\!/ r_o) \times (1 + \beta)}$

$\quad = \dfrac{g_m (R /\!/ r_o) \times (1 + \beta)}{1 + g_m[r_{\pi 1} + (R_o /\!/ r_o) \times (1 + \beta)]}$

範例 6.39

如圖 MOS 與 BJT 之電晶體放大器，BJT

之 $\beta = 100$，$V_A = 100\text{V}$，MOS 之 $K_n =$

1mA/V^2，$\lambda = 0.02\text{V}^{-1}$，$C = \infty$，$I_{CQ} = I_{DQ} =$

1mA

(a) 求電壓增益 $A_v = \dfrac{v_o}{v_i}$

(b) 求輸出電阻 R_{out}

【92 清華電機所甲、乙、光電所】

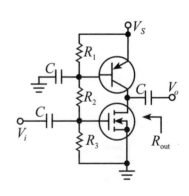

解

(1) $r_{o(\text{BJT})} = \dfrac{V_A}{I_C} = \dfrac{100\text{V}}{1\text{mA}} = 100\text{k}\Omega$

(2) $r_{o(\text{MOS})} = \dfrac{V_A}{I_D} = \dfrac{50\text{V}}{1\text{mA}} = 50\text{k}\Omega$

$(3)\, g_{m(\text{MOS})} = 2K(V_{GS} - V_t) = 2\sqrt{K \times I_{DS}}$

$$= 2 \times \sqrt{1\text{m}\frac{A}{V^2} \times 1\text{mA}} = 2\text{m}\mho$$

$(4)\, \dfrac{V_o}{V_i} = -g_{m(\text{MOS})} \times [r_{o(\text{BJT})}//r_{o(\text{MOS})}] = -2\text{m}\mho \times [100\text{k}//50\text{k}] = -66.7$ 倍

$(5)\, R_{\text{out}} = r_{o1} // r_{o2} = 100\text{k}//50\text{k} = 33.3\text{k}\Omega$

範例 6.40

如圖 MOSFET 與 BJT 雙級電晶體放

大器 MOS 電晶體之 $W = 1000\mu m$，L

$= 10\mu m$，$\mu_n C_{ox} = 20\mu A/V^2$，$V_T = 2\text{V}$，

BJT 電晶體 $V_{\text{BE(on)}} = 0.7\text{V}$，$\beta_F = 50$，$R_L =$

20Ω，$V_{CC} = 50\text{V}$，$V_{in} = 12.7\text{V}$

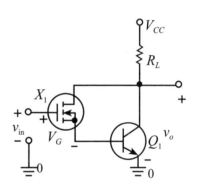

(a) MOS 汲極電流 i_D，以下 4 個 i_D 電流

表示式何者為此題電路內 MOS 電流

i_D 表示式

① $i_D = \mu_n C_{ox} \dfrac{W}{L}(V_G - V_T)V_{DS}$

② $i_D = \dfrac{1}{2}\mu_n C_{ox} \dfrac{W}{L}(V_G - V_T)V_{DS}$

③ $i_D = \mu_n C_{ox} \dfrac{W}{L}(V_G - V_T)^2$

④ $i_D = \dfrac{1}{2}\mu_n C_{ox} \dfrac{W}{L}(V_G - V_T)^2$

(b) 計算輸出電壓 v_o，及計算 nMOSFET X_1 與 BJT Q_1 的功率損耗。

【87 交大控制所】

解

(a) ① $v_{in} = V_{GS} + V_{BE} \implies 12.7\text{V} = V_{GS} + 0.7\text{V} \implies V_{GS} = 12\text{V}$

② $K_n = \dfrac{1}{2} C_{ox} \mu_m \dfrac{W}{L} = \dfrac{1}{2} \times 20\mu \dfrac{A}{V_2} \times \dfrac{1000\mu m}{10\mu m} = 1m\dfrac{A}{V_2}$

③ 假設 MOSFET 在夾止區

➡ $I_{DS} = K_n \times (V_{GS} - V_T)^2 = 1m\dfrac{A}{V^2} \times (12 - 2)^2 = 100mA$

④ 求 $v_o = V_{CC} - (I_D + I_C) \times R_L$

$\qquad = 50V - (100mA + 50 \times 100mA) \times 0.02k$

$\qquad = -52V$，矛盾

∴ MOS 應在三極體區，所以選 (1)

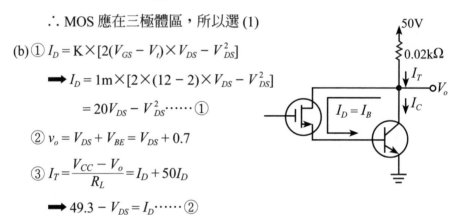

(b)① $I_D = K \times [2(V_{GS} - V_t) \times V_{DS} - V_{DS}^2]$

➡ $I_D = 1m \times [2 \times (12 - 2) \times V_{DS} - V_{DS}^2]$

$\qquad = 20V_{DS} - V_{DS}^2 \cdots\cdots$ ①

② $v_o = V_{DS} + V_{BE} = V_{DS} + 0.7$

③ $I_T = \dfrac{V_{CC} - V_o}{R_L} = I_D + 50I_D$

➡ $49.3 - V_{DS} = I_D \cdots\cdots$ ②

④ 解聯立 ➡ $V_{DS}^2 - 21V_{DS} + 49.3 = 0$

$\qquad$ ➡ $V_{DS} = 2.695V$，$18.305V$（不合）

⑤ $v_o = V_{DS} + V_{BE} = 3.395V$

⑥ $P_{DMOS} = I_{DS} \times V_{DS} = 46.64mA \times 2.695V = 125.69mW$

⑦ $P_{DBJT} = I_C \times V_{CE} = 50 \times I_D \times (V_{DS} + 0.7V) = 7.92W$

範例 6.41 ✐

下圖的 CB 放大器，假定 $V_{CC} = 12V$，信號源電阻 $R_a = 1k\Omega$，負載 R_L = 10kΩ，電晶體的 $\beta = 100$。請設計電路以得到直流偏壓如下：I_C = 2mA，$V_B = 4V$，$V_C = 8V$。接著請計算增益及寄生電容所造成之高頻 3dB 頻率。

解

(1) CB 放大器的直流偏壓設
計與 CE 放大器相同，我
們選擇：

$I_{R1} \cong I_{R2} = 10 \cdot I_B = 0.2 \, (\text{mA})$

$V_B = V_{CC} \cdot \dfrac{R_2}{R_1 + R_2}$

$\Rightarrow 4 = 12 \cdot \dfrac{R_2}{R_1 + R_2}$

$\therefore R_1 = 2R_2$

$\dfrac{V_{CC}}{R_1 + R_2} = I_{R1} = I_{R2} = 0.2 \, (\text{mA})$

$\Rightarrow R_1 + R_2 = 60 \, (\text{k}\Omega)$

$\therefore R_1 = 40 \, (\text{k}\Omega) \text{，} R_2 = 20 \, (\text{k}\Omega)$

$V_E = V_B - 0.7 = 3.3 \, (\text{V})$

$R_E = \dfrac{V_E}{I_E} = \dfrac{3.3\text{V}}{2\text{mA}} = 1.65 \, (\text{k}\Omega)$

$R_C = \dfrac{V_{CC} - V_C}{I_C} = \dfrac{12 - 8}{2\text{mA}} = 2 \, (\text{k}\Omega)$

(2) 計算增益

$g_m = \dfrac{I_C}{V_T} = \dfrac{2\text{mA}}{25\text{mV}} = 80 \, (\text{mA/V})$

$r_\pi = \dfrac{\beta V_T}{I_C} = \dfrac{(100) \cdot (25\text{mV})}{2\text{mA}} = 1.25 \, (\text{k}\Omega)$

我們先求放大器等效模型的參數：

$R_{in} \cong \dfrac{1}{g_m} = 12.5 \, (\Omega) = 0.0125 \, (\text{k}\Omega)$

$A_{vo} = g_m R_C = 160$

$R_o = R_C = 2 \, (\text{k}\Omega)$

$$A_v = A_{vo} \cdot \frac{R_{in}}{R_a + R_{in}} \cdot \frac{R_L}{R_L + R_o} = 1.65$$

(3)由寄生電容造成的 3dB 頻率計算如下：

$$R_{eq1} = R_a \,/\!/\, R_E \,/\!/\, r_\pi \,/\!/\, \frac{1}{g_m} \cong \frac{1}{g_m} = 12.5 \,(\Omega)$$

$$R_{eq2} = R_C \,/\!/\, R_L = 1.67 \,(\text{k}\Omega)$$

$$f_1 = \frac{w_1}{2\pi} = \frac{1}{2\pi R_{eq1} C_\pi} = 12.7 \,(\text{GHz})$$

$$f_2 = \frac{w_2}{2\pi} = \frac{1}{2\pi R_{eq2} C_\mu} = 95.3 \,(\text{MHz})$$

6.8　MOSFET 內部電容以及高頻模型

6.8.1　MOSFET有2種形態的內部電容

第一種：閘極氧化層電容（gate oxide Capacitance），如圖 6.43 所示。

$$C_{ox} = \frac{\varepsilon_{ox}}{t_{ox}} \quad 單位面積電容$$

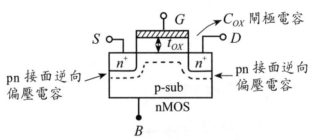

圖 6.43　MOS 之閘極氧化層電容 C_{OX}

第二種：$\begin{bmatrix} \text{Source-Body} \\ \text{Drain-Body} \end{bmatrix}$　pn 接面，逆向偏壓之接面電容

　　　　因源極（S）、汲極（D）與基底（Body）之 pn 接面為逆向偏壓

　　　　所以有逆向偏壓接面電容

根據第 3 章接面電容公式（p-n Junction）

① $C_{sb} = \dfrac{C_{sbo}}{\sqrt{1 + \dfrac{V_{SB}}{V_O}}}$

$\begin{cases} C_{sb}：\underline{\text{Source-Body R.B. 接面電容}} \\[4pt] C_{sbo}：V_{sb} = 0 \text{ 之 } C_{sb} \\[4pt] V_O：pn \text{ 接面內建電位} \\[4pt] \qquad 內建電壓 \\[4pt] V_{SB}：源極與基底\,pn\,接面的逆 \\[4pt] \qquad 向偏壓 \end{cases}$

② $C_{db} = \dfrac{C_{dbo}}{\sqrt{1 + \dfrac{V_{DB}}{V_o}}}$

$\begin{cases} C_{db}：\underline{\text{Drain-Body R.B. 接面電容}} \\[4pt] C_{dbo}：V_{DB} = 0 \text{ 之 } C_{db} \\[4pt] V_O：pn \text{ 接面內建電壓} \\[4pt] V_{DB}：汲極與基底\,pn\,接面的逆向偏壓 \end{cases}$

6.8.2 MOSFET 2種內部電容效應，可用端點電容來表示或模擬

$\begin{cases} 共有 5 個端點電容，如圖 6.44 所示。 \\ C_{gs} \\ C_{gd} \\ C_{gb}, \\ C_{sb}, \\ C_{db} \end{cases}$

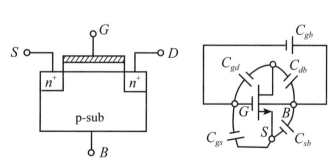

圖 6.44　MOSFET 之內容電容

各端點電容大小 $\begin{bmatrix} C_{gs} & C_{gb} \\ C_{gd} & \end{bmatrix}$ $\begin{bmatrix} C_{sb} \\ C_{db} \end{bmatrix}$ 已在前面說明

① MOSFET 在三極體區　$V_{DS} < V_{GS} - V_t$ 通道均勻分布

在閘極下方，汲極端未夾止

$$C_{gs} = C_{gd} = \frac{1}{2} WL\, C_{ox} \,(\text{triode Region})$$

② MOSFET at Saturation Region $\quad V_{DS} \geq V_{GS} - V_t$

$$C_{gs} = \frac{2}{3} WL\, C_{ox}$$

$$C_{gd} = 0 \,(\text{因汲極端通道夾止})$$

③ MOSFET at Cut-off Region $V_{GS} < V_t$ 沒有通道

$$C_{gs} = 0$$

$$C_{gd} = 0$$

$$C_{gb} = WL\, C_{ox}$$

④ 閘極與源極或汲極端的覆蓋（over lap）電容

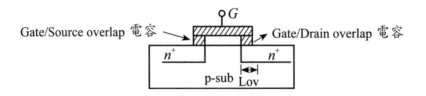

$$C_{OV} = WL_{OV}C_{ox} \quad L_{OV} \doteqdot 0.05 \text{ to } 0.1L$$

6.8.3　高頻模型（The High Frequency MOSFET MODEL）

MOSFET 元件在高頻率的訊號操作下，閘極、汲極、源極與基底間會有電容效應產生，如 C_{gd}，C_{gs}，C_{db} 與 C_{sb} 等電容產生，如圖 6.45 所示。

① 完整模型I

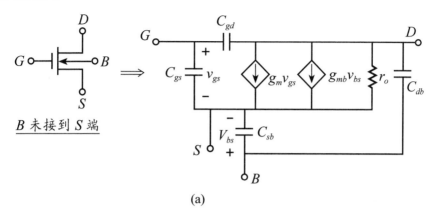

B 未接到 S 端

(a)

② 完整模型II

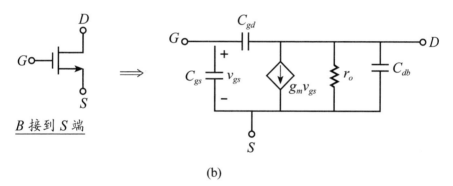

B 接到 S 端

(b)

③ 簡化模型

為了方便手動分析且不失精確性，C_{db} 可忽略不計之高頻模型

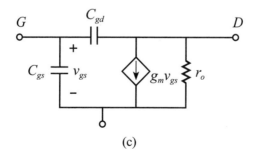

(c)

圖 6.45　MOSFET 元件高頻訊號操作內之小訊號線路模型，(a) 基底（B）未接到源極（S）的完整模型 I，(b) 基底（B）接到源極（S）的完整模型 II，(c) 忽略 C_{db} 的簡化模型。

6.8.4 單位增益頻率（f_T）（MOSFET unity-gain Frequency）

如圖 6.46 所示為 MOSFET 在高頻分析之等效電路。

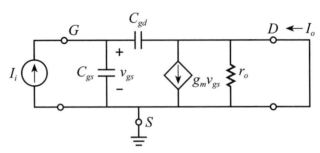

圖 6.46 MOSFET 之高頻分析等效電路

單位增益頻率 f_T：在 CS Stage 下、Output 端短路之短路增益

$$A_i = \frac{I_o}{I_i} 為 1 時之頻率稱之 f_T$$

求 f_T ⇒ $I_O = g_m v_{gs} - SC_{gd}v_{gs}$　∵ C_{gd} 很小，$I_O \approx g_m v_{gs}$

$$I_i = S(C_{gs} + C_{gd})v_{gs}$$

$$A_i = \frac{I_o}{I_i} = \frac{g_m v_{gs}}{S(C_{gs} + C_{gd})v_{gs}} = \frac{g_m}{jw(C_{gs} + C_{gd})}$$

$|A_i|$ 大小 $= \dfrac{g_m}{w(C_{gs} + C_{gd})} = 1$　∴ $w(C_{gs} + C_{gd}) = g_m$

$$\boxed{f_T = \frac{g_m}{2\pi(C_{gs} + C_{gd})}}$$　　參考 BJT $f_T = \dfrac{g_m}{2\pi(C_\pi + S_u)}$

範圍：100MHZ → GHZ　　所以 MOS 與 BJT ft 型式相同

6.8.5 MOSFET元件之頻率響應（Frequency Response of The MOSFET CS Stage Amplifier）

圖 6.47 為 nMOS 之頻率響應分析，圖 6.48 為 nMOS 放大器線路之增益值頻率響應。

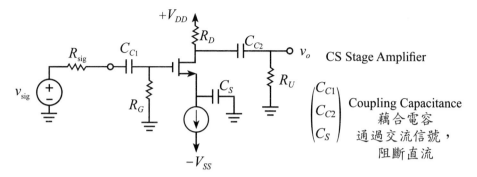

圖 6.47　nMOS 之頻率響應分析

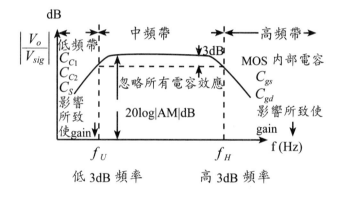

圖 6.48　nMOS 放大器線路之增益值頻率響應

① 中頻增益 $AM = \dfrac{v_o}{v_{sig}} = -\dfrac{R_G}{R_G + R_{sig}} \times g_m(r_o /\!/ R_D /\!/ R_U)$

② Band width 頻寬　$BW = f_H - f_L \approx f_H$

③ 增益頻帶寬 Gain-band width product，$GB \equiv |AM| \cdot BW$

④ C_{C1}，C_{C2}，C_s　一般約在　μF　range

　C_{gs}，C_{gd}　　　一般約在　PF　range

高頻響應（high frequency response）

由共源極組態（CS Stage）電路劃出等效高頻模型，如下圖所示。

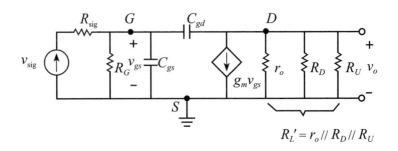

$$R_L' = r_o /\!/ R_D /\!/ R_U$$

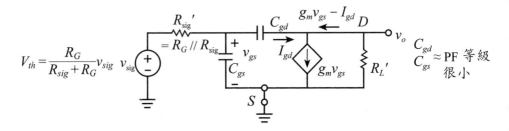

$$V_{th} = \frac{R_G}{R_{sig}+R_G} v_{sig}$$

電源端換成戴維寧（Therenin）等效電路如上圖

$$V_o = -(g_m v_{gs} - I_{gd})R_L' \approx -g_m v_{gs} R_L'$$

利用密勒定理

$K = \dfrac{V_2}{V_1}$	
$R_1 = \dfrac{R}{1-K}$	
$R_2 = \dfrac{R}{1-\dfrac{1}{K}}$	

$$\begin{pmatrix}證\\明\end{pmatrix} \begin{bmatrix} I_1 = \dfrac{V_1 - V_2}{R} = V_1 \dfrac{1 - \dfrac{V_2}{V_1}}{R} \\[4mm] \dfrac{V_1}{I_1} = \dfrac{R}{1 - \dfrac{V_2}{V_1}} = \dfrac{R}{1 - K_{\#}} \end{bmatrix}$$

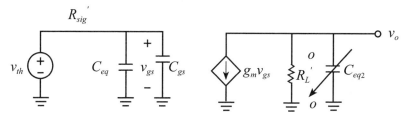

$$I_1 = SC(V_1 - V_2) = V_1 SC\left(1 - \frac{V_2}{V_1}\right)$$

$$\frac{V_1}{I_1} = \frac{1}{SC(1 - K)} = z_1 = \frac{1}{SC_1}$$

$$C_1 = C \cdot (1 - K) \, (得證)$$

Box:

$$K = \frac{V_2}{V_1}$$

$$C_1 = C \cdot (1 - K)$$

$$C_2 = C \cdot (1 - \frac{1}{K})$$

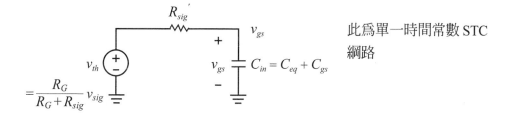

① $\because v_o \doteq - g_m v_{gs} R_L' \qquad \therefore K = \frac{v_o}{v_{gs}} = -g_m R_L'$

②利用 Miller 定理 $\underline{C_{eq} = C_{gd} \cdot (1 + g_m R_L')}$ 很小

$$C_{eq2} = C_{gd} \cdot \left(1 + \frac{1}{g_m R_L'}\right) \approx \underset{0}{C_{gd}} \quad 忽略\\不看$$

③所以只看電源輸入端之 $R \cdot C$ 電路

此為單一時間常數 STC
網路

$$= \frac{R_G}{R_G + R_{sig}} v_{sig}$$

轉移函數 $\dfrac{v_{gs}}{v_{th}} = T(jw) = \dfrac{1}{1+j\dfrac{w}{w_H}}$

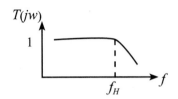

$w_H = 2\pi f_H$

f_H：upper 3dB 頻率

高 3dB 頻率

$w = \dfrac{1}{Z} = \dfrac{1}{RC}$　$\therefore w_H = \dfrac{1}{R_{sig}' \cdot C_{in}}$，　$\boxed{f_H = \dfrac{1}{2\pi R_{sig}'C_{in}}}$

④ $G_v = \dfrac{v_o}{v_{sig}} = \dfrac{v_o}{v_{gs}} \times \dfrac{v_{gs}}{v_{sig}} = \dfrac{v_{gs}}{v_{sig}} \times \dfrac{v_o}{v_{gs}}$

$\quad = -\dfrac{R_G}{R_G + R_{sig}} \cdot (g_m R_L') \cdot \dfrac{1}{1+j\dfrac{w}{w_H}}$　　AM 中頻增益

$\quad = AM \cdot \dfrac{1}{1+j\dfrac{w}{w_H}}$

範例 6.42

有一 nMOSFET 為共源極組態（CS Stage），如圖 6.47 線路所示。

其中 $R_G = 4.7\text{M}\Omega$，$R_{sig} = 100\text{k}$，$R_D = R_L = 15\text{k}\Omega$，$g_m = 1\text{mA/V}$

$r_o = 150\text{k}\Omega$，$C_{gs} = 1\text{PF}$，$C_{gd} = 0.4\text{PF}$

求：AM, f_H(upper 3dB frequency)

解

① $AM = -\dfrac{R_G}{R_G + R_{sig}} \cdot (g_m R_L') = -\dfrac{4.7\text{M}}{4.7\text{M}+0.1\text{M}} \times 1 \cdot \underbrace{150\text{k} // 15\text{k} // 15\text{k}}_{R_L' = 7.14\text{k}\Omega}$

$\quad = -\dfrac{4.7\text{M}}{4.7\text{M}+0.1\text{M}} \cdot 7.14 = -7\text{V/V}$

② $f_H = \dfrac{1}{2\pi R_{sig}'C_{in}}$

$R_{sig}' = R_{sig} // R_G = 0.1\text{M} // 4.7\text{M} = 97.917\text{ k}\Omega$

$C_{in} = C_{gs} + C_{gd}(1 + g_m R_L')$

$\quad = \dfrac{1}{2\pi \cdot 97.917 \times 10^3 \times 4.26 \times 10^{-12}}$　　$= 1\text{PF} + 0.4\text{PF}(1 + 1 \cdot 7.14)$

$\quad = 381.6 \text{ kHz}$　　　　　　　　　　　　$= 4.26\text{PF}$

低頻響應（low frequency response）

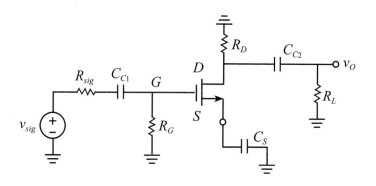

　　分析共源極組態（CS Stage）低頻響應時，因 r_o 電阻影響較小可忽略之。小訊號等效電路如下所示。

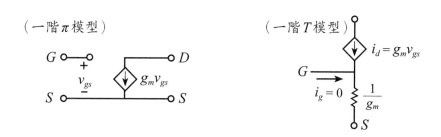

　　低頻響應因有 3 個電容 C_{C1}、C_g 與 C_{C2}，可看成 3 組 STC 網路，各別討論之。

①C_{C1} 電路

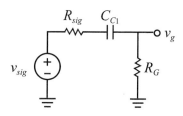

$$v_g = V_{sig} \times \frac{R_G}{R_G + R_{sig} + \frac{1}{SC_{C1}}} = V_{sig} \times \frac{R_G}{R_G + R_{sig}} \frac{1}{1 + \frac{1}{SC_{C1}(R_G + R_{sig})}}$$

由高通網路得知 $w_{P1} = \dfrac{1}{C_{C1}(R_G + R_{sig})}$

因此　　　　$\boxed{f_{P1} = \dfrac{1}{2\pi C_{C1}(R_G + R_{sig})}}$

高通網路（High Pass STC）標準式如下所示

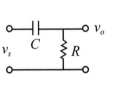

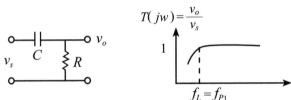

$$T(jw) = \frac{v_o}{v_s} = \frac{1}{1 - \frac{w_L}{jw}} \ ; \ w_L = \frac{1}{RC}$$

②C_s 電容效應

$$I_d = \frac{v_g}{\frac{1}{g_m} + \frac{1}{SC_S}}$$

$$= g_m v_{gs} \cdot \frac{1}{1 + \frac{g_m}{SC_S}}$$

$$W_{P2} = \frac{g_m}{C_S} = \frac{1}{\frac{1}{g_m} \cdot C_S}$$

$$\boxed{f_{P2} = \dfrac{1}{2\pi \dfrac{1}{g_m} \cdot C_S}}$$

③C_{C_2} 電容效應

$$I_O = \frac{-I_d \cdot R_D}{R_D + R_U + \dfrac{1}{SC_{C_2}}}$$

$$= -I_d \cdot \frac{R_D}{R_D + R_U} \cdot \frac{1}{1 + \dfrac{1}{SC_{C_2}(R_D + R_U)}} \quad , \quad W_{P3} = \frac{1}{C_{C_2}(R_D + R_U)}$$

$$\boxed{f_{P3} = \frac{1}{2\pi C_{C_2}(R_D + R_U)}}$$

④整體（overall low frequency）轉移函數

$$\frac{V_o}{V_{sig}} = -\frac{R_G}{R_G + R_{sig}} g_m(R_D /\!/ R_U) \cdot \left(\frac{1}{1 + \dfrac{W_{P1}}{S}}\right)\left(\frac{1}{1 + \dfrac{W_{P2}}{S}}\right)\left(\frac{1}{1 + \dfrac{W_{P3}}{S}}\right)$$

因有 3 個電容 C_{C_1}，C_s，C_{C_2}，其所產生的轉移函數如上，共有 3 個 3dB 頻率，稱之極點（pole）。

⑤如果 $f_{p2} > f_{p3} > f_{p1}$ 則波德圖如下所示

極點由小到大排列 f_{p1}、f_{p3} 與 f_{p2} 分別由 C_{C_1}、C_{C_2} 與 C_s 所產生，$f_{p1} < f_{p3} < f_{p2}$

操作頻率由中頻向下降低操作頻率時，其增益大小，每遇到一個極點
其增益下降 20dB/dec，如波德圖分析所示。

⑥求整個電路的低 3dB 頻率 f_L

(A) 若 $f_{p2} \gg f_{p3}$，f_{p1}　　則 $f_L \doteq f_{p2}$

(B) 若 f_{p2}，f_{p3}，f_{p1} 相差不大　　則 $f_L \doteq f_{p2} + f_{p3} + f_{p1}$

⑦一般 CS Stage 之 $f_L \doteq f_{p2}$ 由 CS 電容源極所產生的 f_p 最大

所以 $f_L \doteq f_{p2}$

6.10　CMOS 數位邏輯反向器

6.10.1　CMOS反向器（Inverter）電路

相關電路之表示如圖 6.49 所示。

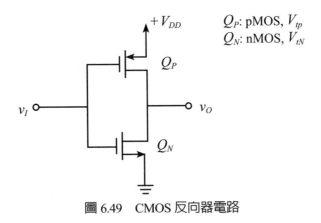

圖 6.49　CMOS 反向器電路

相關之電路操作如圖 6.50 所示。

(1) $v_I = V_{DD}$

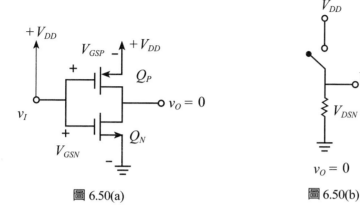

圖 6.50(a)　　　　　　　　圖 6.50(b)

$v_I = V_{DD}$ 時

$V_{GSP} = 0V$　　$\therefore Q_P$ OFF

$V_{GSN} = V_{DD} > V_{tN}$，$Q_N$ ON

則等效電路如圖 6.50(b) 所示

Q_N at Triode Region 之電阻 $V_{DSN} = \left(k_n' \dfrac{W}{L}(V_{GSN} - V_{tN})\right)^{-1}$

(2) $v_I = 0V$

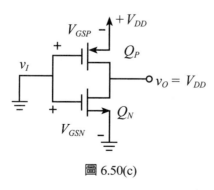

圖 6.50(c)

$v_I = 0\text{V}$

$V_{GSP} = -V_{DD}, |V_{GSP}| > |V_{tp}|, Q_P$ ON

$V_{GSN} = 0, Q_N$ OFF

等效電路如圖 6.50(d) 所示

Q_P 在 Triode region

$$V_{DSP} = \left(k_p'\left(\frac{W}{L}\right)(V_{GSP} - V_{tp})\right)^{-1}$$

電壓轉移特性曲線

（Voltage Transfer Characteristic, VTC）

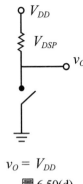

$v_O = V_{DD}$

圖 6.50(d)

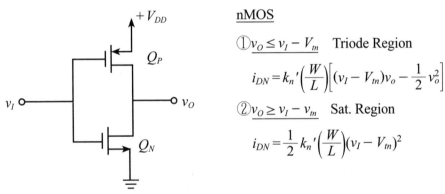

<u>nMOS</u>

① $\underline{v_O \le v_I - V_{tn}}$　Triode Region

$$i_{DN} = k_n'\left(\frac{W}{L}\right)\left[(v_I - V_{tn})v_o - \frac{1}{2}v_o^2\right]$$

② $v_O \ge v_I - v_{tn}$　Sat. Region

$$i_{DN} = \frac{1}{2}k_n'\left(\frac{W}{L}\right)(v_I - V_{tn})^2$$

圖 6.50(e)　Q_N 與 Q_P Match 匹配下之 VTC

slope $= -1$ 之 $v_I = v_{IL}$

$Q_N, Q_P =$ sat

slope $= -1$ 之 $v_I = V_{IH}$

$v_I = \frac{1}{2}V_{DD}$ 時 $v_o = \frac{1}{2}V_{DD}$

且 Q_N，Q_P 均在 Sat. Region

當 $v_O = \frac{1}{2}V_{DD} + V_t$ 時

Q_P 進入 Triode Region

當 $v_O = \frac{1}{2}V_{DD} - V_t$ 時

Q_N 進入 Triode Region

圖 6.50(f)

pMOS

① $\underline{|V_O - V_{DD}| \leq |v_I - V_{DD} - V_{tp}|}$ Triode Region

$$i_{DP} = k_p{}'\left(\frac{W}{L}\right)\left[(v_{DD} - v_I - |V_{IP}|)(V_{DD} - V_o) - \frac{1}{2}(V_{DD} - V_o)^2\right]$$

② $\underline{|V_O - V_{DD}| \geq |v_I - V_{DD} - V_{tp}|}$ Sat. Region

$$i_{DN} = \frac{1}{2}k_p{}'\left(\frac{W}{L}\right)[V_{DD} - V_I - |V_{tp}|]^2$$

一般設計 $V_{tm} = |V_{tp}| = V_t$

$$k_n{}'\left(\frac{W}{L}\right)_N = k_p{}'\left(\frac{W}{L}\right)_p$$

但 $k_n{}' = \mu_n C_{ox}$ $k_p{}' = \mu_p C_{ox}$

$\mu_n = 1500 \text{ cm}^2/\text{V} \cdot \text{S}$ mobility

$\mu_p = 450 \text{ cm}^2/\text{V} \cdot \text{S}$ mobility

$\therefore$ 為使 $k_n{}'\left(\dfrac{W}{L}\right)_N = k_p{}'\left(\dfrac{W}{L}\right)_p$

$\quad W_p \doteqdot 3W_N$

CMOS 的 n 與 pMOS 才會匹配

VTC figure 中

① B-C 段 Q_N, Q_P at Sat. Region

② A-B 段 $\begin{bmatrix} Q_N\text{: Sat Region} \\ Q_P\text{: Triode Region} \end{bmatrix}$

③ C-D 段 $\begin{bmatrix} Q_N\text{: Triode Region} \\ Q_P\text{: Sat Region} \end{bmatrix}$

④ v_I between $0 - V_t$ 之間

$\quad Q_N$ OFF

$\quad Q_P$ ON at Triode region

⑤ v_I between $(V_{DD} - V_t) - V_{DD}$ 之間

$\quad Q_N$ ON, at Triode region

Q_P OFF

⑥ *A − B* 段間　當曲線斜率 = −1 時之 $V_I = V_{IL}$

　　C − D 段間　當曲線斜率 = −1 時之 $V_I = V_{IH}$

6.10.2 雜訊邊限（Noise Margin）

由圖 6.51 所示，我們定義

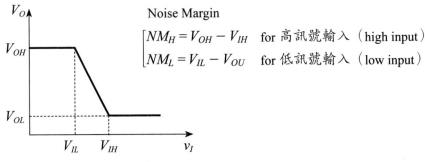

Noise Margin

$$\begin{cases} NM_H = V_{OH} - V_{IH} & \text{for 高訊號輸入（high input）} \\ NM_L = V_{IL} - V_{OU} & \text{for 低訊號輸入（low input）} \end{cases}$$

圖 6.51　雜訊邊限圖之定義

求 V_{IL}：Q_N in Saturation $i_{DN} = \dfrac{1}{2} k_n' \dfrac{W}{L}(v_I - V_t)^2$

　　　　Q_P in Triode Region

$$i_{DP} = k_p'\left(\frac{W}{L}\right)\left[(V_{DD} - V_I - V_t)(V_{DD} - V_o) - \frac{1}{2}(V_{DD} - V_o)^2\right]$$

∵ Q_N 與 Q_P Match $k_n'\left(\dfrac{W}{L}\right) = k_p'\left(\dfrac{W}{L}\right)$

$i_{DN} = i_{DP}$ at $v_I = V_{IL}$ 時

$$\frac{1}{2}(V_I - V_t)^2 = \left[(V_{DD} - V_I - V_t)(V_{DD} - V_o) - \frac{1}{2}(V_{DD} - V_o)^2\right] \quad\text{——①式}$$

兩邊對 V_I 微分且 v_o 為 v_I 的函數

$$(V_I - V_t) = -(V_{DD} - V_o) + (V_{DD} - V_I - V_t)\left(-\frac{dV_o}{dV_I}\right) - \frac{1}{2}(2)\left(-\frac{dV_o}{dV_I}\right) \cdot (V_{DD} - V_o)$$

$$\because \frac{dV_o}{dV_I} = -1$$

$$\therefore V_I - V_t = -(V_{DD} - V_o) + V_{DD} - V_I - V_t - \frac{1}{2} \cdot 2(V_{DD} - V_o)$$

$$V_o = V_I + \frac{V_{DD}}{2} \text{（此時 } V_I = V_{IL}\text{）} \quad \text{②式}$$

將②式代入①式解出 $\boxed{V_{IL} = \frac{1}{8}(3V_{DD} + 2V_t)}$

同理可解出 $\boxed{V_{IH} = \frac{1}{8}(5V_{DD} + 2V_t)}$

$$NM_H = V_{OH} - V_{IH}$$

$$= V_{DD} - \frac{1}{8}(5V_{DD} - 2V_t)$$

$$= \frac{1}{8}(3V_{DD} + 2V_t)$$

$$NM_L = V_{IL} - V_{OL}$$

$$= (3V_{DD} + 2V_t) - 0$$

$$= (3V_{DD} + 2V_t)$$

6.10.3　動態（交流）操作（Dynamic Operation）

CMOS 之交流訊號輸入與輸出之行為，如圖 6.52 所示。

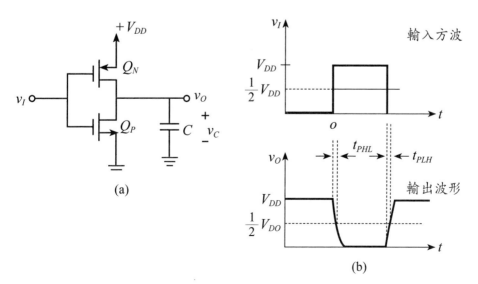

圖 6.52　(a)CMOS 反向器之示意圖，以及 (b) 輸入與輸出之特性變化

① $v_I = 0$, $v_O = V_{DD}$, $v_C = V_{DD}$

② v_I 由 $0 \rightarrow V_{DD}$ 時

　　v_O 由 $V_{DD} \rightarrow 0$

　　v_C 電容放電到 0V

　　則以左圖之 $\dfrac{1}{2} V_{DD}$ 爲基準點

◎時間 delay = t_{PHL}

　　t_{PHL}：Output 由 High level to low level 之 time.

同理 $v_I = V_{DD} \rightarrow 0$ 時 v_C 要充電到 V_{DD}

◎時間 delay = t_{PLH}

所以輸出訊號 delay 時間：t_P

$$t_P = \frac{1}{2}(t_{PHL} + t_{PLH})$$

6.10.4　CMOS反相器（inverter）的能量損耗

有關 CMOS 操作時的能量損耗如下說明分析。

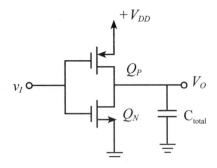

C_{total}：表示在 Inverter 輸出端所有電容值

$v_I = 0$　　$v_O = V_{DD}$　　則儲存在 C_{total} 之能量 E

$$E = \frac{1}{2} C_{total} V_{DD}^{\ 2}$$

$v_I = 0 \rightarrow V_{DD}$ 時，電容 C_{total} 之能量將全部釋放到 Q_N，最後 $v_O = 0$，此釋放即 Q_NMOS 電晶體吸收能量亦即消耗能量。

$\therefore Q_N$ 之能量損耗為 $\dfrac{1}{2} C_{total} V_{DD}{}^2$

同理

$v_I = V_{DD}$ 電容 C_{total}，$v_C = 0V$，沒有任何能量

$v_I = V_{DD} \rightarrow 0$ 電容 C_{total}，最後獲得 $\dfrac{1}{2} C_{total} V_{DD}{}^2$ 的能量 $C = C_{total}$，但電源提供的能量 $= CV_{DD}{}^2$

$\qquad\qquad\qquad \therefore$表示 $CV_{DD}{}^2 - \dfrac{1}{2} CV_{DD}{}^2 = CV_{DD}{}^2$ 能量損耗在 Q_P pMOS

$\qquad\qquad\qquad$ 上。

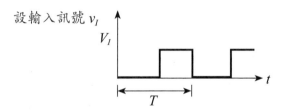

設輸入訊號 v_I

v_I 週期 $= T$

頻率 $= f = \dfrac{1}{T}$

v_I Input 訊號每一週期 $v_I = 0 \rightarrow V_{DD}$

$\qquad\qquad\qquad\qquad\qquad v_I = V_{DD} \rightarrow 0$

都會使 Q_N, Q_P 導通各一次

所以若輸入訊號的頻率為 f

則 CMOS Inverter 之能量損耗（功率損耗）

$\qquad P_D = f\,[Q_N \text{ power dissipation} + Q_P \text{ power dissipation}]$

$\qquad\quad = f\left[\dfrac{1}{2} C_{total} V_{DD}^2 + \dfrac{1}{2} C_{total} V_{DD}^2\right]$

$$P_D = f\,C_{total}\,{V_{DD}}^2$$

範例 6.43 ✦

假設 CMOS 反相器輸出端等效電容 $C = 1\text{pF}$，每秒轉換頻率 $f = 1\text{MHz}$，電源電壓 $V_{DD} = 10\text{V}$，請計算其平均功率損耗。

解

$$P_D = f \cdot C_{total} \cdot V_{DD}^2 \doteqdot 1\text{M} \cdot 1\text{pF} \cdot 10^2$$
$$= 10^6 \cdot 10^{-9} \cdot 10^2 = 0.1\,Watt$$

範例 6.44 ✦

如圖電路中假設 $V_{DD} = 10\text{V}$，CMOS 反相器輸出端寄生電容 $C_{out} = 1\text{pF}$，每個外接邏輯閘輸入端寄生電容 $C_{in} = 2\text{pF}$，FET 參數為：$k_n = k_p = 1\text{mA/V}^2$，$V_{tn} = |V_{tp}| = \alpha V_{DD}$，$\alpha = 0.2$。在外接十個邏輯閘的情況下，請計算其傳輸延遲。

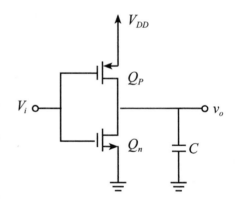

解

$$C = C_{out} = 10 \cdot C_{in} = 21(\text{pF})$$

$$t_p = \frac{C}{2V_{DD}(1.75 - 3\alpha + \alpha^2)}\left(\frac{1}{k_n} + \frac{1}{k_p}\right) = 1.76\,(ns)$$

範例 6.45 ✦————————————————————————

在範例 6.44 中若傳輸延遲 t_p 必須小於 3ns，請估算輸出端最多可外接
邏輯閘的個數。

解

$$t_p = \frac{C}{2V_{DD}(1.75 - 3\alpha + \alpha^2)}\left(\frac{1}{k_n} + \frac{1}{k_p}\right) \leq 3\,(\text{ns})$$

$\Rightarrow C \leq 35.7\,(\text{pF})$

$C = C_{out} + nC_{in}(C_{out} = 1\text{pF}，C_{in} = 2\text{pF})$

$\Rightarrow n \leq 17$

因此外接邏輯閘的個數 fanout = 17。

——

6.11　增強型 MOSFET 與空乏型 MOSFET

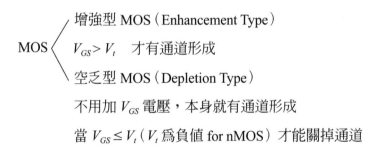

$$MOS \begin{cases} \text{增強型 MOS（Enhancement Type）} \\ V_{GS} > V_t \quad \text{才有通道形成} \\ \text{空乏型 MOS（Depletion Type）} \end{cases}$$

不用加 V_{GS} 電壓，本身就有通道形成

當 $V_{GS} \leq V_t$（V_t 為負值 for nMOS）才能關掉通道

<u>增強型 MOSFET</u>　　　　　　　　　　　　　<u>空乏型 MOSFET</u>

①電路符號　　　　　　nMOS　　　　　　　　　　　　　nMOS

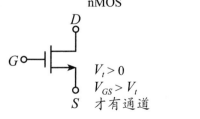

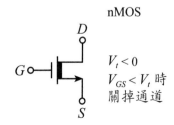

（增強型）
$V_t > 0$
$V_{GS} > V_t$
才有通道

（空乏型）
$V_t < 0$
$V_{GS} < V_t$ 時
關掉通道

②i_D-v_{GS} 曲線

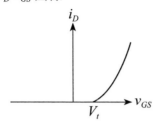 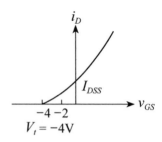

③空乏型 MOSFET 電流公式

三極體區（tride region）$V_{DS} < V_{GS} - V_t$

$$i_D = k_n' \frac{W}{L}\left[(V_{GS} - V_t)V_{DS} - \frac{1}{2} V_{DS}^2\right] \quad 完全與增強型相同$$

飽和區（saturation region）$V_{DS} \geq V_{GS} - V_t$

$$i_D = \frac{1}{2} k_n'\left(\frac{W}{L}\right)(V_{GS} - V_t)^2 \qquad 完全與增強型相同$$

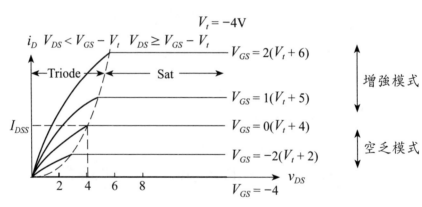

$$i_D = \frac{1}{2} k_n'\left(\frac{W}{L}\right)(V_{GS} - V_t)^2 \qquad \underline{V_{GS} = 0 \ \text{之} \ i_D = I_{DSS}}$$

$$= \frac{1}{2} k_n'\left(\frac{W}{L}\right)V_{DS}^2 \qquad \therefore V_{DS} = |V_t| = 4V$$

空乏型 MOS 結構以 nMOS 為例

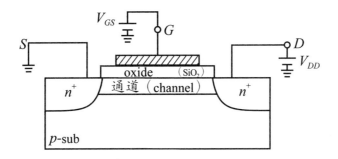

①$V_{GS} = 0$ 時就有通道（channel）形成

　此時 $V_{DS} \geq (V_{GS} - V_t) = -V_t$ 之 I_D 電流 $I_D = I_{DSS}$

②當 $V_{GS} < V_t$ 時才能關掉通道。$I_D = 0$

③$V_{GS} > 0$ 之操作稱之增強模式

　$V_{GS} < 0$ 之操作稱之空乏模式

習題

1. 有一 p-MOSFET 電晶體，$L = 0.8\mu$m，$W = 8\mu$m，$t_{ox} = 8$nm，$\mu_p = 250$cm^2/v.s，$V_t = -0.7$V，$I_D = 100\mu$A（在飽和區），且 $\varepsilon_{ox} = 3.9\varepsilon_o$，$\varepsilon_o = 8.854 \times 10^{-12}$F/m

   (1) 計算 C_{ox} 與 $k'p$

   (2) 計算最小的 $|V_{DS}|$ 電壓，使得 pMOSFET 操作在飽和區

2. nMOSFET 電晶體的 $V_t = 0.7$V，當 $V_{GS} = V_{DS} = 1.2$V 時 $I_D = 100\mu$A，計算在小的 V_{DS} 及 $V_{GS} = 3.2$V 下之電晶體通道電阻 r_{DS}。

3. 如圖 pMOS 電晶體偏壓電路，$V_t = -0.7$V，$\mu_p C_{ox} = 60\mu$A/V^2，$L = 0.8\mu$m 且 $\lambda = 0$，若 $I_D = 115\mu$A 及 $V_D = 3$V，求電晶體 W 與電阻 R 為多少？

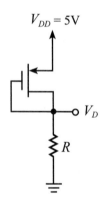

4. 如圖 nMOS 電晶體偏壓電路，$V_t = 1$V，$k'_n \dfrac{W}{L} = 2$mA/V^2 及 $\lambda = 0$，求各端點電壓（V_1 與 V_2）。

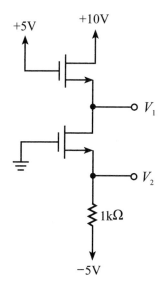

5. 如圖由 nMOS 與 pMOS 組成的偏壓電路，其中 n 與 pMOS 電晶體的

   $k'(W/L) = 1\text{mA/V}^2$，$V_{tn} = -V_{tp} = 1\text{V}$，$\lambda = 0$

   計算 (1) $v_I = -2\text{V}$ 時，i_{DN}，i_{DP} 及 V_O

   　　　(2) $v_I = 3\text{V}$ 時，i_{DN}，i_{DP} 及 V_O

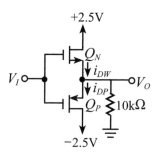

6. 如圖 pMOS 偏壓電路，$V_{tp} = -2\text{V}$，$k'_p\left(\dfrac{W}{L}\right) = 1\text{mA/V}^2$，$\lambda = 0$，求 V_1 與 V_2 值。

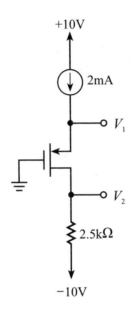

7. 如圖 nMOS 電晶體偏壓電路，計算偏壓電流與電壓值，

(1) 如圖 (a) 電路，$V_t = 2V$，$k'\left(\dfrac{W}{L}\right) = 2mA/V^2$ 求 I_D 與 V_D 值若 $k'\left(\dfrac{W}{L}\right)$ 增加 50%，求 I_D 變化百分比。

(2) 如圖 (b) 電路，$V_t = 1V$，$k'\left(\dfrac{W}{L}\right) = 0.5mA/V^2$，求 I_D 與 V_D 值。

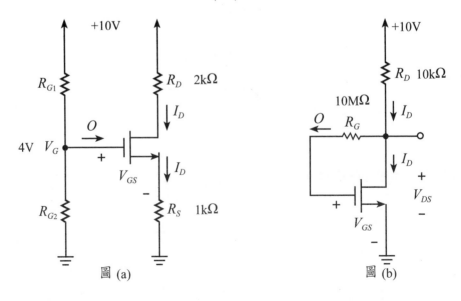

圖 (a)   圖 (b)

8. 如圖為共閘極 MOS 放大器電路，其中 $g_m = 5\text{mA/V}$，求輸入電阻 R_{in}，

   輸出電阻 R_{out} 及電壓增益 $A_v = \dfrac{v_O}{v_S}$

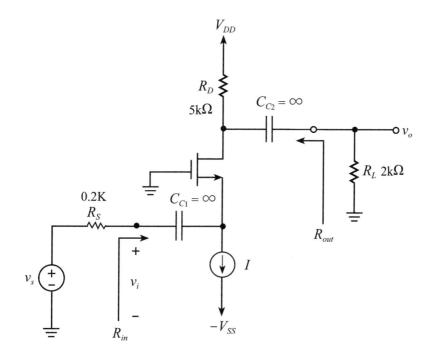

9. 共源極 MOS 電晶體放大器，其中 $V_t = 1\text{V}$，$k'_n\left(\dfrac{W}{L}\right) = 2\text{mA/V}^2$

   (1) 驗證電路偏在 $V_{GS} = 2\text{V}$，$I_D = 1\text{mA}$，$V_D = 7.5\text{V}$，若不是求正確的值。

   (2) 計算 g_m 與 r_O（若 $V_A = 100\text{V}$）

   (3) 計算 R_{in}，R_{out} 與電壓增益 $A_v = \dfrac{v_O}{v_S}$

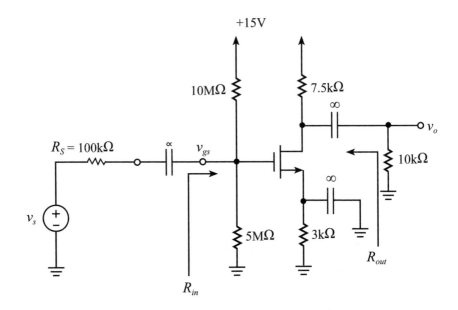

10. 如習題 9 電路，若 $C_{gs} = 1\text{PF}$，$C_{gd} = 0.2\text{PF}$，$r_o = 100\text{k}\Omega$，計算高 3dB 頻率 (f_H)

11. 如圖共源極 MOS 放大器電路，若 $I_D = 1\text{mA}$，$g_m = 1\text{mA/V}$，$C_S = 10\mu F$，忽略 r_o，計算中頻放大器電壓增益 $A_M = \dfrac{v_o}{v_i}$ 以及低 3dB 頻率 f_L。

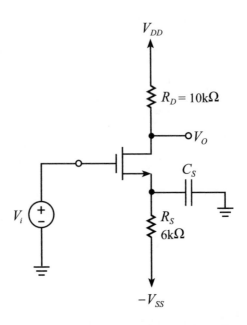

12. 如圖為 MOS 電晶體電流源（電流鏡）電路，試寫出 I_O 電流的表示式（使用 I_{REF} 與 $\dfrac{W}{L}$ 來表示）

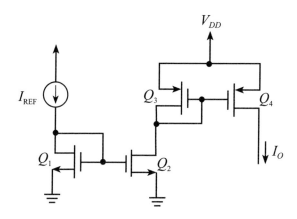

13. 如圖為 MOS 共源極放大器，其中電晶體 Q_1 與 Q_2 的 W/L = 7.2μm/0.36μm，$V_{tn} = -V_{tp} = 0.6$V，$\mu_n c_{ox} = 387\mu$A/V^2，$\mu_p c_{ox} = 86\mu$A/V^2，$I_{REF} = 50\mu$A，電流鏡的電流轉移比例 $(W/L)_2/(W/L)_3 = 2$，爾利電壓（early voltage）$V'_{An} = 5$V/μm，$V'_{Ap} = 6$V/μm，另外電晶體 Q_1 的 $C_{gs} = 20$fF，$C_{gd} = 5$fF，$C_L = 25$fF（此 C_L 電容指的是在 Q_1 汲極端（輸出端）所看到的所有電容（含 Q_2 與輸出端電容）。小訊號電壓源 v_{sig} 與電源電阻 $R_{sig} = 5$kΩ 在 v_I 端，在輸出端沒有接負載

(1) 計算 Q_1 電晶體直流偏壓 I_D，V_{GS}

(2) 計算小訊號參數，Q_1 之 g_m，r_{o1} 與 Q_2 之 r_{o2}

(3) 畫出小訊號等效電路（含有電晶體內部電容）

(4) 計算高 3dB 頻率 f_H（使用密勒電容法）（Miller theorem method）

(5) 計算高 3dB 頻率 f_H（使用開路時間常數法）（open circuit time constant, OCTC）

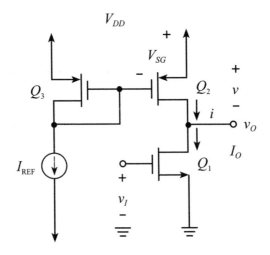

14. 如圖 MOS 放大器（共源極），若 $I_D = 1.06\text{mA}$，$g_m = 0.725\text{mA/V}$，$V_A = 50\text{V}$

(1) 計算中頻率的電壓增益 $A_v = \dfrac{v_o}{v_i}$ 與 R_{in}

(2) 計算低頻響應之 C_{C1} 與 C_{C2} 電容值，使得 $f_{L1} = 1\text{Hz}$ 與 $f_{L2} = 10\text{Hz}$

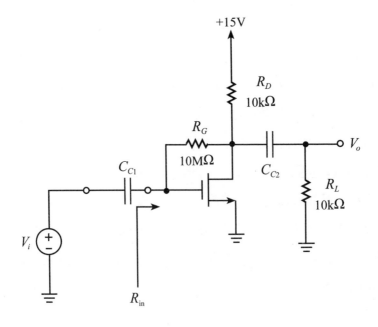

15. 如圖為一 MOS 串疊放大器（cascode）電路，偏壓電流 $I = 100\mu A$ ，

Q_1 與 Q_2 相同，$W/L = 10$ ，$V_A = 10V$ ，$\mu_n C_{ox} = 190\mu A/V^2$ ，$x = 0.2$ ，$C_{gs} = $

20fF ，$C_{gd} = 2fF$ ，$C_{db} = 3fF$ ，$C_L = 5fF$ ，$R_L = R_{out}$ ，$R_{sig} = 0$

(1) 計算 $A_{v_{O2}} = \dfrac{v_o}{v_{o1}}$ ，R_{in2} ，R_{d1} 以及整體電壓增益 $G_v = \dfrac{v_o}{v_{sig}}$

(2) 畫出小訊號等效電路（含有電晶體內部電容）

(3) 計算高 3dB 頻率 f_H

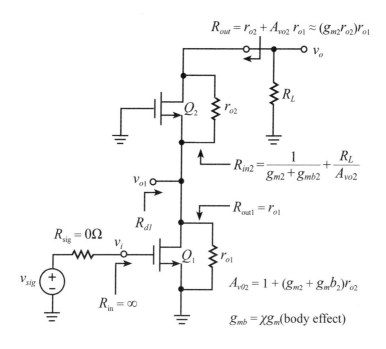

📖參考文獻

1. Adel S. Sedra and Kenneth C. Smith, "Microelectronic circuits," 6th, Oxford New York, 2011.

2. Adel S. Sedra and Kenneth C. Smith, "Microelectronic circuits," 5th, Oxford New York, 2004.

3. 劉人傑，電子學寶典（上冊），維科出版社，1992。

4. 林成利，96上電子學（一）課程講義，逢甲大學／電子系，Sep.2007。

5. 林成利，96下電子學（二）課程講義，逢甲大學／電子系，Feb.2008。

6. 吳孟奇，洪勝富，連振炘，龔正，吳忠義，半導體元件，（Ben G. Streetman, Solid State Electronic Devices, 6/e）東華書局，2007。

7. 施敏，半導體元件物理與製程技術，1986，曉園出版社。

8. 莊達人，基礎IC技術－應用、設計與製造，2006，全威圖書。

9. 施敏、梅凱瑞原著，林鴻志譯，半導體製程概論（May：Fundamentals of Semiconductor Fabrication），2005，國立交通大學。

10. 施敏著，黃調元譯，半導體元件物理與製作技術，2007，國立交通大學。

11. 張維剛著，電子學，1997，鼎茂圖書。

12. 王金松著，電子學精華，2005，全華科技圖書。

13. 高明聖著，基礎電子學，2003，滄海書局。

14. 葉倍宏著，電子學，2009，新文京開發。

15. Sedra Smith, Microelectronic circuit, 2011, OXFORD University Press.

16. Thomas L. Floyd, Microelectronic circuit, 1999, Prentice Hall International, Inc.

17. Donald A. Neamen, Microelectronic, 2010, McGRAW-HILL International Edition.

📖 索 引

國家圖書館出版品預行編目資料

應用電子學／葉文冠，林成利著. ——初版.
——臺北市：五南，2017.03
　　面；　公分
ISBN 978-957-11-9064-8（平裝）

1.電子工程　2.電路　3.實驗

448.6034　　　　　　　　106001607

5DK3

應用電子學

作　　者 — 葉文冠（322.7）　林成利

發 行 人 — 楊榮川

總 編 輯 — 王翠華

主　　編 — 王正華

責任編輯 — 金明芬

封面設計 — 陳翰陞

出 版 者 — 五南圖書出版股份有限公司

地　　址：106台北市大安區和平東路二段339號4樓

電　　話：(02)2705-5066　　傳　　真：(02)2706-6100

網　　址：http://www.wunan.com.tw

電子郵件：wunan@wunan.com.tw

劃撥帳號：01068953

戶　　名：五南圖書出版股份有限公司

法律顧問　林勝安律師事務所　林勝安律師

出版日期　2017年3月初版一刷

定　　價　新臺幣450元

※版權所有·欲利用本書內容，必須徵求本公司同意※

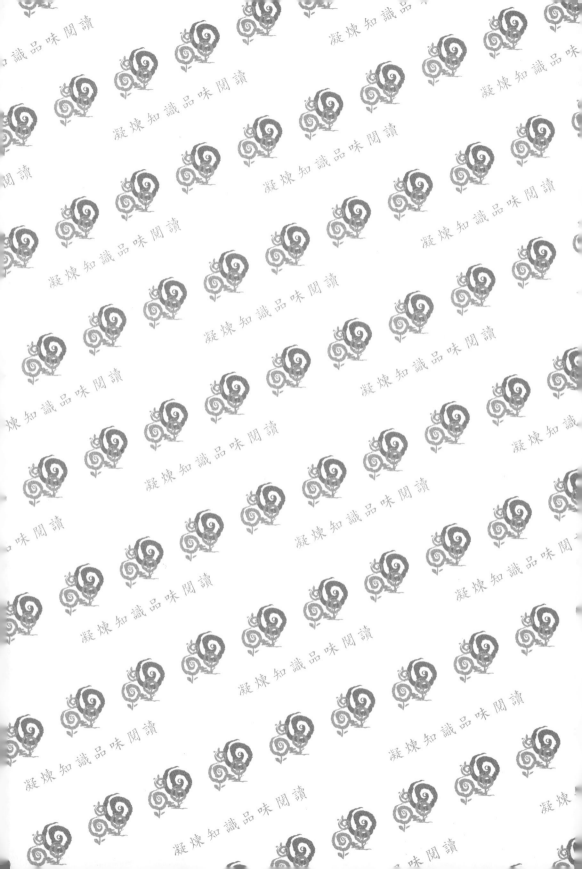